Alexandra-Maria Klein, Felix Fornoff

Praxishandbuch Nutzpflanzenbestäubung

Haupt
NATUR

Alexandra-Maria Klein, Felix Fornoff

Praxishandbuch Nutzpflanzenbestäubung

Ertragssteigerung durch Förderung der Biodiversität

Haupt Verlag

Inhalt

Vorwort

Die ursprüngliche Idee für unser Buch entstand 2007 im Zusammenhang mit der Recherche für eine globale Übersichtsstudie zur Bestäubung von Nutzpflanzen. Während ich nach Studien suchte und Informationen extrahierte habe ich viel gelesen und über den lückenhaften Wissensstand nachgedacht. Es gab nur wenige Daten zur Bestäubung von Wildbienen, und für einige Nutzpflanzen war nicht ausreichend untersucht, ob tierische Bestäuber eine Rolle in der Fruchtproduktion spielen. In dieser Übersichtsstudie trug ich das bisherige Wissen zusammen. Nach der Veröffentlichung erhielt ich einen Anruf von einer Journalistin, die für den Spiegel schrieb. Daraus entstand ein guter Artikel, allerdings mit dem irreführenden Titel «Ohne Bienen keine Schokolade». Kakaoblüten werden von Mücken bestäubt, und diese Anekdote verdeutlicht, wie wenig wir über die Bestäubung von Nutzpflanzen zu diesem Zeitpunkt wussten. Dies gilt nicht nur für die tropische Kakaopflanze, sondern es ist bis heute wenig bekannt, wie Nutzpflanzen auf unseren Äckern und in unseren Gärten bestäubt werden. So reifte die Idee, ein Fachbuch für Praktiker:innen zu schreiben, das zunächst spezifisch auf die Bedingungen in Deutschland sowie die Tieflandregionen der Schweiz und Österreichs abgestimmt sein sollte. Die Datenextraktion für unsere Regionen offenbarte jedoch große Wissenslücken, insbesondere hinsichtlich sortenspezifischer Informationen in der wissenschaftlichen Literatur. Daher entstand der Plan, kontinuierlich neue Informationen aus wissenschaftlichen Studien und Praxisinformationen zu ergänzen, um das Verständnis der Bestäubung von Nutzpflanzen im Laufe der Zeit zu vertiefen.

Elf Jahre später besprach ich die Buchidee mit Felix Fornoff, der von der Ökologie und Vielfalt von Insekten, insbesondere Wildbienen, fasziniert ist. Gemeinsam entwickelten wir die Idee, nicht nur den Wert von Wildbienen für die Ertragssteigerung durch verbesserte Bestäubung aufzuzeigen, sondern auch die wichtigsten Wildbienenarten für jede Nutzpflanze zu identifizieren und darzulegen, wie diese gefördert werden können. Unser Buch deckt daher sowohl die botanische Seite der Bestäubung als auch die zoologische Seite der Ökologie der bestäubenden Bienen ab. Wir erarbeiteten gemeinsam die Buchinhalte und Felix brachte seine Leidenschaft für die Naturfotografie und grafische Gestaltung in das Buchprojekt ein. Glücklicherweise sind aufgrund der vielfältigen Agrarlandschaft im Südwesten Deutschlands alle notwendigen Nutzpflanzen in Fahrraddistanz verfügbar, sodass wir sie in allen Entwicklungsstadien und mit einer Vielzahl an Bestäubern fotografieren konnten.

Liebe Leser:innen, in den Nutzpflanzensteckbriefen können Sie nachlesen, wie stark Ihr Gemüse oder Obst von der Insektenbestäubung profitiert und wie sich dies auf den Ertrag auswirkt. Darüber hinaus finden Sie Informationen zu einer Auswahl wichtiger Nutzpflanzensorten und deren Befruchtersorten, also gezüchtete Nutzpflanzenunterarten, die in der Nähe wachsen müssen, um eine erfolgreiche Befruchtung zu sichern. Wir erläutern, wie attraktiv eine Nutzpflanze für Bienen ist und welche Arten diese besuchen. In den Bienensteckbriefen beschreiben wir die Ökologie und Lebenszyklen der wichtigsten Bienengruppen, die wir aus der Fachliteratur zu den Nutzpflanzen extrahiert haben. In den Maßnahmensteckbriefen präsentieren wir praxisnahe Vorschläge für den Obst- und Gartenbau zur Förderung dieser Bienengruppen und zeigen, welche Nutzpflanzen die gleichen Bestäuber zu unterschiedlichen Zeiten unterstützen können. Wenn Sie Fragen dazu haben, welche Befruchtersorten beispielsweise für die Apfelsorte 'Gala' benötigt wird oder welche Wildbienenarten hauptsächlich unsere Apfelbäume bestäuben, dient unser Buch als erste Informationsquelle.

Ein herzlicher Dank gilt Virginie Boreux, Léonie Durocher, Robin Sutter und Katharina Krächan für ihre wesentlichen Beiträge zur Datensammlung, dem Naturschutzfonds Baden-Württemberg für ihre finanzielle Unterstützung, Ulf Müller für seine geduldige Hilfe bei der Gliederung des Buches, Martin Lind für die ausgezeichnete Zusammenarbeit, sowie unseren Familien, die uns die nötige Zeit gaben, um an diesem Projekt zu arbeiten. Besonderer Dank geht an Angela Gronert und Nina Kranke für ihre zahlreichen Korrekturen.

Wir wünschen Ihnen viel Freude beim Lesen, Beobachten und Genießen Ihrer Ernten.

Alexandra Klein und Felix Fornoff

Bestäubung von Nutzpflanzen

Obst und Gemüse brauchen Bienen

Obst und Gemüse sind zentrale Bestandteile unserer Ernährung und sollten im Einklang mit der Natur wachsen. Also in Lebensräumen, in denen ein Teil der biologischen Vielfalt bewahrt wird. Der Großteil unserer Obst- und Gemüsekulturen produziert Früchte erst nach erfolgreicher Bestäubung. Etwa 75 % der angebauten Nutzpflanzen profitieren vom Blütenbesuch durch Insekten. Die Bestäubungsleistung durch Wildbienen stellt damit eine kostenlose Leistung der Natur dar, die wir in unseren Agrar- und Gartenlandschaften schützen und fördern müssen. Der Geldwert für die Bestäubung von Obst-, Gemüse-, Genuss- und Ölpflanzen beträgt jährlich europaweit etwa 15 Milliarden Euro, davon entfallen 1,5–2 Milliarden Euro auf Deutschland. Diese kostenlose oder sogenannte Ökosystemleistung nehmen wir oft erst wahr, wenn wir den Anbau von Nutzpflanzen nicht nur aus der Produktionsperspektive betrachten. In diesem Buch nehmen wir die Perspektive der Obst- und Gemüsepflanzen sowie von Insektenbestäubern ein, um die Gestaltungsmöglichkeiten produktiver Ökosysteme zu verstehen, in denen die Nutzpflanzen zusammen mit ihren Bestäubern gedeihen. So erlangen wir das nötige Wissen für eine nachhaltige Bestäubung von Obst- und Gemüsekulturen und schaffen die Grundlagen für eine ökologisch nachhaltige Bewirtschaftung. Wir beginnen mit der Perspektive der Nutzpflanzen – in 34 Steckbriefen für 17 Obstarten, 13 Gemüse- und Ölsaaten und vier Exoten, die zukünftig in Deutschland eine größere Rolle spielen könnten, beschreiben wir die Ansprüche der jeweiligen Kulturen an ihre Bestäuber, insbesondere Bienen. Die Steckbriefe der Nutzpflanzen vermitteln Wissen darüber, wie stark die Ernte von der Bestäubung abhängt und wie attraktiv die Pflanzen für bestäubende Insekten sind. Zudem zeigen wir, welche Bienen (und selten andere Insekten) diese Nutzpflanzen bei uns vorwiegend bestäuben. Dabei beziehen wir uns auf Informationen aus Deutschland, die ebenso für die Tallagen (Tieflagen) in Österreich und der Schweiz gültig sind. Ausgenommen sind jedoch Mittel- und Hochlagen, ab ca. 700 msm. In diesen höheren Lagen sind sowohl die Phänologie der Blühzeiträume als auch die Aktivität von Wildbienen und anderen bestäubenden Insekten verschoben. Zudem treten dort Wildbienenarten als Bestäuber auf, die in diesem Buch nicht behandelt werden. Wenn wir uns im Text auf Deutschland beziehen, sind damit Österreich und die Schweiz eingeschlossen.

Im Anschluss an die Auswahl an detaillierten und bebilderten Nutzpflanzensteckbriefen geben wir eine Liste aller häufig in Deutschland angebauten Nutzpflanzen mit Informationen zu ihrem Bedarf an Bestäubern sowie ihrer Attraktivität für Bestäuber.

Nach der Betrachtung der Perspektive der Nutzpflanzenwelt folgt ein weiterer zentraler Blickwinkel für einen nachhaltigen Obst- und Gemüseanbau – Steckbriefe zu den Bienengruppen mit den wichtigsten Arten, die dafür sorgen, dass wir ausreichend qualitativ hochwertiges und vielfältiges Obst und Gemüse auf unserem Speiseplan haben.

Wild- und Honigbienen bestäuben Obst und Gemüse

Mit Wildbienen meinen wir nicht verwilderte Honigbienen **(Abbildung 1)**, sondern alle Bienenarten mit Ausnahme der Europäischen Honigbiene (*Apis mellifera*). Obwohl die Wildbienenpopulationen generell abnehmen, steigt die Anzahl der Honigbienenvölker und Imker:innen in Deutschland seit 2007, allerdings mit leichten Rückgängen seit 2022. Sowohl Wildbienen als auch Honigbienen sind für die Bestäubung von Nutzpflanzen relevant und deshalb lassen wir die Honigbiene nicht außen vor. Erst in den letzten 10–20 Jahren wird der Einfluss von Wildbienen auf den Bestäubungserfolg systematisch untersucht. Die meisten Studien konzentrieren sich jedoch ausschließlich auf Honigbienen, sodass unser Detailwissen aus der Forschung oft nur auf Untersuchungen mit Honigbienen basiert. Ein Teil dieses Wissens ist in den Nutzpflanzensteckbriefen unter der Rubrik «Optimale Bestäubung» zusammengefasst.

Auch wenn wir im Vergleich zu Honigbienen wenig über die Bestäubung von Nutzpflanzen durch Wildbienen wissen, möchten wir darauf hinweisen, dass es in Mitteleuropa nur eine Honigbienenart gibt, die von Imkern gepflegte Europäische Honigbiene (*Apis mellifera*). Diese tritt im Vergleich zu den 570 Wildbienenarten in Deutschland in großen Dichten auf. Wildbienen hingegen kommen nur in geringen Dichten vor, und viele Arten sind nur vereinzelt anzutreffen. Dies liegt an ihren spezifischen Lebensraumansprüchen. Für die Bestäubung durch Honigbienen kann der Mensch Kästen mit jeweils Tausenden von Honigbienen in verschiedene Obst- und Gemüseanlagen stellen. Dies lässt die Lösung der Nutzpflanzenbestäubung einfach erscheinen. Die/der Bäuer:in ruft den/die Imker:in oder ein Bestäubungsunternehmen an, um zur Blütezeit einige Honigbienenvölker bzw. Kästen mit Honigbienen zwischen die Nutzpflanzen stellen zu lassen. Damit sollte die Ernte gesichert sein. Dass es jedoch nicht so einfach ist, und erst die Vielfalt an Wildbienen und anderen bestäubenden Insekten nachhaltige und qualitativ hochwertige Erträge ermöglicht, möchten wir mit unserem Buch verdeutlichen.

Honigbienen sind nicht nur schnell in großen Mengen verfügbar, sondern fliegen auch mehrere Kilometer, um nektar- und pollenreiche Lebensräume aufzusuchen. Sie benötigen daher keine weiteren Blüten in der unmittelbaren Umgebung. Durch ihre großen Volksstärken können Honigbienen viele Blüten und große Anbauflächen bestäuben und werden deshalb bis heute im Obstanbau bevorzugt eingesetzt. Zusätzlich produzieren Honigbienen weitere wertvolle Stoffe wie Honig, Bienenwachs und Propolis. Die Europäische Honigbiene (*Apis mellifera*) wird daher als eine außerordentlich wertvolle Nutztierart angesehen. Auch einige Wildbienen, wie Hummeln, stellen solche Naturstoffe her. Diese werden in Deutschland, Österreich und der Schweiz jedoch ausschließlich von der Honigbiene entnommen und vermarktet. Der Grund dafür liegt an den deutlich kleineren Völkern der Wildbienen im Vergleich zu denen der Honigbienen. Während ein Hummelvolk durchschnittlich 300–500 Arbeiterinnen umfasst, zählt ein Honigbienenvolk 50 000–70 000 Individuen. Ein Nest einer solitären Wildbiene (Einsiedlerbiene) wird von einer einzelnen weiblichen Biene angelegt und enthält bis zu 20 Nachkommen. Im Vergleich umfasst damit ein Nest einer typischen Wildbiene bis zu 20 Bienen, während ein Honigbienenvolk bis zu 70 000 Individuen zählen kann. Diesen Unterschied sollten wir uns bewusst machen. Viel leistet viel, doch die Qualität der Bestäubung entsteht nicht durch eine einzige Bienenart, sondern durch die Vielfalt der Bestäuber. Es reicht daher nicht aus, lediglich Honigbienenvölker in die Anbauflächen zu stellen. Stattdessen müssen wir Lebensräume für Wildbienen in oder an den Feldern sowie in Gärten wiederherstellen. Deshalb haben wir einfache Maßnahmen-Steckbriefe zusammengestellt, mit denen Sie die für Ihre jeweiligen Nutzpflanzen wichtigsten Wildbienenarten bei der Ansiedlung gezielt unterstützen können.

Mit unserem Buch möchten wir darauf hinweisen, dass Honigbienen vor allem durch ihre schiere Anzahl zu unseren Hauptbestäubern geworden sind; eine Eigenschaft, die insbesondere für große Monokulturen erforderlich ist. Wildbienen spielen jedoch trotz ihrer Seltenheit durch ihre Vielfalt eine weitaus wichtigere und vor allem natürlichere Rolle in der Nutzpflanzenbestäubung. Honigbienen sind durch die hohe Imker:innendichte in Deutschland nahezu überall präsent. Doch nur die Wildbienen bieten eine «Versicherung» für qualitativ hochwertiges Obst und Gemüse, etwa, wenn Honigbienenvölker erkranken oder ungünstige Wetterbedingungen ihren Flug verhindern. In solchen Fällen übernehmen die Wildbienen: Einige Hummelarten lassen sich zum Beispiel nicht von schlechtem Wetter, mit leichtem Regen, kühleren Temperaturen oder Wind, abhalten und bestäuben weiterhin die Blüten der Nutzpflanzen. Darüber hinaus führt die Bestäubung durch Wildbienen nachweislich zu einer besseren Frucht- und Samenqualität im Vergleich zur Bestäubung mit

Honigbienen. Unter dem Begriff «Besonderheiten» in den Nutzpflanzensteckbriefen beschreiben wir auch die Vorteile des Zusammenspiels von Wildbienen und Honigbienen. Auch deshalb lassen wir die Honigbienen nicht außen vor, sondern geben ihnen in unserem Buch einen eigenen Platz direkt hinter den Wildbienen.

Honigbienen spielen in der Bestäubung einiger Nutzpflanzen, insbesondere solcher mit tiefen Röhrenblüten, eine untergeordnete bis gar keine Rolle. In den Blüten der Acker- und Gartenbohne beispielsweise liegt der Nektar tief in der Blütenröhre. Hier sind die inzwischen selten gewordenen langrüsseligen Hummeln die effektivsten Bestäuber. Evolutionsbiologisch haben sich Blüten und Bestäuber über lange Zeiträume aneinander angepasst, weshalb nicht jede Blütenpflanze optimal durch die Honigbiene bestäubt werden kann. Lange Zeit wurde von einer einmaligen Rolle der Honigbiene in der Bestäubung von Nutzpflanzen ausgegangen. Erst in den letzten zwanzig Jahren hat die Wissenschaft gezeigt, dass Wildbienen oft eine bessere Bestäubungsleistung erbringen. In einer weltweiten Übersichtsstudie haben wir im Jahr 2013 untersucht, ob und in welchem Ausmaß Honigbienen und Wildbienen mit der Produktion der Nutzpflanzen zusammenhängen **(Abbildung 2)**.

Die Blütenbesuchsrate und damit das Vorkommen von Wildbienen sind bei allen Nutzpflanzen und Ländern mit dem Fruchtansatz korreliert. Dieser Zusammenhang zeigt sich allerdings nur in wenigen Nutzpflanzensystemen für Honigbienen. Ein Grund dafür ist, dass in Ländern wie in den USA sehr viele Honigbienen in die Anbausysteme eingebracht werden, was zu einer sogenannten Überbestäubung führt. Dadurch wird die Korrelation zwischen Honigbienen und Fruchtansatz verwischt. Zudem kann eine Überbestäubung zu Früchten schlechter Qualität führen (SWR Doku «Der stumme Sommer»).

In einigen Studien haben wir die Effektivität der jeweiligen Blütenbesuche durch Honigbienen, Wildbienen und andere Insekten untersucht. Dabei wird analysiert, wie oft erfolgreich Pollen auf die Narbe der Blüten übertragen wird oder wie häufig sich eine Frucht nach einem Blütenbesuch entwickelt. Die Wahl der Methode richtet sich dabei nach dem Bestäubungssystem der jeweiligen Nutzpflanze.

Nach einem Wildbienenbesuch kommt es häufiger zur Entwicklung der Frucht und damit zum Bestäubungserfolg als nach einem Honigbienenbesuch. Dies liegt unter anderem daran, dass Wildbienen häufiger zwischen den Individuen einer Pflanzenart wechseln und somit mehr kompatible Pollen übertragen. Honigbienen tendieren dazu, an einem Pflanzenindividuum zu verweilen und übertragen dadurch hauptsächlich den Pollen der eigenen Pflanze. Bei selbstinkompatiblen Pflanzen führt dies zu keiner oder einer mickrigen Frucht. Andere Insekten wie Fliegen, Käfer oder Schmetterlinge bestäuben einzelne Nutzpflanzenblüten weniger gut. Diese Insekten besitzen keine speziellen Transportvorrichtungen wie Pollenkörbchen, Bauchbürsten oder einen mit Fiederhaaren besetzten Körper und übertragen daher nicht immer, und wenn, dann meist nur wenige Pollenkörner. Wenn wir jedoch die Gesamtheit der Blütenbesuche mit ihrer jeweiligen Effektivität multiplizieren, zeigt sich, dass alle drei Bestäuber-Gruppen, betrachtet über alle Nutzpflanzen hinweg, gleich gute Bestäuber sind.

Die vergleichsweise häufigen Blütenbesuche der anderen Insekten im Vergleich zu Wildbienen resultieren daraus, dass viele Arten unter diesen Insekten weniger empfindlich auf Landnutzungsänderungen reagieren. So wurden nur wenige Wildbienen an den Blüten gefunden, wenn die Anbaufläche weit entfernt von jedem halbnatürlichen Lebensraum ist. Im Durchschnitt verringern sich die Blütenbesuchshäufigkeiten an Nutzpflanzen um 50 %, wenn die Entfernung der Anbaufläche zum halb-natürlichen Lebensraum etwa 700 m beträgt. Halbnatürliche Lebensräume entstehen durch verschiedene Maßnahmen, die wir im dritten Teil unseres Buches vorschlagen; z. B. das Anlegen und Pflegen von Hecken, die Umwandlung von Ackerflächen in extensives Grünland oder das Anlegen und Ausmagern von mehrjährigen Blühstreifen. Einige Fliegen, Wanzen und Motten sind auf Anbauflächen, die von halbnatürlichen Lebensräumen isoliert sind, weniger häufig anzutreffen, doch sie sind vom Lebensraumwandel nicht so stark betroffen wie die Wildbienen **(Abbildung 3)**.

Abbildung 1: Ein Honigbienenschwarm hat sich auf der Suche nach einem geeigneten Nisthohlraum an einem Eibenast niedergelassen.

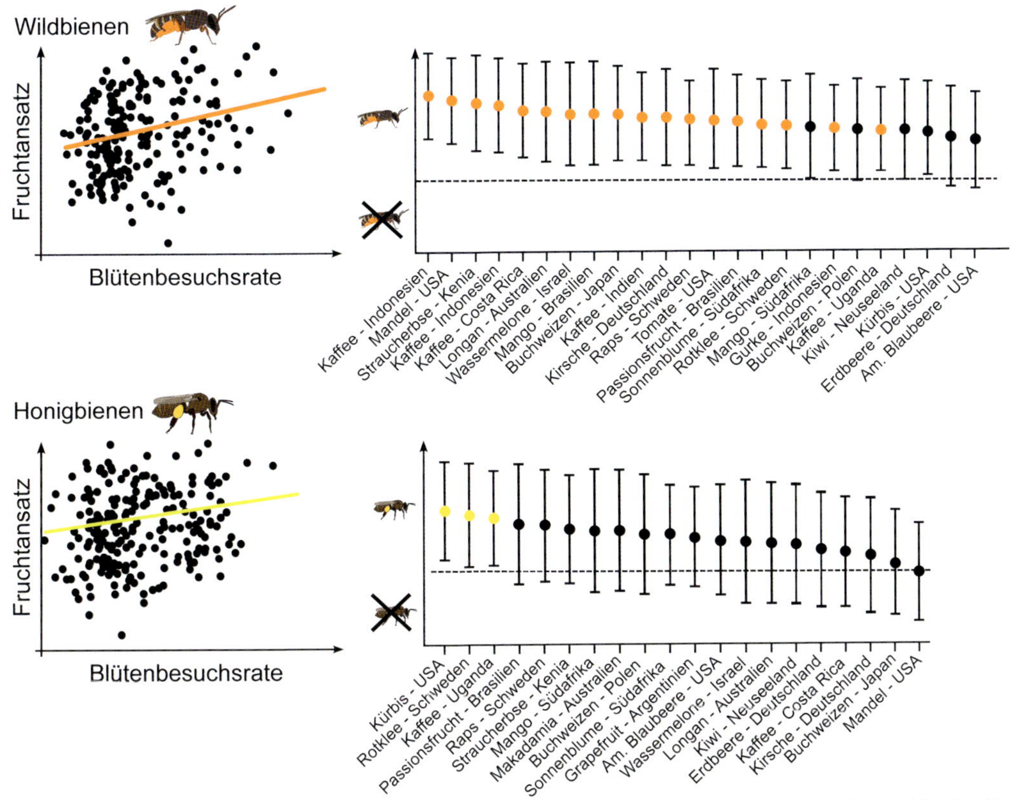

Abbildung 2: In verschiedenen Ländern wurden in den letzten 15 Jahren vermehrt Blütenbesucher und ihr Bestäubungserfolg in 600 landwirtschaftlichen Anbausystemen untersucht. Die linke Seite zeigt über alle Studien hinweg die Korrelation zwischen der Blütenbesucherrate von Wildbienen und dem Fruchtansatz (oben, orange) sowie denselben Zusammenhang bei Honigbienen (unten, gelb). Dieser Zusammenhang kann auf der rechten Seite anhand der Steigung der Korrelationsgeraden für einzelne Studien abgelesen werden. Wenn die Punkte und Balken über der Nulllinie liegen, besteht ein signifikanter positiver Zusammenhang (modifiziert nach Garibaldi et al. 2013).

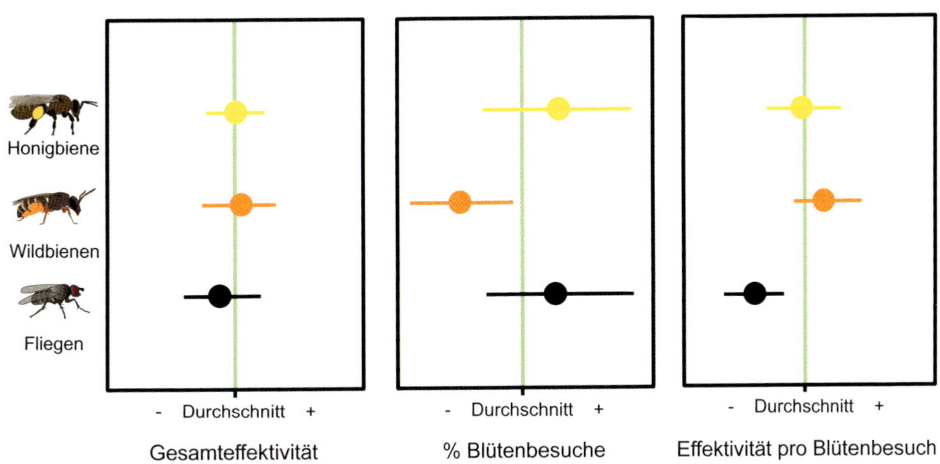

Abbildung 3: Die Effektivität in der Nutzpflanzenbestäubung wird untersucht, indem gezielt Honigbienen, Wildbienen oder andere Insekten an einer Blüte zugelassen werden. Anschließend wird überprüft, wie viel Pollen übertragen wird oder ob es zum Pollenschlauchwachstum kommt (rechts). Dazu ist es auch wichtig, die Anzahl der Blütenbesuche pro Bestäubergruppe zu messen (Mitte). Multipliziert man die Effektivität pro Blütenbesuch mit der Anzahl der Blütenbesuche, erhält man die Bestäubungseffektivität für Honigbienen (gelb), Wildbienen (orange) und Fliegen (schwarz), die sich nicht signifikant voneinander unterscheiden (links) (modifiziert nach Rader et al. 2016).

Ökologie von Wildbienen

Die Ökologie der Wildbienen ist äußerst vielfältig und diese Vielfalt ist entscheidend für ihre Bedeutung bei der Bestäubung. Sie erklärt auch ihre spezifischen Ansprüche an unsere Agrarökosysteme und Gärten. Beim Blütenbesuch sind 75 % aller Wildbienenarten in Deutschland nicht wählerisch und sammeln Pollen an verschiedensten Pflanzen, einschließlich Obst- und Gemüsepflanzen. Die restlichen 25 % der Wildbienenarten sind jedoch auf eine bestimmte Pflanzenfamilie oder sogar Pflanzenart spezialisiert. Zur Eiablage und Überdauerung nagen wenige Arten ihre Nester in Totholz, andere besiedeln vorhandene Hohlräume. Über 50 % graben ihre Nester in den Boden, einige kleiden ihre Nester mit gesammelten Pflanzenmaterialien aus, während andere dies mit selbstproduzierter Seide tun. Hingegen bauen 25 % der in Deutschland heimischen Wildbienen keine Nester, sondern legen ihre Eier als Kuckucksbienen in die Nester anderer Bienenarten. Viele Wildbienen haben ihre eigene Kuckucksbiene, so wird beispielsweise das Nest von Steinhummeln (*Bombus lapidarius*) von Rotschwarzen Kuckuckshummeln (*Bombus rupestris*) befallen, die ihre Eier in die Wachswaben der Steinhummeln legen. Ein anderes Beispiel sind Kegelbienen (Gattung *Coelioxys*), die mit ihrem dolchartigen Hinterleibsende die weichen Wände der Brutzellen von Blattschneiderbienen (Gattung *Megachile*) durchstechen, um darin Eier abzulegen **(Abbildung 4)**. Die Larve der Kegelbiene frisst anschließend den Pollen; in der Folge verhungert die Larve der Blattschneiderbiene. Die meisten Wildbienenarten leben solitär, dabei legt ein Weibchen der nicht parasitierenden Wildbienenarten nur ihr eigenes Nest an und kümmert sich nur um ihre eigenen Nachkommen. Bei manchen Familien, wie den Schmal- und Furchenbienen (Gattungen: *Lasioglussum*, *Halictus*) und auch den Hummeln (Gattung *Bombus*), gibt es eine Vielzahl von semisozialen bis eusozialen Lebensweisen. Unsere heimischen Wildbienen sammeln Nektar, um ihren Energiebedarf zu decken, und Pollen als Proteinquelle, um sich selbst und ihre Nachkommen zu ernähren. Bei der Spezialisierung auf bestimmte Blüten bezieht sich die Nutzung auf den spezifischen Pollen, jedoch nicht auf die Nektarquelle.

Bei der Betrachtung der Ökologie aller Wildbienenarten gehen wir davon aus, dass sich ungefähr 200 Wildbienenarten an der Bestäubung von Obst- und Gemüsepflanzen in Deutschland beteiligen. In den hier vorgestellten Nutzpflanzensteckbriefen stellen wir jeweils die sechs häufigsten Wildbienengruppen und die Europäische Honigbiene (*Apis mellifera*) vor. Innerhalb der Gruppen gehen

Abbildung 4: Eine Kegelbiene (Gattung: *Coelioxys*) wartet vor dem Nest einer Blattschneiderbiene, um in einem geeigneten Moment ein Kuckucksei abzulegen.

wir auf über 50 Wildbienenarten ein, die in wissenschaftlichen Untersuchungen als Bestäuber für die jeweiligen Nutzpflanzen identifiziert wurden. Informationen zur Ökologie dieser Wildbienen finden Sie in den Bienensteckbriefen.

Mit zunehmender Körpergröße einer Bienenart kann die Biene weiter entfernte Nahrungsquellen aufsuchen. Kleinere Bienenarten legen nur bis zu 200 m zurück, während große Bienenarten Entfernungen von wenigen Kilometern überbrücken können. Deshalb erfordert die Wildbienenökologie ein Nisthabitat und ein Nahrungshabitat mit Blütenressourcen innerhalb eines begrenzten Gebietes. Während es wichtig ist, geeignete blühende Pflanzenarten, einschließlich vieler Nutzpflanzenarten, für die Wildbienenvielfalt zu erhalten, ist der Schutz der Nistressourcen für die Wildbienenreproduktion und der Erhalt nachhaltiger Populationen von entscheidender Bedeutung. In unseren Maßnahmensteckbriefen finden Sie Informationen sowohl über die Nahrungshabitate als auch die Nisthabitate, die den Nutzpflanzen zugewiesen werden. Diese Zuweisung haben wir über unser Wissen zur Ökologie und Biologie der Nutzpflanzenbestäuber vorgenommen. Auch wenn nicht alle Wildbienenarten Obst- und Gemüsepflanzen sowie Ölsaaten bestäuben, so haben alle Arten ihre einzigartige Bedeutung in den komplexen Nahrungsnetzen, die der Funktion aller Ökosysteme zugrunde liegen. Mit diesem Buch möchten wir dazu beitragen, dass möglichst viele Wildbienenarten gefördert und geschützt werden, also auch Spezialisten und die Kuckucksbienen, die dafür sorgen, dass sich eine Art nicht unkontrolliert vermehrt und somit das Gleichgewicht der Lebensgemeinschaft stört. Wir wollen ebenso dazu beitragen, den Rückgang der Wildbienenvielfalt abzuwenden. Das zentrale Motto unseres Buches lautet «Schutz durch Nutzung».

Wissen über Nutzpflanzen und ihre Bestäuber führt zu Maßnahmen

In Agrarökosystemen und Gärten mit Obst und Gemüse können viele verschiedene Faktoren die Wildbienenvielfalt beeinträchtigen. Dies bezieht sich sowohl auf die Anzahl der Arten als auch auf die Anzahl der Individuen. Starke Auswirkungen sind zu erwarten, wenn Blütenvorkommen oder Nistplätze limitiert werden. Das Blütenangebot kann durch intensive Landnutzungspraktiken, z. B. häufige Mahd, reduziert sein, mit negativen Auswirkungen auf bestäubende Bienen und andere Insekten. Die Umwandlung von Flächen in nicht-naturnahe Lebensräume, die Entfernung der Nisthabitate zu Wildpflanzen oder die Kontamination von Nektar und Pollen durch Chemikalien haben direkte Auswirkungen. Die Anwendung bestimmter Pestizide, insbesondere Insektizide, aber auch Fungizide, kann Bienen ebenfalls direkt schädigen. Die Umwandlung und Zerstörung von Lebensräumen, z. B. das Entfernen von Totholz, das Pflügen oder Umgraben von Böden und die Umwandlung von offenen zu versiegelten Gebieten (vor allem in Städten), welche potenziell als Niststandorte von Wildbienen geeignet sind, können Bestäuberpopulationen reduzieren oder beseitigen. Für Obst- und Gemüsebäuer:innen sind der Erhalt und die Förderung zuverlässiger Bestäuber-Lebensgemeinschaften entscheidend. Diese Lebensgemeinschaften sollten idealerweise aus möglichst vielen verschiedenen Wildbienenarten bestehen, da jede weitere Art, vor allem bei variablen Saison- und Wetterbedingungen, die Zuverlässigkeit der Bestäubung erhöht. Ohne ein weitgehendes Verständnis der Wildbienen-Pflanzen-Interaktionen können keine gezielten Erhaltungsmaßnahmen ergriffen werden. Nutzpflanzenblüten sind in ihrem Aussehen, also der Morphologie, und in ihrem Blühzeitraum und ihrer Blühdauer, also der Phänologie, ebenso variabel wie ihre Bestäuber und werden somit in unseren Nutzpflanzensteckbriefen beschrieben und bebildert. Das Wissen, welche Bestäuber für welche Blüten wichtig sind und welche Maßnahmen zur Förderung von bestäubenden Insekten benötigt werden, ist für ein gezieltes Bestäubungsmanagement entscheidend. Die Ausprägung und das Erscheinungsbild von Blüten sind das Ergebnis einer jahrtausendelangen Koevolution zwischen Pflanzen und ihren blütenbesuchenden Partnern. Somit sind umfassende Informationen über die Ansprüche der Pflanze an ihre Bestäuber und das Bestäubungs-/Befruchtungssystem ebenso wichtig wie Kenntnisse über die Ökologie der

Bestäuber, die Informationen zu ihren Lebensraumansprüchen liefern. Nur in Kombination dieser drei zentralen Themen ist eine Beurteilung möglich, welcher Bestäuber für welche Nutzpflanze geeignet ist und wie wir eine nachhaltige Bestäubung sicherstellen können. Unser Buch zur Nutzpflanzenbestäubung und Ertragssteigerung durch Förderung der Biodiversität ist daher in drei zentrale Teile gegliedert:

1. Nutzpflanzensteckbriefe der wichtigsten in Deutschland angebauten Obst- und Gemüsekulturen, inklusive wichtiger Ölsaaten und vier exotischer Kulturen, die in der Zukunft an Bedeutung gewinnen könnten,
2. Bienensteckbriefe zu den wichtigsten bestäubenden Bienengruppen für die Kulturen der Nutzpflanzensteckbriefe,
3. Maßnahmensteckbriefe, die zum Schutz und zur Verbesserung von Bestäubervielfalt und -populationen beitragen. Hier fokussieren wir auf Bienengruppen, die zentral für die Bestäubung der Kulturen in den Nutzpflanzensteckbriefen sind.

Was ist Bestäubung?

Unter «Bestäubung» verstehen wir die Übertragung von Pollen innerhalb oder zwischen empfänglichen Blüten. Die Bestäubungsweise unterscheidet sich je nach Pflanzenart und wird in der Regel durch Bienen und andere Insekten und Wind durchgeführt oder angetrieben. Trotzdem können Pflanzenarten, die von Insektenbestäubung profitieren, sich zu einem kleinen bis großen Anteil selbst bestäuben, also ohne die Hilfe durch Insekten, Wind und Regen. Diese Möglichkeit gehört zu den Notfallplänen der Natur. Ihr Nachteil besteht darin, dass die Ernte nach Selbstbestäubung oft eine schlechtere Qualität und eine geringere Menge aufweist.

Für eine erfolgreiche Bestäubung müssen Pollenkörner aus dem männlichen Blütenorgan (Staubbeutel) auf den empfänglichen Bereich des weiblichen Blütenorgans (Narbe) übertragen werden. Nur dann kommt es zur Befruchtung der Eizelle oder Eizellen einer Blüte **(Abbildung 5)**. Wenn kompatible und lebensfähige Pollenkörner die Narbe berühren, keimen sie und bilden einen Pollenschlauch aus. Der Pollenschlauch durchwächst den Griffel bis zum Fruchtknoten. Narbe, Griffel und

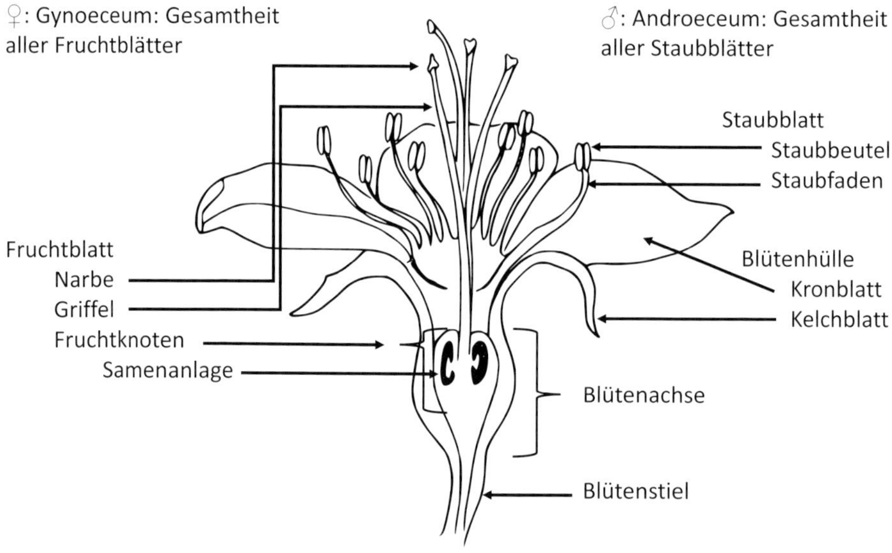

Abbildung 5: Blütenorgane, die für die Bestäubung und Befruchtung relevant sind.

Fruchtknoten bilden dann eine Einheit und mit dem abgeschlossenen Durchwachsen des Pollenschlauchs überträgt der Pollen die enthaltene Erbinformation zur Eizelle, die sich im Fruchtknoten befindet. Damit ist die Befruchtung der Eizelle abgeschlossen. Abhängig von der Blütenmorphologie und dem Befruchtungs- und Bestäubungssystem gelangen Pollenkörner durch biotische Akteure (Insekten, Vögel, Säugetiere etc.) oder abiotische Akteure (Wind, Wasser, Schwerkraft) auf die Narbe. Das Befruchtungssystem der Pflanzen bestimmt, ob es zur Initiierung der Pollenkeimung und zum Wachstum des Pollenschlauchs kommt.

Das Befruchtungssystem von Pflanzen

Das Befruchtungssystem von Pflanzen beschreibt, wie sich eine Pflanze sexuell fortpflanzt. Bei Blütenpflanzen beginnt der Prozess mit der Bestäubung und endet mit der erfolgreichen Befruchtung der Eizelle. Das Bestäubungssystem hingegen beschreibt die Mechanismen, die zur Bestäubung beitragen; also ob die Pflanze in der Lage ist, sich selbst zu befruchten oder ob sie dafür Wind oder blütenbesuchende Insekten benötigt. In der Fachliteratur wird der Begriff «Bestäubungssystem» meist synonym zu «Befruchtungssystem» als Begriff für die sexuelle Fortpflanzung benutzt. In der landwirtschaftlichen Praxis wird jedoch vor allem der Begriff «Befruchtungssystem» (Selbstbefruchter/Fremdbefruchter) verwendet. Auch in diesem Buch benutzen wir die Begriffe «Bestäubungssystem» und «Befruchtungssystem» synonym, wenn wir uns auf den sexuellen Fortpflanzungsmechanismus der Nutzpflanze beziehen, und den Begriff «Bestäubungssystem» (zum Beispiel Selbst- oder Kreuzbestäubung), wenn es darum geht, wie der Pollen auf die Narbe gelangt.

Viele Obst- und Gemüsepflanzen brauchen die Bestäubung durch Insekten

Bei den meisten Nutzpflanzen ist eine Bestäubung für eine erfolgreiche Befruchtung erforderlich, um Früchte und Samen zu bilden, dennoch gibt es auch Beispiele für asexuelle Befruchtung. Zum Beispiel bilden Brombeeren zum Teil Samen, ohne vorher befruchtet zu werden. Einige Pflanzen können samen- bzw. kernlose Früchte produzieren. Dieses Phänomen wird «Jungfernfrüchtigkeit» (Parthenokarpie) genannt. Diese Form der Fruchtbildung kommt auch bei einigen Apfel-, Birnen- oder Gurkensorten vor. In einigen Fällen sind hierfür besondere Hybride nötig, oder es kommt zum Einsatz von fruchtindizierenden Stimulanzien wie dem Pflanzenhormon Auxin. Ebenso kann Bestrahlung eine Fruchtbildung trotz fehlender Bestäubung anregen. Hingegen gibt es auch Nutzpflanzen, die parthenokarpe Früchte selbst nach erfolgreicher Bestäubung bilden, und andere, die von der Übertragung von Pollen profitieren. Zum Beispiel ist die Produktion bei jungfernfrüchtigen Gurkensorten wie 'Hokushin', 'Yoshinari' und 'Soudai' typisch, aber der Blütenbesuch durch Bienen hat bei der Sorte 'Yoshinari' die Fruchtproduktion um 40% erhöht.

Alle anderen Befruchtungssysteme benötigen eine erfolgreiche Bestäubung, die zur Befruchtung der Eizelle führt. Einige Blüten bestäuben und befruchten sich ohne äußere Einflüsse mit ihrem eigenen Pollen. Diese auch «passive» oder «autonome Selbstbestäubung» genannte Form der Bestäubung tritt zum Beispiel bei Bohnen und Erbsen auf. Hierbei liegen Staubbeutel und Narbe von einem Blütenblatt umhüllt eng aufeinander, und weil sie auch gleichzeitig reifen, findet häufig eine autonome Selbstbestäubung statt, die zur Selbstbefruchtung führt. Wenn der eigene Pollen innerhalb der Blüte von Bestäubern übertragen wird, spricht man hingegen von aktiver Selbstbestäubung oder Selbstbefruchtung, weil der Pollen aktiv von einem Akteur, etwa einer Biene, übertragen werden muss **(Abbildung 6a)**. Nutzpflanzen, die sich passiv oder aktiv durch Wind oder Schwerkraft selbst bestäuben und befruchten, werden geläufig als Selbstbefruchter (Autogame) bezeichnet. Einige Pflanzen benötigen für die erfolgreiche Bestäubung und Befruchtung Pollen einer anderen Blüte vom gleichen Pflanzenindividuum. Dieses Phänomen nennt sich Nachbarbestäubung (Geitonogamie, **Abbildung 6b**) und ist eine Form der aktiven Selbstbestäubung, weil zwar Pollen zwischen Blüten, aber innerhalb des gleichen genetischen Individuums ausgetauscht wird. Andere Nutzpflanzen benötigen den Pollen der Blüte eines genetisch fremden Pflanzenindividuums, was als Kreuzbestäubung oder auch Kreuzbefruchtung (Xenogamie) bezeichnet wird (**Abbildung 6c**).

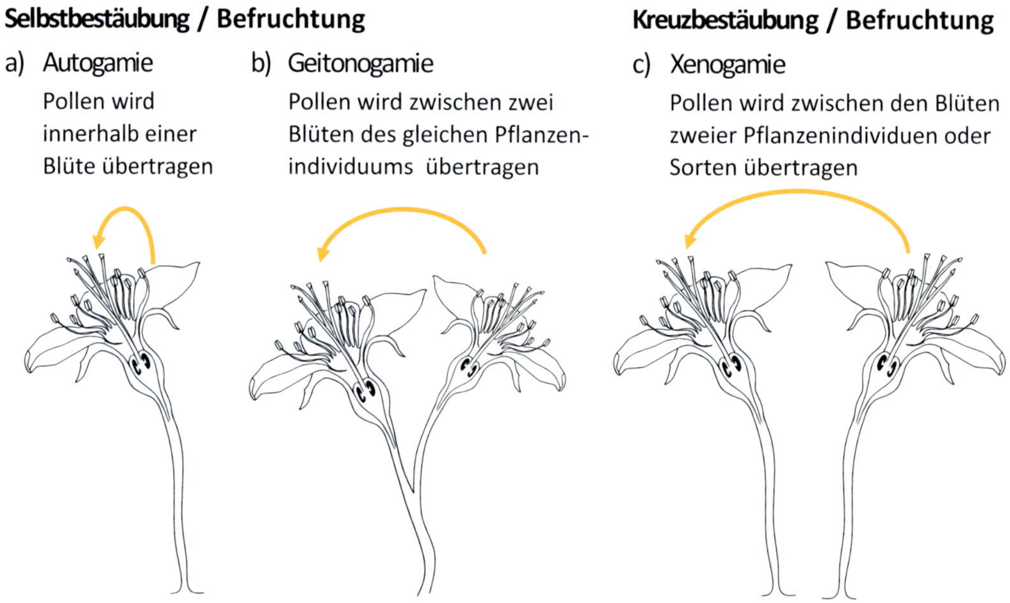

Abbildung 6: Befruchtungssysteme von Nutzpflanzen. a) Selbstbefruchtung (Autogamie), b) Nachbarbefruchtung (Geitonogamie), c) Kreuzbefruchtung (Xenogamie)

Gemischte Befruchtungssysteme sind die Regel

Viele Nutzpflanzen, aber auch Pflanzen im Allgemeinen, haben ein gemischtes Befruchtungssystem, bei dem Selbst-, Nachbar- und Kreuzbestäubung zu unterschiedlichen Wahrscheinlichkeiten und mit unterschiedlichem Erfolg vorkommen. Gemischte Befruchtungssysteme sind die Regel, um das Überleben von Pflanzen zu sichern. Selbst-, Nachbar- und Kreuzbestäubung können ebenfalls parallel zur Jungfernfrüchtigkeit vorkommen. Dies bedeutet etwa bei Äpfeln, dass ein Teil der Apfelbaumblüten, vor allem, wenn der Baum wenig Blütenbesuch bekommt, sich jungfernfrüchtig (ohne Pollen) zu kernlosen Äpfeln entwickelt und andere Blüten sich nach erfolgreicher Kreuzbestäubung und -befruchtung zu üblichen Äpfeln entwickeln. Früchte, die sich ohne Bestäubung und Befruchtung entwickeln, haben andere Eigenschaften als befruchtete Früchte. So haben diese kernlosen Äpfel beispielsweise weniger Calcium und eine schlechtere Lagerungsfähigkeit.

Wie zuvor erwähnt, setzen manche Nutzpflanzen auch ohne erfolgreiche Bestäubung und Befruchtung Früchte an, hingegen bilden von Bestäubung abhängige Nutzpflanzen immer erst nach erfolgreicher Bestäubung und Befruchtung eine Frucht oder einen Samen. Sowohl das Bestäubungssystem, also der Pollenübertragungsmechanismus, als auch das Befruchtungssystem, also, ob es zur erfolgreichen Befruchtung der Eizelle kommt, ist bei Nutzpflanzen häufig sogar sortenspezifisch. Bei manchen Arten sind einzelne Sorten hauptsächlich selbstbestäubend/

selbstbefruchtend, während andere Sorten hauptsächlich oder streng fremdbestäubt/fremdbefruchtet sind. Bei einigen Apfel-, Kirsch- und Birnensorten sind nur Pollen einer anderen Sorte kompatibel. Fremdbefruchtung tritt unter anderem auf, wenn Pollen einer bestimmten Sorte (z. B. 'Elstar') auf die Narbe einer anderen kompatiblen Sorte (z. B. 'Braeburn') übertragen wird und es damit zum Pollenschlauchwachstum und zur Befruchtung der Eizelle kommt. Wenn eine Pflanze teilweise mit Pollen derselben Pflanze (Selbstbestäubung) Fruchtansatz erbringen kann, wird sie auch als «teilweise selbstfruchtbar» oder «teilweise selbstbestäubt» bezeichnet. Ein Beispiel für eine Art mit streng kreuz- bis selbstbefruchtenden Sorten ist die Gurke. Es gibt Gurkensorten, bei denen weibliche und männliche Blüten auf verschiedenen Pflanzenindividuen sitzen. Solche Sorten sind auf Kreuzbestäubung angewiesen. Gurkensorten mit männlich-weiblichen Blüten können sich hingegen selbst bestäuben. Die Sorte 'Helena' ist jungfernfrüchtig und bildet Gurken ganz ohne Bestäubung und Befruchtung. Allgemein betrachtet sind vor allem alte Sorten wie die 'Deutschen Schlangen' auf den Pollentransfer durch Bienen angewiesen. In unserem Buch beziehen wir uns bei unseren Angaben auf Befruchtungssysteme der häufigsten Sorten, die heute in Deutschland angebaut werden oder die wir als zukunftsrelevant sehen. Ähnlich sieht es in Österreich und der Schweiz aus und kann damit auf die Talregionen dieser Länder übertragen werden. Die Bestäuber einer Nutzpflanze sind weniger stark sortenspezifisch und die Bienengruppen, die wir für die jeweiligen Nutzpflanzen identifiziert haben, sind somit für alle Sorten einer Nutzpflanze wichtig. Dementsprechend greifen die Maßnahmen für Wildbienen, die wir den Nutzpflanzen zuordnen, für alle Sorten der jeweiligen Nutzpflanze. Die Europäische Honigbiene (*Apis mellifera*) profitiert von allen Maßnahmen zur Schaffung von Nahrungshabitaten.

Mehr qualitativ hochwertige Früchte und Samen durch Kreuzbestäubung

Grundsätzlich ist festzuhalten, dass bei allen Nutzpflanzen, abhängig von der Sorte, Kreuzbestäubung und -befruchtung möglich sind und die Pollenübertragung durch Insekten zu mehr und qualitativ hochwertigeren Früchten führt. Zum Beispiel erfordern Quitten (*Cydonia oblonga*) keine Kreuzbestäubung, um Früchte anzusetzen, aber der Fruchtansatz kann durch Kreuzbestäubung erhöht werden, wenn Bienen Pollen von verschiedenen Quittensorten übertragen. Ein weiteres Beispiel sind die oben genannten jungfernfrüchtigen Gurkensorten, die, obwohl sie ohne Bestäubung Früchte bilden, mehr Ertrag bringen, wenn sie durch Bienen kreuzbestäubt werden. Mit diesem Wissen verstehen wir, warum es in der Regel unmöglich ist, eine Nutzpflanze nur einem Befruchtungssystem zuzuweisen. In unserem Buch geben wir die in wissenschaftlichen Studien beschriebenen Befruchtungssysteme an, wobei es sich aufgrund der Diversität an Sorten und neuen Züchtungen schwierig gestaltet, ein vollständiges Bild wiederzugeben.

Bestäuberbedarf der Nutzpflanzen

Der Grad des Bestäubungsbedarfs beschreibt den durchschnittlichen Mehrertrag an Ernte (Menge und Qualität von Samen und Früchten) in Anwesenheit von Bestäubern oder Handbestäubung im Vergleich zu dem Ertrag ohne Bestäubung. Unsere Skalen zum Bestäubungsbedarf sind angelehnt an die durchschnittlichen prozentualen Werte, basierend auf Mittelwerten aus zahlreichen durch uns zusammengetragene wissenschaftliche Studien. Diese Werte bilden die Grundlage für sechs Kategorien des Bestäubungsbedarfs (essenziell, sehr hoch, hoch, moderat, gering, kein Bedarf – hier ist zu erwähnen, dass «kein Bedarf» bei den Nutzpflanzensteckbriefen nicht vorkommt, aber in der langen Nutzpflanzenliste auf S. 104–107). Einige Beispiele sind in **Abbildung 7** dargestellt, welche die Ertragszunahmen nach Insektenbestäubung von Blüten im Vergleich zu Erträgen von Blüten ohne Bestäuber zeigen.

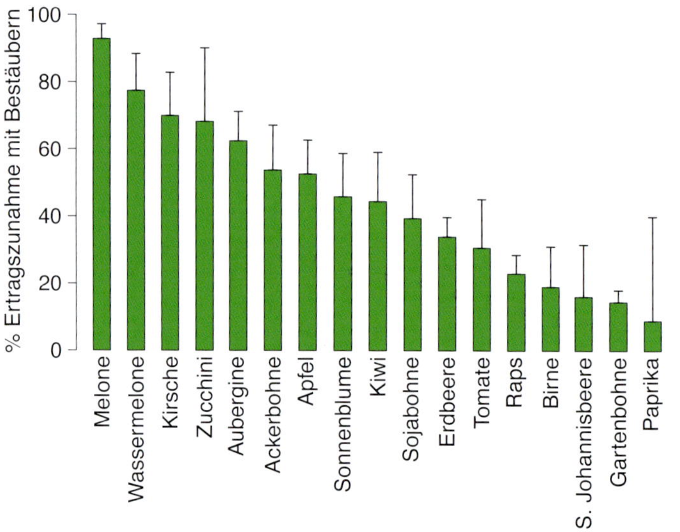

Abbildung 7: Mittelwert und Standardfehler der prozentualen Ertragszunahmen durch Anwesenheit im Vergleich zur Abwesenheit (nur Wind, Schwerkraft und Selbstbestäubung) von bestäubenden Insekten. Die Ertragsmaße umfassen Menge und Qualität der Früchte und Samen. Die Analyse basiert auf allen relevanten Veröffentlichungen bis zum Jahr 2018 zur Bewertung von Ertragsänderungen, einschließlich Studien außerhalb Deutschlands.

Wichtige Bestäubergruppen

Weltweit gibt es eine große Vielfalt an Bestäubern, wobei die Mehrzahl der Nutzpflanzen von Insekten bestäubt wird. Zu den landwirtschaftlichen Nutzpflanzen, die von Wirbeltieren wie Vögeln und Fledermäusen bestäubt werden, zählen Agaven (Gattung: *Agave*) oder Durian (*Durio zibethinus*), aber keine Nutzpflanzen, die wir in diesem Buch näher betrachten. Unter Insektenbestäubern sind Wildbienen, Honigbienen und Fliegen, insbesondere Schwebfliegen (Syrphidae), die wichtigsten und häufigsten Bestäuber. Schmetterlinge spielen eine untergeordnete Rolle bei der Bestäubung von Nutzpflanzen. Alle in diesem Buch vorgestellten Nutzpflanzen werden von Insekten, insbesondere durch Bienen, bestäubt. Das Vorkommen von Bestäubern ist stark vom Landschaftskontext abhängig. Landschaften, die keinen Lebensraum (Nahrungs- und Nisthabitate) für Wildbienen bereitstellen, sind durch Honigbienen und wenige Fliegenarten als Blütenbesucher gekennzeichnet. In unserem Buch greifen wir auf eine Datenbank wissenschaftlicher Studien zurück, um bestäubende Bienenarten und ihre Bestäubungsrelevanz darzustellen.

Blühzeiträume der Nutzpflanzen über das Jahr betrachtet

Damit Obst- und Gemüsebäuer:innen wissen, welche Wildbienen für eine nachhaltige Bestäubung gefördert werden müssen, ist es wichtig, die Blühzeiträume der Nutzpflanzen zu kennen. Die Nutzpflanzen unserer Steckbriefe setzen sich aus verschiedenen heimischen oder an unser temperates Klima angepassten, aber auch aus eingebrachten, zum Teil aus anderen Klimazonen stammenden Kulturen zusammen. Unter den gemäßigten Kulturen befinden sich viele Rosengewächse wie Apfel, Birne oder Himbeere, die häufig in Dauerkulturen angebaut werden.

Die eingebrachten Nutzpflanzen stammen in der Regel aus südlicheren, somit suptropischen (z. B. Gurke, Gartenbohne, Kaki) oder tropischeren Breiten (z. B. Aubergine, Augenbohne, Kürbis) und überstehen häufig die bei uns herrschenden Wintertemperaturen nicht. Viele von ihnen kommen daher auch erst im Hochsommer zum Wachstum, ihre Blüte und Erntezeiträume sind nach hinten verschoben und häufig erst durch den einsetzenden Winter und nicht durch die Pflanze selbst beschränkt. Um die Wachstums-, Blüh- und Erntezeit zu verlängern, werden einige dieser Nutzpflanzen unter Folientunneln angebaut. Der Zugang zu den Blüten für Bestäuber ist je nach Nutzpflanze und Anbausystem sehr unterschiedlich. Winterharte Gehölze können frei zugänglich in der Landschaft angebaut werden und blühen gegebenenfalls zeitgleich mit den Flugzeiten ihrer potenziellen Bestäuber.

Eingebrachten Pflanzen fehlt einerseits ihre natürliche Bestäubergemeinschaft, die an die ursprüngliche Klimazone angepasst ist, und andererseits ist deren Blütezeitpunkt (die Blütenphänologie) verschoben, sodass selbst bei uns vorkommende Bestäuber schon nicht mehr aktiv sind, um diese zu bestäuben. Die Blühzeiträume der Nutzpflanzen erstrecken sich bei gemäßigten Nutzpflanzen über wenige Monate, die Zeiträume von suptropischen und tropischeren Nutzpflanzen häufig über mehrere Monate **(Abbildung 8)**. Diese Abbildung zeigt eine Sortierung der Nutzpflanzen nach ihrem Hauptblühaspekt in Deutschland. Dies veranschaulicht zusätzlich, dass heimische Nutzpflanzen und Nutzpflanzen, die ursprünglich aus unserer Klimazone kommen, früher im Jahr blühen. Die Einschätzung basiert auf Aufzeichnungen der Autor:innen und gemeldeten Beobachtungen in der App iNaturalist. Abweichungen durch Wetterbedingungen oder unterschiedliche Anbauformen wie Tunnel- oder Windschutzkultur sind möglich. Je nach Sorte und Standort ergeben sich lokale Unterschiede, und häufig ist der Blühzeitraum eines Pflanzenindividuums nur wenige Tage bis Wochen lang und entspricht nicht der in Abbildung 8 angegebenen Maximaldauer. Zusätzlich können Folientunnel Bestäubern den Zugang zu den Blüten erschweren. Wenn die Nutzpflanzenblüte außerhalb der Flugsaison von Bienen liegt, können Mauerbienen (Gattung *Osmia*) oder Erdhummel-Völker (*Bombus terrestris*) helfen, die Bestäubung im Freiland zu sichern. Auch in Folientunneln können Hummeln und Mauerbienen, die sowohl gekauft oder selbst gezüchtet werden, bei der Bestäubung helfen.

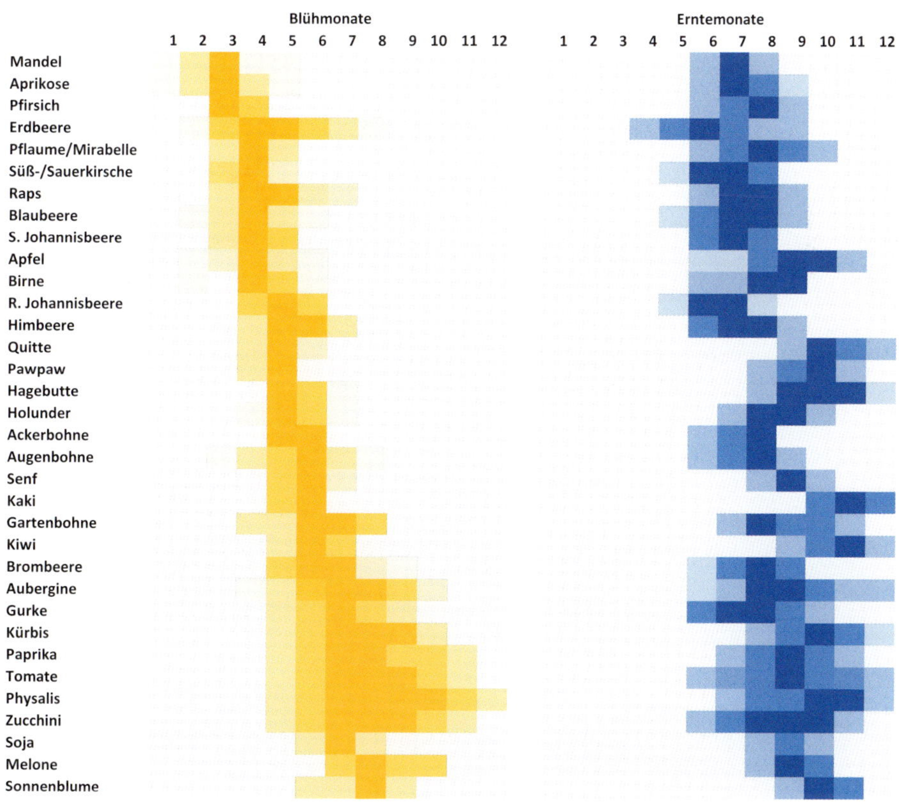

Abbildung 8: Übersicht der Blüh- und Erntemonate von Obst, Gemüse und Ölsaaten aus den Nutzpflanzensteckbriefen. Je stärker die Farbintensität, desto mehr Sorten blühen und fruchten in den jeweiligen Monaten.

Wie wir faktenbasiert vorgegangen sind

Nutzpflanzenauswahl

Oberstes Kriterium für die Auswahl der Nutzpflanzen in den Steckbriefen war, dass die Fruchtproduktion durch Insektenbestäubung gesteigert werden kann. Wir betrachten alle Nutzpflanzen, die für den menschlichen Konsum produziert und von der Food and Agricultural Organisation of the United Nations (FAO) für Deutschland 2018 aufgeführt werden. Mohnsamen und Süßlupinen wurden nicht beschrieben, weil die Autor:innen keinen Zugang zu kommerziellen Feldern für Fotos dieser Pflanzen hatten und sie im Vergleich zu Ölsaaten wie Raps und Senf, die wir beschreiben, kaum Marktrelevanz haben.

Die FAO bezieht sich auf die national angegebenen Werte, welche keine Nutzpflanzenprodukte erfassen, die aus Privatgärten für den eigenen Konsum stammen oder als Wildpflanzen gesammelt werden. Deshalb wurden, basierend auf Einschätzung der Autor:innen und Gesprächen mit weiteren Expert:innen, Nutzpflanzen ergänzt, die in den letzten Jahren in Gärten und Gärtnereien anzutreffen waren (z. B. Aubergine, Kaki, Kiwi, Melone, Quitte), und auch solche, die vielleicht in näherer Zukunft häufiger angebaut werden (z. B. Pawpaw, Physalis).

Zusätzlich stellen wir eine Liste aller den Autor:innen bekannten, wichtigen Nutzpflanzen zur Verfügung, die in Deutschland für den menschlichen Verzehr produziert werden. Für jede dieser Pflanzen geben wir an, ob ein Blütenbesuch durch Insekten die Fruchtproduktion steigert oder nicht. Außerdem bewerten wir die Attraktivität der Blüten für Bienen und andere bestäubende Insekten und informieren über den jeweiligen Bestäubungsbedarf der Pflanzen. Die Liste umfasst auch solche Nutzpflanzen, die zwar wichtige Nahrungsquellen für blütenbesuchende Insekten darstellen, bei denen Insekten jedoch keinen Beitrag zur Fruchtproduktion leisten (vgl. Tabelle auf S. 104–107).

Datengrundlage für die Obst- und Gemüsekulturen und deren Bestäuber-Informationen

Daten über in Deutschland angebaute Nutzpflanzen, ihre Bestäubungs- und Befruchtungssysteme, Sorten, Bestäuber sowie Informationen über Frucht- und Samenansatz wurden aus einer Datenbank zur Bestäubung von Nutzpflanzen extrahiert. Die Datenbank haben wir zwischen 2012 und 2018 an der Universität Freiburg (D) erstellt und durch weitere Literaturrecherchen ergänzt. Die Veröffentlichungen wurden mit den Online-Suchmaschinen ISI Web of Knowledge und Google Scholar identifiziert. Für jede Nutzpflanze haben wir auf beiden Webseiten die gleichen Suchbegriffe in englischer Sprache verwendet. Dabei bedeutet ein Sternchen (*), dass nach Begriffen gesucht wird, die unterschiedliche Endungen haben können. Beispielsweise wird mit «Pollinat*» nach «Pollinator» = ein Bestäuber, «Pollinators» = mehrere Bestäuber und «Pollination» = Bestäubung gesucht. Folgende Suchbegriffe haben wir verwendet: (i) wissenschaftlicher Name der Art UND Pollinat*, ii) wissenschaftlicher Name der Art UND Pollen, iii) wissenschaftlicher Name der Art UND Nectar iv) umgangssprachlicher Name der Art UND Pollinat*, v) umgangssprachlicher Name der Art UND Pollen, vi) umgangssprachlicher Name der Art UND Nectar. Aus den wissenschaftlichen Veröffentlichungen haben wir Daten über Nutzpflanzen (untersuchte Sorten, Befruchtungssystem, Blütezeit, Erntezeit), Bestäubergruppen und Bestäuberarten und deren Auswirkungen auf den Ernteertrag extrahiert. Wenn für Deutschland keine Information verfügbar war, haben wir auf Studien aus anderen Ländern zurückgegriffen. Für Informationen zu den Begriffen «Befruchtungsansprüche» und «Optimale Bestäubung» mussten wir manchmal auf nicht-Europäische Studien zurückgreifen. Das extrahierte Vorkommen aller Bestäuber in Deutschland haben wir mithilfe des

Wildbienen-Katasters auf Plausibilität geprüft und unsere Liste durch Beobachtungen von dem Wildbienenexperten Paul Westrich ergänzt. Informationen zu Nektar- und Pollenangebot sowie Blüh- und Erntezeiten haben wir mit Informationen aus der Datenbank BiolFlor ergänzt. Dabei haben wir zusätzliche Angaben des Bienenweidekatalogs berücksichtigt.

Erläuterungen zu den Nutzpflanzensteckbriefen

Name, Herkunft, Kultivierung und Anbau

Für jede Nutzpflanze geben wir zuerst Namen und Familienzugehörigkeit an, gefolgt von dem Kultivierungsstatus und Ursprung der Wild- und Kulturform, sowie die wichtigsten Kultivierungsformen und Anbauregionen in Deutschland.

Phänogramm über Blüh- und Erntezeiträume

Die kreisförmigen Phänogramme zeigen die Monate in rosa/rot in denen die jeweilige Nutzpflanze vorwiegend in Deutschland, aber auch in den Tallagen von Österreich und der Schweiz, blüht und in lila die Monate, in denen die jeweilige Nutzpflanze in diesen Ländern vorwiegend geerntet wird. Die Zeiträume basieren auf Angaben aus den letzten 10 Jahren. Die Blüh- und Erntezeiträume können allerdings je nach Sorte, Region und Jahrestemperatur stark variieren und werden sich zukünftig durch den Klimawandel verändern. Dunkel gefärbt sind die Hauptblüh- und Erntezeiträume.

Skalenbalken für Pollen, Nektar, Attraktivität der Blüte und Bedarf an Bestäubern

Wir verwenden vier unterschiedlich gefärbte Skalen, die jeweils fünf Balken enthalten und eine Skala von null bis fünf Einheiten anzeigen. Die obersten beiden Skalen veranschaulichen die Menge an proteinreichen Pollen (gelb) und zuckerreichem Nektar (blau) der Blüten der jeweiligen Nutzpflanze. Wenn keiner der Balken dunkel gefärbt ist, bedeutet dies, dass in den Blüten kein Nektar oder Pollen vorhanden ist. Ein dunkel gefärbter Balken zeigt eine sehr geringe Menge an Nektar oder Pollen, zwei dunkle Balken eine geringe Menge, drei Balken eine moderate Menge, vier Balken eine große Menge und fünf Balken eine sehr große Menge an Nektar oder Pollen.

Die grüne Skala zeigt die Attraktivität der Blüten für bestäubende Insekten anhand von fünf Balken mit Skaleneinheiten von null bis fünf. Wenn keiner der Balken dunkel gefärbt ist, bedeutet dies, dass die Blüten der jeweiligen Nutzpflanze für bestäubende Insekten nicht attraktiv sind. Ein dunkel gefärbter Balken zeigt eine sehr geringe Attraktivität, zwei Balken eine geringe Attraktivität, drei Balken eine mittlere Attraktivität, vier Balken eine hohe Attraktivität und fünf Balken zeigen eine sehr hohe Attraktivität der Blüten für bestäubende Insekten.

Die orange Skala stellt den Bedarf an bestäubenden Insekten für eine optimale Frucht- und Samenproduktion dar, gemessen in fünf Balken mit Skaleneinheiten von null bis fünf. Kein dunkel gefärbter Balken bedeutet, dass kein Ertragsanstieg durch Insektenbestäubung zu erwarten ist (dies trifft auf die ausgewählten Nutzpflanzen nicht zu). Ein dunkel gefärbter Balken zeigt einen geringen Ertragsanstieg (bis ca. 10 %), zwei Balken einen moderaten Ertragsanstieg (10 bis <25 %), drei Balken einen hohen Ertragsanstieg (25 bis <40 %) vier Balken einen sehr hohen Ertragsanstieg (40 bis >90 %) und fünf Balken weisen darauf hin, dass bestäubende Insekten essenziell, also unerlässlich für die Fruchtentwicklung sind, mit einem Ertrag von ≥90 % bei den meisten Sorten der entsprechenden Nutzpflanze.

Blütenbeschreibung

Die Blüten der jeweiligen Nutzpflanzen beschreiben wir in drei Teilen: Blüten, ♀ Blütenorgan, ♂ Blütenorgan. Hinter dem Stichwort «Blüten» beschreiben wir die Form, Gestalt und Struktur der Blüte. Hinter «♀» beschreiben wir die weiblichen Fruchtblätter mit Narbe, Griffel und Fruchtknoten, aus letzterem entwickelt sich die Frucht. Hinter «♂» beschreiben wir die männlichen Staubblätter mit Staubbeuteln, in denen sich der Pollen befindet.

Befruchtungssystem

Unter dem Begriff «Befruchtungssystem» geben wir die Befruchtungssysteme der jeweiligen Nutzpflanze an, die oft eine Mischung aus verschiedenen Formen der Selbstbestäubung und Kreuzbestäubung sind.

Befruchtungsansprüche

Unter dem Begriff «Befruchtungsansprüche» geben wir die Voraussetzungen für eine Befruchtung an.

Optimale Bestäubung

Unter dem Begriff «Optimale Bestäubung» geben wir ergänzende Informationen aus wissenschaftlichen Studien an. Diese zeigen auf, unter welchen Bedingungen eine optimale bzw. maximale Bestäubungsleistung erreicht wird, die zu einer Ertragssteigerung führt. Darüber hinaus erklären wir hier weitere interessante Fakten aus der Forschung, die zu einem besseren Verständnis der Bestäubungsprozesse beitragen.

Häufigste bestäubende Bienenarten

Unter dem Begriff «Häufigste bestäubende Bienenarten» führen wir die Namen der Bienenarten auf, die laut wissenschaftlichen Studien am häufigsten als Bestäuber der jeweiligen Nutzpflanze auftreten. Ergänzende Informationen zu deren Biologie und Ökologie finden Sie in den Bienensteckbriefen im Buch.

Pollensependertabellen/Häufige Kultursorten

In den Pollenspendertabellen oder unter dem Begriff «Häufige Kultursorten» finden Sie Informationen über die gängigen Sorten in Deutschland. Dabei unterscheiden wir zwischen Nutzpflanzen, die eine Kreuzbestäubung durch andere, kompatible Sorten (Spendersorten) brauchen und Nutzpflanzen, die keine Kreuzbestäubung durch andere Sorten erfordern. Obstpflanzen wie Äpfel, Birnen und Kirschen sind auf Befruchtersorten/Spendersorten angewiesen. In unseren «Pollenspender-Tabellen» geben wir, basierend auf aktuellen und, wenn relevant, Prognosen von bis zu zehn häufig angebaute Obstsorten (Empfängersorten), sowie ihre passenden Spendersorten an. Ein Kreuz zwischen zwei Sorten in der Tabelle zeigt, dass die Empfängersorte durch die mit dem Kreuz verbundene Spendersorte bestäubt werden kann. Diese Information ist besonders wichtig, da bei diesen Obstkulturen ohne kompatible Sorten in der Nähe kein Ertrag zu erwarten ist. Die Kreuzbestäubung zwischen verschiedenen Sorten betrifft ausschließlich Obstpflanzen. Für Nutzpflanzen, die keine Befruchter-/Spendersorten benötigen, listen wir einige häufig in Deutschland angebaute Sorten auf. Zusätzliche Sorten und ihre Befruchter **finden Sie auf der Webpage www.haupt.ch/nutzpflanzenbestaeubung.**

Informationen zu den Pollenspendertabellen wurden durch Telefonate mit Baumschulen durch Robin Sutter zusammengetragen. Vorwiegend kommen die Informationen zu den Befruchtersorten aus Katalogen von Baumschulen aus Deutschland und der Schweiz. Die vorgefundenen Quellen wurden auf Plausibilität geprüft. Die Auswahl der Sorten erfolgte, wenn möglich, auf Grundlage von Hinweisen auf wichtige Sorten in der Literatur. Sorten, die als selbstkompatibel angegeben werden sind nach unseren Erfahrungen selten 100 % selbstbestäubend und der Blütenbesuch durch Bienen kann meistens auch bei diesen Sorten die Bestäubung und Ertrag erhöhen. Wir sehen somit im Bereich der Nutzpflanzenbestäubung erhebliche Forschungslücken. Trotzdem zeigen die Pollenspendertabellen, ob eine Empfängersorte vorwiegend selbstkompatibel/selbstbestäubend/selbstfertil (SF) oder selbstinkompatibel/fremdbestäubend (SI) ist.

Informationen zu den Fotos in den Nutzpflanzensteckbriefen

Für eine anschauliche Gestaltung haben wir Fotos für die Nutzpflanzensteckbriefe aufgenommen. Zu jedem Steckbrief gehören Bilder der Früchte, Blüte, Blütenquerschnitte, Anbauflächen sowie, falls vorhanden, zwei häufige bestäubende Bienenarten, die für die jeweilige Nutzpflanze relevant ist.

Unsere Bilder veranschaulichen Beispiele einer «Frucht» oder mehrerer Früchte der Nutzpflanzen, wie sie nach erfolgreicher Bestäubung entstehen. Ebenso zeigen wir jeweils ein Beispiel einer «Blüte» oder eines Blütenstandes der Nutzpflanze. Die Fotos vermitteln einen allgemeinen Eindruck über die räumliche Verteilung und Verfügbarkeit von Pollen, der für die Bestäubung essenziell ist, sowie über die Blütenressourcen, die für die bestäubenden Insekten von Bedeutung sind. Diese Darstellungen helfen, die Beziehungen zwischen Pflanzen und ihren Bestäubern besser zu verstehen.

Das jeweilige Bild zum «Blütenquerschnitt» zeigt den Anschnitt der Samenanlage von zwittrigen bzw. männlichen und weiblichen Blüten zur Veranschaulichung der Lage der Fortpflanzungsorgane sowie den Zugang für bestäubende Insekten zu Nektar und Pollen.

Das jeweilige Bild zur «Anbaufläche» zeigt ein Beispiel einer typischen Anbaufläche und -form der jeweiligen Nutzpflanze in Deutschland. Dieser visuelle Eindruck ermöglicht eine Beurteilung der potenziellen Wildbienen-Lebensräume, die mit der Kultivierung der Nutzpflanze verbunden sind. Dabei werden sowohl Niststandorte als auch die Begleitflora berücksichtigt, die als zusätzliche Ressourcen für Wildbienen dienen können. Die Bilder der blütenbesuchenden «Bienen» zeigen jeweils zwei repräsentative Fotos von Bienenarten, die als effektive Bestäuber bekannt sind. Diese Auswahl hebt Arten hervor, die sowohl eine wichtige Rolle bei der Bestäubung spielen, als auch eine gewisse Relevanz für den Naturschutz haben.

Nutz-pflanzen-steck-briefe

Obst

Apfel

Malus domestica Mill.

Rosengewäche (Rosaceae)

Kulturform des heimischen Wildapfels, mit vielen europäischen Sorten, die in Obst- und Streuobstanlagen und Gärten in ganz Deutschland kultiviert wird.

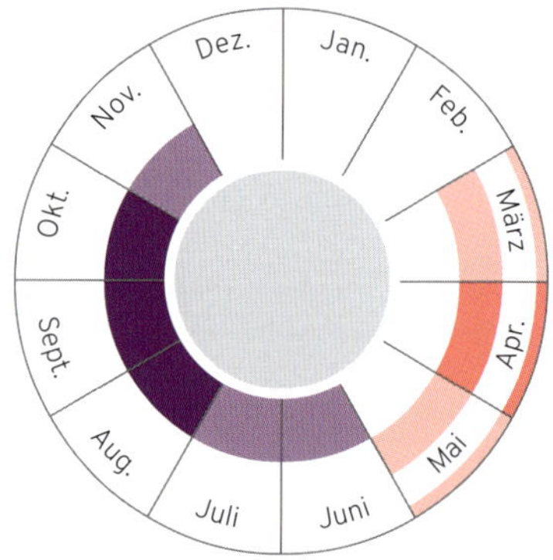

Blüten: Zwittrig (hermaphroditisch) und radiärsymmetrisch mit 5 Kelch- und Kronblättern, die sich farblich von weiß zu pink nach der Bestäubung verändern. Die zentrale Blüte jedes Blütenstandes wird Königsblüte genannt. Sie blüht als Erstes und bildet die größte Frucht.
♀ = 5 an der Basis verwachsene Fruchtblätter mit jeweils freien Griffeln und 2 Samenanlagen pro Fruchtknoten.
♂ = ca. 20 Staubblätter, die in 3 Kreisen angeordnet sind (10 + 5 + 5). Die Staubbeutel sind gelb.

Befruchtungssystem: Häufige Sorten sind primär kreuzbestäubt (Xenogamie) mit geringer Selbstbestäubung (Autogamie, Geitogamie). Parthenokarpie kommt vor.

Befruchtungsansprüche: Grundsätzlich benötigen Äpfel Pollen von Befruchtersorten (siehe Pollenspender-Tabelle). Der Pollen wird primär von Insekten übertragen, weil er zu schwer für eine Windbestäubung ist. Apfelblüten sind vor allem für Bienen attraktiv.

Optimale Bestäubung: Die Honigbiene ist meistens die häufigste blütenbesuchende Art. Honigbienen bestäuben zusammen mit Hummeln und zahlreichen weiteren Wildbienen-Arten die Blüten bestmöglich. Bei unterschiedlichen Wetterbedingungen ersetzen Wildbienen die Bestäubung durch Honigbienen-Völker und sind damit unverzichtbar. Während der Rapsblüte vernachlässigen Honigbienen die Apfelblüten, in dieser Zeit müssen die Wildbienen die Bestäubung leisten. Die Bestäubungseffektivität der Bienenarten variiert zwischen den Apfelsorten. Honigbienen sammeln oft nur Nektar und übertragen keine Pollen. Optimal ist eine Bestäubung mit Honig- und Wildbienen, auch, weil eine artenreiche Bestäubung zu einem hohen Samenansatz mit bis zu zehn Kernen (manchmal sogar mehr) führt und dies mit einem hohen Kalziumgehalt im Apfel korreliert. Dieser ist wichtig für die Lagerfähigkeit. Zu viel Bestäubung führt zu vielen kleinen Äpfeln. Auch Fliegen können Apfelblüten bestäuben.

Häufigste bestäubende Bienenarten: *Andrena cineraria* (Grauschwarze Düstersandbiene), *Andrena scotica* (Schottische Erdbiene), *Anthophora plumipes* (Frühlings-Pelzbiene), *Apis mellifera* (Europäische Honigbiene), *Bombus lapidarius* (Steinhummel), *Bombus pascuorum* (Ackerhummel), *Bombus terrestris* (Dunkle Erdhummel), *Colletes cunicularius* (Frühlings-Seidenbiene), *Osmia bicornis* (Rote Mauerbiene), *Xylocopa violacea* (Blauschwarze Holzbiene)

Maßnahmen für Wildbienen
Nahrung: F02 Einjährige Blühmischung (S. 180), F03 Mehrjährige Blühmischung (S. 181), F09 Verzicht auf Pflanzenschutzmittel in der Vegetationszeit (S. 188)
Nistplatz: N06 Hecken, Feldgehölze und Streuobstbäume (S. 196), N09 Nisthilfen für Insekten (S. 198), N12 Liegendes Totholz (S. 203)

1

2

3

4

5

▼ Empfängersorten	Braeburn	Cox Orange	Cripps Pink	Elstar	Fuji	Gala	Golden Delicious	Granny Smith	Pinova	*Malus* spp.*
Boskoop***	X	X							X	X
Braeburn		X		X	X	X	X		X	X
Cripps Pink	X							X	X	X
Elstar	X	X			X	X	X	X	X	X
Gala	X	X		X	X		X	X	X	X
Golden Delicious	X	X		X		X		X	X	X
Granny Smith		X		X		X	X			X
Holsteiner Cox***										X
Jonagold***	X	X		X		X				X
Pinova	X			X	X	X	X			X

Linke Seite Erntereife Äpfel; 1. Apfelanlage; 2. Apfelblüten; 3. Querschnitt einer Apfelblüte; 4. Grauschwarze Düstersandbiene (*Andrena cineraria*); 5. Dunkle Erdhummel (*Bombus terrestris*)
Pollenspendertabelle für Apfel: *andere Apfelarten sind unter dem Vorbehalt des passenden Blühzeitpunktes als Pollenspender geeignet; ***triploide Sorte (als Pollenspender ungeeignet)

Aprikose

Prunus armeniaca L.

Rosengewächse (Rosaceae)

Die Kulturform der Aprikose kommt ursprünglich aus Mittel- und Ostasien mit ungeklärtem Ursprung in Armenien und wird in Hausgärten vereinzelt überall in Deutschland und kommerziell nur in warmen Regionen Deutschlands in Obstanlagen angebaut.

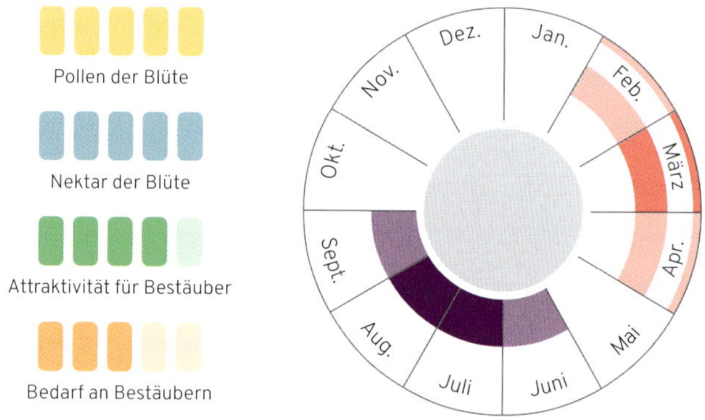

Blüten: Aprikosenblüten sind zwittrig und radiärsymmetrisch mit 5 dunkelroten Kelch- und weiße bis rosafarbenen Kronblättern. Der Blütenboden produziert leicht zugänglichen Nektar. Häufig tragen stammnahe Blüten keine fertile Narbe und sind somit funktional betrachtet männliche Blüten.

♀ = 1 Fruchtblatt mit samtig behaartem, freiem Griffel.

♂ = 20–30 unterschiedlich lange, gelbe Staubblätter.

Befruchtungssystem: Die meisten deutschen Sorten sind primär kreuzbestäubt (Xenogamie) mit geringer Selbstbestäubung (Autogamie, Geitogamie). Manche Sorten sind selbstinkompatibel und benötigen eine Befruchtersorte.

Befruchtungsansprüche: Einige häufige Aprikosensorten benötigen Pollen von kompatiblen Bestäubersorten für eine hohe Fruchtproduktion. Der Pollen wird primär von Insekten übertragen, hierbei sind früh im Jahr fliegende Wildbienen und auch Honigbienen von besonderer Bedeutung. Die Blüten bieten Nektar am frei zugänglichen Blütenboden und Pollen an frei zugänglichen Staubblättern und sind damit für viele Wildbienenarten attraktiv.

Optimale Bestäubung: Wir beobachten häufig Sandbienen an Aprikosenblüten. In einem Bestäubungsexperiment sollte durch Honigbienen Pollen einer kompatiblen Aprikosenart auf die Blüten verteilt werden. Dazu sollte der Pollen am Bienenstock durch einen Pollendispenser auf die Bienen gelangen. Allerdings haben die Bienen den Pollen nach Durchlaufen des Pollendispensers in ihren Körbchen an den Beinen verstaut. Dieses Verfahren brachte keine höhere Bestäubung für die Aprikosen. In einer Studie aus Neuseeland werden fünf Bienenstöcke pro Hektar zur Kreuzbestäubung von Aprikosen empfohlen. Aprikosenblüten sind vor allem wegen ihres hohen Pollengehaltes für Bienen attraktiv.

Häufigste bestäubende Bienenarten: *Andrena gravida* (Weiße Bindensandbiene), *Apis mellifera* (Europäische Honigbiene), *Colletes cunicularius* (Frühlings-Seidenbiene), *Lasioglossum sexmaculatum* (Sechsfleck-Schmalbiene), *Osmia cornuta* (Gehörnte Mauerbiene)

Maßnahmen für Wildbienen
Nahrung: F01 Ackerwildkrautschutz (S. 179), F04 Hecken, Feldgehölze und Streuobstbäume (S. 185), F06 Säume und Wegränder (S. 183)
Nistplatz: N01 Abbruchkanten (S. 191), N08 Nisthilfen für Insekten (S. 198), N10 Sandlinse (S. 201)

2

▼ Empfängersorten	Apribang	Bergarouge	Bergeron	Bergaval	Candide	Faralia	Farbaly	Frisson	Hargrand	Harogem
Apribang	SF									
Bergarouge		SI	X	X			X			
Bergeron			SF							
Bergeval				SF						
Candide					SF					
Faralia						SF				
Farbaly							SF			
Frisson								SF		
Hargrand		X							(SF)	
Harogem										SF

Obst

3

Linke Seite Erntereife Aprikosen; 1. Aprikosenanlage; 2. Aprikosenblüten; 3. Querschnitt einer Aprikosenblüte; 4. Frühlings-Seidenbiene (*Colletes cunicularius*); 5. Europäische Honigbiene (*Apis mellifera*)
Pollenspendertabelle für Aprikose: SF = selbstfertil, (SF) = bedingt selbstfertil, SI = selbstinkompatibel

Birne

***Pyrus communis* L.**

Rosengewächse (Rosaceae)

Die Kulturform der Birne kommt ursprünglich aus dem mediterranen Europa und Westasien. Birnen werden in Obst- und Streuobstanlagen sowie in Gärten in ganz Deutschland kultiviert.

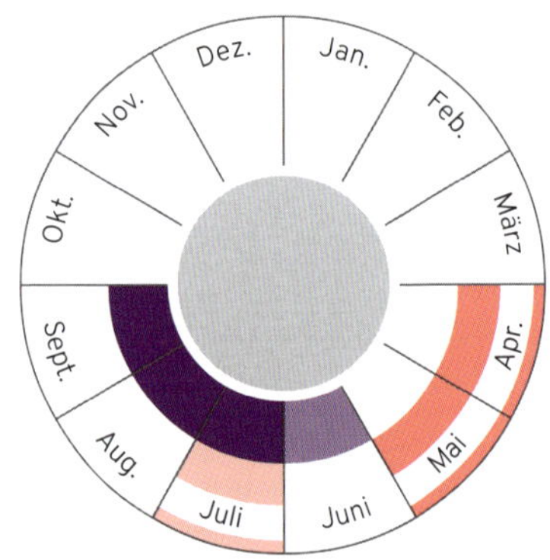

Blüten: Die Blüten sind zwittrig und radiärsymmetrisch mit 5 grünen Kelch- und 5 weißen Kronblättern.
♀ = 5 basal verwachsene Fruchtblätter mit freien Griffeln.
♂ = 10–30 Staubblätter mit dunkelroten Staubbeuteln.

Befruchtungssystem: Vorwiegend Kreuzbestäubung (Xenogamie), wobei bei gängigen Sorten jungfräuliche Fruchtentwicklung (Parthenokarpie) und Selbstbestäubung (Autogamie, Geitogamie) häufig vorkommen.

Befruchtungsansprüche: Die meisten Sorten sind selbstinkompatibel und benötigen Kreuzbestäubung durch eine andere Sorte, dennoch setzen kommerziell genutzte Sorten samenlose Früchte an. Kreuzbestäubung mit einer kompatiblen Sorte durch Wild- und Honigbienen erhöht den Anteil an qualitativ hochwertigen Früchten. Dies liegt an einer erhöhten Samenmenge, die nach erfolgreicher Befruchtung gebildet wird.

Optimale Bestäubung: Birnenblüten sind für viele Wildbienen und andere Insekten, aber auch für Honigbienen attraktiv und werden von diesen bestäubt. Um eine gute Kreuzbestäubung zu erreichen, werden mindestens zwei Befruchtersorten empfohlen. Dies garantiert, dass zum Blütezeitpunkt der Erntesorte genügend kompatibler Pollen zur Verfügung steht. Für gute Erträge der beliebten Sorte 'Conference' werden neben weiteren die Sorten 'Triomphe de Vienne', 'Williams', 'Concorde' und 'Passe Crassane' empfohlen. Die Kombination aus Erdhummeln (Gattung *Bombus*) und Honigbienen (Gattung *Apis*) erhöht die Bestäubungsleistung, weil beide Bienenarten zusammen mehr kompatiblen Pollen übertragen.

Häufigste bestäubende Bienenarten: *Andrena bicolor* (Zweifarbige Sandbiene), *Andrena dorsata* (Rotbeinige Körbchensandbiene), *Andrena nitida* (Glänzende Düstersandbiene), *Anthophora plumipes* (Frühlings-Pelzbiene), *Bombus hortorum* (Gartenhummel), *Bombus terrestris* (Dunkle Erdhummel), *Colletes cunicularius* (Frühlings-Seidenbiene), *Osmia cornuta* (Gehörnte Mauerbiene)

Maßnahmen für Wildbienen
Nahrung: **F03** Mehrjährige Blühmischung (S. 181), **F06** Säume und Wegränder (S. 185), **F10** Verzicht auf Mähaufbereiter und frühe Mahd (S. 189)
Nistplatz: **N01** Abbruchkanten (S. 191), **N03** Mehrjährige Blühflächen ausmagern (S. 193), **N07** Lesesteinhaufen, Steinriegel und Trockenmauern (S. 197)

1

2

4

5

3

▼ Empfängersorten	Abate Fetel	Clapps Liebling	Comice	Concorde	Conference	Gute Luise	Kaiser Alexander	Novemberbirne	Williams
Abate Fetel	SI	X				X			X
Clapps Liebling		SI	X			X	X		
Comice		X	SI	X		X	X		
Concorde	X	X	X	SI	X				X
Conference	X			X	SI	X	X	X	X
Gute Luise	X	X	X		X	SI	X		
Kaiser Alexander		X	X		X	X	SI		X
Novemberbirne					X	X		SI	
Williams					X		X		SI
Alexander Lucas***	X	X			X	X		X	X

Linke Seite Früchte verschiedener Birnensorten; 1. Birnenanlage; 2. Birnenblüten; 3. Querschnitt einer Birnenblüte; 4. Glänzende Düstersandbiene (*Andrena nitida*); 5. Gartenhummel (*Bombus hortorum*)
Pollenspendertabelle für Birne: ***triploide Sorte (als Pollenspender ungeeignet), SI = Selbstinkompatibel

Blaubeere

Vaccinium corymbosum spp. L.

Heidekrautgewächse (Ericaceae)

Die Kulturform der Blaubeere kommt ursprünglich aus dem östlichen Nordamerika. Blaubeeren werden in Topfkultur und Gärten auf sandigen, sauren Böden und im kommerziellen Anbau vor allem in der Lüneburger Heide und Rheinebene angebaut.

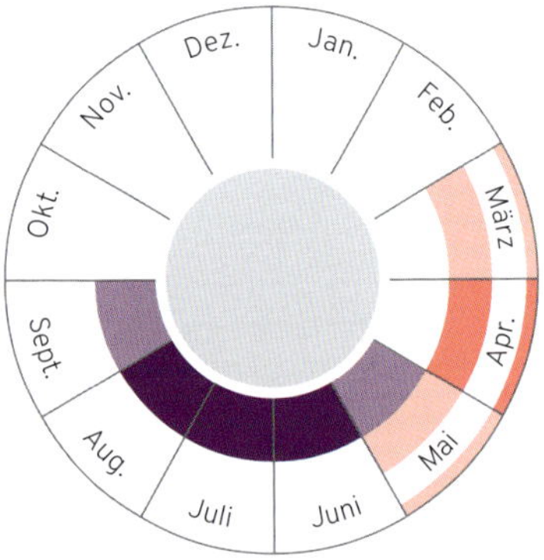

Blüten: Die Blüten sind zwittrig und radiärsymmetrisch mit je 5 kurzen Kelchblättern und glockenförmig verwachsenen, grün-weiß bis pinkgefärbten Kronblättern.
♀ = 5 verwachsene Fruchtblätter mit einem langen Griffel, der aus der Blütenhülle ragt.
♂ = 5 in den Kronblättern verborgene Staubblätter mit langen, orangen Staubbeuteln.

Befruchtungssystem: Selbstbestäubung (Auto- und Geitonogamie) kommt vor, aber hauptsächlich Kreuzbestäubung (Xenogamie).

Befruchtungsansprüche: Erschütterung der Blüte, vor allem durch Insekten und Vibrationsbestäubung, führt zum Übertragen des Pollens auf die Narbe. Kreuzbestäubung verdoppelt den Fruchtansatz gegenüber einer Selbstbestäubung.

Optimale Bestäubung: Durch Bienenausschluss verringert sich der Fruchtertrag um 80 %. Bei schlechtem Wetter sind Hummeln die Hauptbestäuber und verdoppeln den Fruchtansatz. Wildbienen übertragen pro Blütenbesuch mehr Pollen als Honigbienen. Trotz ihrer geringen Häufigkeit führt die Bestäubung durch Hummeln zu ähnlich hohen Erträgen wie durch die in der Kultur aufgestellten Honigbienenvölker. In Nordamerika werden 6–12 Bienenvölker pro ha Blaubeeren als ausreichend für hohe Erträge erachtet. Angaben für Deutschland haben wir nicht gefunden. Der Bestäubungserfolg und die Attraktivität der Blüten sind sortenabhängig. Das Zusammenpflanzen von verschiedenen Sorten erhöht die Kreuzbestäubung und verlängert den Erntezeitraum. Die einheimische, wildwachsende und in sauren Wäldern und Moorgebieten vorkommende Art *V. myrtillus* bietet in lichten Wäldern eine wichtige Nahrungsressource für waldbewohnende Wildbienen.

Häufigste bestäubende Bienenarten: *Andrena lapponica* (Heidelbeer-Lockensandbiene), *Bombus hortorum* (Gartenhummel), *Bombus hypnorum* (Baumhummel), *Bombus lapidarius* (Steinhummel), *Bombus pratorum* (Wiesenhummel), *Bombus sylvarum* (Bunte Hummel), *Halictus rubicundus* (Rotbeinige Furchenbiene), *Xylocopa violacea* (Blauschwarze Holzbiene)

Maßnahmen für Wildbienen
Nahrung: F04 Hecken, Feldgehölze und Streuobstbäume (S. 183), F05 Mosaiknutzung im Kleegras und Grünland (S. 184), F07 Schutzstreifen im Umfeld von Gewässern (S. 186)
Nistplatz: N02 Alt- und Totbäume (S. 192), N06 Hecken, Feldgehölze und Streuobstbäume (S. 196), N12 Liegendes Totholz (S. 203)

1

2

3

4

5

▼ Empfängersorten	Early Black (*V. uliginosum*)	Red Pearl (*V. uliginosum*)	Bluecrop	Duke	Ivanhoe	Patriot	Aurora	Berkeley	Blue Joy	Bluetta
Early Black (*V. uliginosum*)	SF	X	X	X	X	X	X	X	X	X
Red Pearl (*V. uliginosum*)	X	SF	X	X	X	X				
Bluecrop	X	X	SF	X	X	X	X	X	X	X
Duke	X	X	X	SF	X	X				
Ivanhoe	X	X	X	X	SF	X	X	X	X	X
Patriot	X	X	X	X	X	SF				
Aurora	X	X	X	X	X	X				
Berkeley	X	X	X	X	X	X				
Blue Joy	X	X	X	X	X	X	X	X	X	
Bluetta	X	X	X	X	X	X				

Linke Seite Erntereife Blaubeeren; 1. Blaubeeranlage; 2. Blaubeerblüten; 3. Querschnitt einer Blaubeerblüte; 4. Blauschwarze Holzbiene (*Xylocopa violacea*); 5. Bunte Hummel (*Bombus sylvarum*)
Pollenspendertabelle für Blaubeere: SF = selbstfertil

Brombeere

Rubus sectio *Rubus*

Rosengewächse (Rosaceae)

Es gibt heimische Wildformen aus Eurasien und Kulturformen aus Eurasien und Amerika. Brombeeren werden überall in Deutschland in Obstanlagen und Gärten kultiviert.

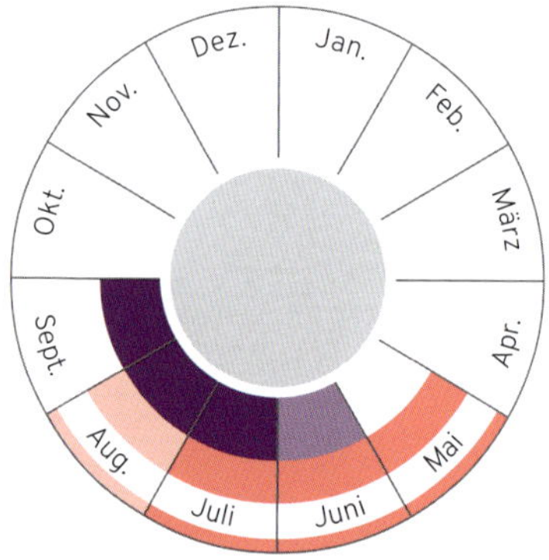

Blüten: Die Blüten sind zwittrig und radiärsymmetrisch mit 5 grünen Kelchblättern und 5 weiß-rosafarbenen Kronblättern.
♀ = viele Fruchtblätter mit kurzen Griffeln, die nebeneinander auf dem Blütenboden sitzen. Dieser ist nach außen gewölbt.
♂ = viele Staubblätter umgeben und überragen die Fruchtblätter. Zwischen den Staubfäden der Staubblätter wird Nektar gebildet.

Befruchtungssystem: Brombeeren können sich durch Insekten und Wind selbstbestäuben (Autogamie, Geitonogamie), aber auch Kreuzbestäubung (Xenogamie) kommt vor.

Befruchtungsansprüche: Brombeeren sind eine Arten-Aggregation aus Hunderten Unterarten und Hybriden, bei denen Selbst- und Scheinbestäubung häufig sind.

Optimale Bestäubung: Die obersten Blüten, die sogenannten Terminalblüten, blühen ca. 90 Stunden und produzieren in den ersten 36 Stunden im Durchschnitt 2 mg Zucker pro Stunde. Alle anderen Blüten blühen hingegen 60 Stunden und produzieren 1 mg Zucker pro Stunde und sind damit etwas weniger attraktiv als die Terminalblüten.

Selbst wenn Bestäuber vom Blütenbesuch im Freiland ausgeschlossen werden, konnten keine Ertragsverluste festgestellt werden. Hingegen sind in Tunnelkulturen höhere Erträge zu erwarten, wenn dort Bienen eingebracht werden. Als geeigneter Bestäuber im Tunnelanbau hat sich die Gehörnte Mauerbiene (*Osmia cornuta*) erwiesen, da diese die Pflanzen sehr gut bestäubt und nicht an den Tunnelwänden verendet, wie es häufig bei Erdhummeln (*Bombus terrestris*) und Europäischen Honigbienen (*Apis mellifera*) vorkommt. Nur ca. 30 % der blütenbesuchenden Honigbienen und Erdhummeln sammeln Pollen; dies aber vor allem am Morgen, wenn Nektar in größeren Mengen, wenn auch sehr verdünnt, vorliegt.

Häufigste bestäubende Bienenarten: *Andrena bicolor* (Zweifarbige Sandbiene), *Bombus pascuorum* (Ackerhummel), *Bombus pratorum* (Wiesenhummel), *Ceratina chalybea* (Metallische Keulhornbiene), *Halictus subauratus* (Dichtpunktierte Goldfurchenbiene), *Osmia leucomelana* (Schwarzspornige Stängelbiene), *Lasioglossum calceatum* (Gewöhnliche Schmalbiene), *Osmia bicornis* (Rote Mauerbiene)

Maßnahmen für Wildbienen
Nahrung: **F03** Mehrjährige Blühmischung (S. 181, **F04** Hecken, Feldgehölze und Streuobstbäume (S. 183), **F06** Säume und Wegränder (S. 185)
Nistplatz: **N01** Abbruchkanten (S. 191), **N06** Hecken, Feldgehölze und Streuobstbäume (S. 196), **N11** Säume und Fahrgassen (S. 202)

2

3

▼ Empfängersorten	Asterina	Black Satin	Chester Thornless	Douglas	Hull Thornless	Loch Ness (Nessy)	Loch Tay (Scotty)	Navaho	Taylors Fruchtbare	Theodor Reimers
Asterina	SF		X		X					X
Black Satin		SF				X	X	X	X	
Chester Thornless	X		SF		X					X
Douglas				SF						
Hull Thornless	X		X		SF					X
Loch Ness (Nessy)		X				SF		X		
Loch Tay (Scotty)		X					SF			
Navaho		X			X			SF		
Taylors Fruchtbare		X					X		SF	
Theodor Reimers	X		X	X						SF

Linke Seite Erntereife Brombeere; 1. Brombeeranlage; 2. Brombeerblüten; 3. Querschnitt einer Brombeerblüte; 4. Dichtpunktierte Goldfurchenbiene (*Halictus subauratus*); 5. Wiesenhummel (*Bombus pratorum*)
Pollenspendertabelle für Brombeere: SF= selbstfertil

Erdbeere

Fragaria × ananassa

Rosengewächse (Rosaceae)

Die Kulturform der Erdbeere ist eine Kreuzung zwischen einer chilenischen, europäischen und nordamerikanischen Art und wird in ganz Deutschland auf offenen und übertunnelten Feldern sowie in Gärten kultiviert.

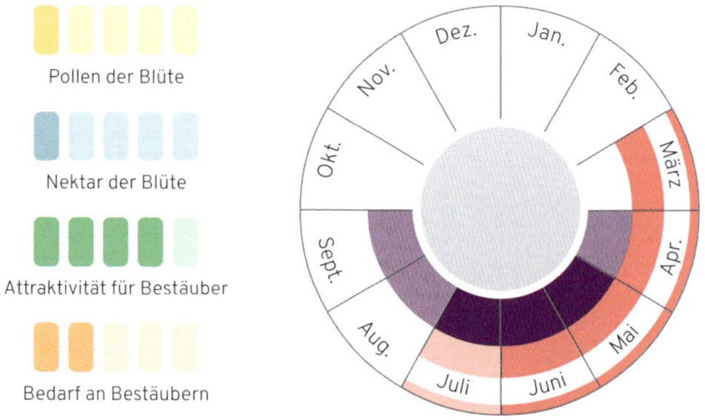

Blüten: Erdbeerblüten sind zwittrig, radiärsymmetrisch mit 5 grünen Kelch- und 5 weißen Kronblättern.
♀ = viele, freie Fruchtblätter auf einem erhöhten, zylindrischen Blütenboden, welcher später die Frucht formt.
♂ = viele Staubblätter mit gelben Staubbeuteln.

Befruchtungssystem: Selbstbestäubung (Autogamie, Geitogamie)

Befruchtungsansprüche: Erdbeerfrüchte entwickeln sich nur dann vollständig, wenn alle Narben der Blüten dieser Sammelfrucht bestäubt werden. Die Bestäubung in kommerziellen Anbauflächen erfolgt in der Regel durch eine Kombination aus Wind- und Insektenbestäubung. Allein Wind führt zu weniger und häufig unterentwickelten oder deformierten Früchten, die nicht vermarktet werden können. Deshalb ist die Bestäubung durch Hummeln und auch durch kleinere Wildbienenarten entscheidend für einen guten und qualitativ hochwertigen Ertrag.

Optimale Bestäubung: Das Zusammenspiel von großen und kleinen Bienenarten, die dieselbe Blüte kreuzbestäuben, führt zu Früchten von bester Qualität mit guten Lagereigenschaften und hohem Marktwert. Diese Erkenntnisse basieren auf einer Studie, die zeigt, dass kleine Wildbienen vor allem die Fruchtblätter nahe am Blütenboden bestäuben, während große Wildbienen wie Hummeln die weiter oben sitzenden Fruchtblätter bestäuben. Die Kombination aus kleinen und großen Wildbienen führt somit zu gut geformten Erdbeeren. Die räumliche Anordnung verschiedener Sorten begünstigt hohe Erträge durch kreuzbestäubende Wildbienen. Dies obwohl die Pollenspendertabelle zeigt, dass häufige Sorten vorwiegend selbstfertil sind. Zusätzlich zeigen Forschende, dass Heckenstrukturen entlang von Erdbeerfeldern und das Pflanzen von Minze und Koriander in einzelnen Zeilen die Wildbienenvielfalt, den Fruchtertrag sowie die Qualität steigern.

Häufigste bestäubende Bienenarten: *Andrena gravida* (Weiße Bindensandbiene), *Bombus lapidarius* (Steinhummel), *Bombus lucorum* (Helle Erdhummel), *Bombus pascuorum* (Ackerhummel), *Bombus pratorum* (Wiesenhummel), *Bombus terrestris* (Dunkle Erdhummel), *Lasioglossum calceatum* (Gewöhnliche Schmalbiene), *Osmia bicornis* (Rote Mauerbiene)

Maßnahmen für Wildbienen
Nahrung: F04 Hecken, Feldgehölze und Streuobstbäume (S. 183), F06 Säume und Wegränder (S. 185), F08 Umwandlung von Acker in Grünland (S. 187)
Nistplatz: : N04 Erd- und Feldwege (S. 194), N06 Hecken, Feldgehölze und Streuobstbäume (S. 196), N07 Lesesteinhaufen, Steinriegel und Trockenmauern (S. 197)

1

2

3

4

5

▼ Empfängersorten	Avamaria	Bolero	Cirafine	CIVRI27	CIVRI30	Clery	Elsanta	Elyanny	Evita	Merkur
Avamaria	SF									
Bolero		SF								
Cirafine			SF							
CIVRI27				SF						
CIVRI30					SF					
Clery						SF				
Elsanta							SF			
Eliany								SF		
Evita									SF	
Merkur										SF

Linke Seite Erntereife Erdbeeren; 1. Blühende Erdbeeranlage; 2. Erdbeerblüten; 3. Querschnitt einer Erdbeerblüte; 4. Gewöhnliche Schmalbiene (*Lasioglossum calceatum*); 5. Dunkle Erdhummel (*Bombus terrestris*)
Pollenspendertabelle für Erdbeere: SF = selbstfertil

Hagebutte

Rosa spp. L.: *R. canina*

Rosengewächse (Rosaceae)

Die Kultur- und heimischen Wildformen der Hagebutte stammen aus Eurasien. Sie werden in Gärten und Hecken der Feldflur, aber auch in Obstanlagen, meist begleitend zu anderen Kulturen, überall in Deutschland angepflanzt.

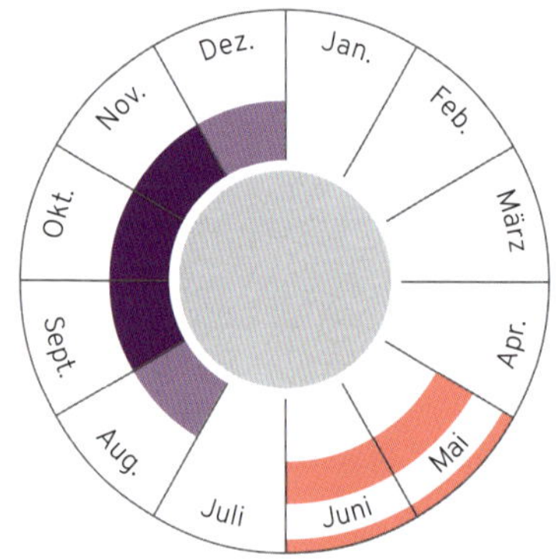

Blüten: Hagebuttenblüten sind zwittrig, radiärsymmetrisch mit 5 grünen Kelch- und 5 weißen bis rosafarbenen Kronblättern.
♀ = viele Fruchtblätter, die vom vasenförmig eingestülpten Blütenboden verborgen werden, nur die Narben treten hervor.
♂ = 20–100 Staubblätter an langen Staubfäden mit gelben Staubbeuteln. Die Blüten produzieren keinen Nektar.

Befruchtungssystem: Selbst- (Autogamie, Geitonogamie) und Kreuzbestäubung (Xenogamie) sowie Parthenokarpie.

Befruchtungsansprüche: Abhängig von der Herkunft und Hybridisierung kommt neben Kreuzbestäubung auch Selbstbestäubung und jungfräuliche Fruchtbildung vor. Auch Kreuzbestäubung zwischen manchen Arten und Unterarten ist möglich.

Optimale Bestäubung: In der Reihenfolge Fremd-, Nachbar- und Selbstbestäubung nimmt die Anzahl an fertilen Samen von 100 % auf 50 % und 25 % ab, wohingegen Parthenokarpie nur zu 5 % fertile Samen führt. Eine Studie zeigt 88 % Fruchtansatz durch Insekten- und Handbestäubung sowie größere und schwerere Früchte im Vergleich zu selbstbestäubten Blüten, die nur 40 % Fruchtansatz aufweisen. Dem widerspricht eine neuere Studie aus England mit der Beobachtung, dass unter Bestäuberausschluss sogar etwas mehr Früchte produziert werden als mit Bestäubern. Das Bestäubungssystem scheint daher sehr abhängig von der Herkunft bzw. Unterart zu sein; dies müsste im Detail noch untersucht werden.

Häufigste bestäubende Bienenarten: *Andrena cineraria* (Grauschwarze Düstersandbiene), *Andrena fulvago* (Pippau-Sandbiene), *Bombus pascuorum* (Ackerhummel), *Bombus pratorum* (Wiesenhummel), *Bombus terrestris* (Dunkle Erdhummel), *Ceratina cyanea* (Gewöhnliche Keulhornbiene), *Megachile circumcincta* (Gebänderte Blattschneiderbiene), *Osmia bicornis* (Rote Mauerbiene)

Häufige andere Wild- und Kulturarten: Befruchtersorten für die Hagebutte/Hundsrose (*Rosa canina*) sind nicht bekannt. Es gibt verschiedene Arten, die sich miteinander kreuzen lassen z. B. *Rosa rugosa* (Kartoffelrose), *R. rubiginosa* (Weinrose) und *R. villosa* (Apfelrose).

Maßnahmen für Wildbienen
Nahrung: F02 Einjährige Blühmischung (S. 180), F03 Mehrjährige Blühmischung (S. 181), F06 Säume und Wegränder (S. 185)
Nistplatz: N02 Alt- und Totbäume (S. 192), N06 Hecken, Feldgehölze und Streuobstbäume (S. 196), N08 Nisthilfen für Insekten (S. 198)

1

2

3

4

5

Linke Seite Erntereife Hagebutten; 1. Hagebuttensträucher; 2. Hagebuttenblüten; 3. Querschnitt einer Hagebuttenblüte; 4. Rote Mauerbiene (*Osmia bicornis*); 5. Gewöhnliche Keulhornbiene (*Ceratina cyanea*)

Himbeere

***Rubus idaeus* L.**

Rosengewächse (Rosaceae)

Die heimischen Wildformen kommen aus Europa und die Kulturformen aus Europa und Asien. Himbeeren werden auf Feldern und in Obstanlagen, offen und in Tunneln, sowie in Gärten überall in Deutschland kultiviert.

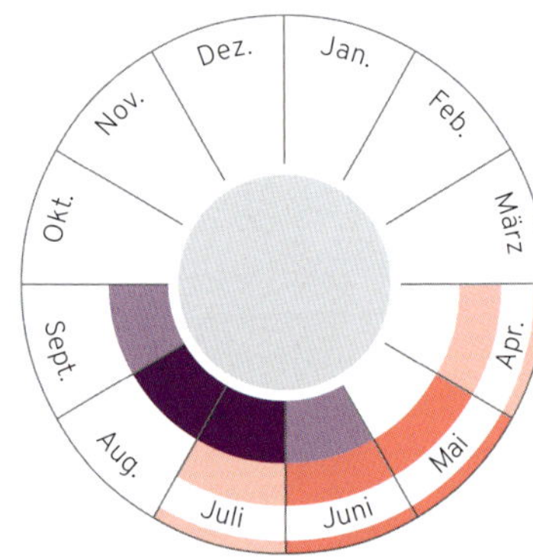

Blüten: Die Blüten sind zwittrig und radiär-symmetrisch mit 5 grünen, behaarten Kelch- und 5 weißen Kronblättern.
♀ = viele, nebeneinanderstehende Fruchtblätter mit kurzen Griffeln. Diese sitzen auf einem Blütenboden, der sich nach außen wölbt.
♂ = viele Staubblätter, welche die Fruchtblätter wirtelig umgeben. Nektar wird zwischen den Staubblättern gebildet.

Befruchtungssystem: Selbstbestäubung (Geitonogamie) und Kreuzbestäubung (Xenogamie).

Befruchtungsansprüche: Wilde Himbeeren sind selbstinkompatibel, aber einige Kulturformen sind stark selbstkompatibel. Eine Studie zeigt, dass die Sorten 'Carnival', 'Festival', 'Latham' und 'Muskoka' nicht von Kreuzbestäubung profitieren.

Optimale Bestäubung: Mit steigender Anzahl an Blütenbesuchen (5–6 sind optimal für jede Blüte) und Verweildauer (optimal 150 sec für jeden Blütenbesuch) erhöht sich die Anzahl an Früchten der Sammelnussfrucht und deren Gesamtgewicht. Die Blüten sind sehr attraktiv für Wild- und Honigbienen. Wenn Honigbienen fehlen oder nur wenige vorkommen, sind Hummeln die Hauptbesucher von Himbeerblüten. Hummeln sind größer, haariger und fliegen länger bei ungünstigerer Witterung und besuchen bevorzugt pollenreiche Himbeerblüten. Im Vergleich besuchen Honigbienen vor allem nektarreiche Blüten, daher ist anzunehmen, dass Hummeln effektivere Bestäuber von Himbeeren sind. Bei geringer Honigbienen-Dichte kann eine Erhöhung der Hummeldichte bzw. die Förderung von Wildbienen über Blüh- und Nisthabitate, zu erhöhtem Fruchtgewicht führen. Wir sehen in unseren eigenen Gärten häufig Pelzbienen (Gattung *Anthophora*) an Himbeerblüten.

Häufigste bestäubende Bienenarten: *Apis mellifera* (Europäische Honigbiene), *Andrena scotica* (Schottische Erdbiene), *Bombus hortorum* (Gartenhummel), *Bombus lapidarius* (Steinhummel), *Bombus lucorum* (Helle Erdhummel), *Bombus pascuorum* (Ackerhummel), *Bombus pratorum* (Wiesenhummel), *Bombus terrestris* (Dunkle Erdhummel), *Osmia bicornis* (Rote Mauerbiene)

Maßnahmen für Wildbienen
Nahrung: **F03** Mehrjährige Blühmischung (S. 181), **F04** Hecken, Feldgehölze und Streuobstbäume (S. 183), **F08** Mosaiknutzung im Kleegras und Grünland (S. 184)
Nistplatz: **N01** Abbruchkanten (S. 191), **N065** Grubbern statt pflügen (S. 195), **N11** Säume und Fahrgassen (S. 202)

2

3

▼ Empfängersorten	Autumn Bliss	Cola I	Gradina	Polana	Willamette	Meeker	Mailling Orion	Polka (Herbst-himbeere)	Glen Ample
Autumn Bliss	SF	X	X	X	X			X	
Cola I	X		X	X	X				
Gradina	X	X		X	X				
Polana	X	X	X		X				
Willamette	X	X	X	X					
Meeker						SF	X		
Mailling Orion						X			
Polka (Herbst-himbeere)								SF	
Glen Ample									SF

Linke Seite Erntereife Himbeeren; 1. Himbeeranlage; 2. Himbeerblüten; 3. Querschnitt einer Himbeerblüte; 4. Wiesenhummel (*Bombus pratorum*); 5. Europäische Honigbiene (*Apis mellifera*)
Pollenspendertabelle für Himbeere: SF= selbstfertil

Holunder (Schwarz)

***Sambucus nigra* L.**

Moschuskrautgewächse (Adoxaceae)

Sowohl die Kulturformen als auch die heimischen Wildformen des Schwarzen Holunders stammen aus Mitteleuropa, mit wenigen Unterarten, die ursprünglich aus Teilen Nordamerikas stammen. Die Kultivierung und der Anbau erfolgt sowohl in Obstanlagen und Gärten als auch in der Feldflur überall in Deutschland.

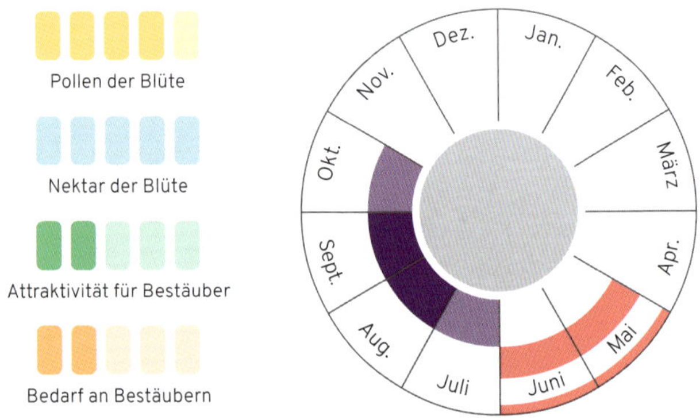

Blüten: Holunderblüten sind zwittrig und radiärsymmetrisch mit 3–5 zu einer sehr kurzen Röhre verwachsenen Kelchblättern und 3–5 kurz verwachsenen, weißen Kronblättern.
♀ = 3–5 verwachsene Fruchtblätter, die in je einer mehrspitzigen Narbe enden.
♂ = 5 Staubbeutel, die auf jeweils kurzen Staubfäden sitzen.

Befruchtungssystem: Selbstbestäubung (Geitonogamie) und Kreuzbestäubung (Xenogamie).

Befruchtungsansprüche: Der leicht klebrige Pollen wird von Insekten übertragen. Hierbei spielen verschiedene große Insekten wie Fransenflügler, aber auch Fliegen und Bockkäfer eine Rolle. Wildbienen werden selten an den Holunderblüten beobachtet. Honigbienen spielen keine Rolle in der Holunderbestäubung.

Optimale Bestäubung: Durch Pollen des gleichen Holunderstrauches werden mehr Pollenschläuche gebildet als durch Pollen von benachbarten Sträuchern. Da die Blüten keinen Nektar bilden und einen sehr intensiven Geruch ausströmen, werden sie nur von wenigen Bienenarten und auch nur selten besucht. Hingegen können Fliegen, Käfer und Bockkäfer wie der Kleine Eichenbock (*Cerambyx scopolii*) häufige Blütenbesucher sein. Junge Pflanzen der Unterart *S. nigra* subsp. *canadensis* profitieren von Fremdbestäubung, alte Pflanzen jedoch nicht.

Auch Fransenflügler werden vom Duft der Blüten während der Pollenreife angelockt. Schließt man diese Insekten vom Blütenbesuch aus, so reduziert sich der Fruchtansatz von 20 auf null Früchte pro Blütenstand. Größere Insekten erhöhen den Fruchtansatz hingegen auf über 60 Früchte pro Blütenstand. Einige kommerzielle Sorten sind bedingt selbstfertil und können ohne Spendersorten produzieren, wenn auch mit reduzierten Ernten.

Häufigste bestäubende Bienen-/Insektenarten: *Cerambyx scopolii* (Kleiner Eichenbock), *Colletes cunicularius* (Frühlings-Seidenbiene), Thysanoptera (verschiedene Fransenflügler)

Maßnahmen für Wildbienen/ andere bestäubende Insekten
Nahrung: F04 Hecken, Feldgehölze und Streuobstbäume (S. 183), F06 Säume und Wegränder (S. 185), F09 Verzicht auf Pflanzenschutzmittel in der Vegetationszeit (S. 188)
Nistplatz: N02 Alt- und Totbäume (S. 192), N09 Oberbodenabtragung (S. 200), N10 Sandlinse (S. 201)

1

2

3

4

5

▼ Empfängersorten	*S. nigra*	Donau	Franzi	Haidegg 13	Haidegg 17	Haschberg	*S. canadensis* L. Hashberg/ Kent	*Sambucus nigra* L. var. albida	Samdal	Sampo
S. nigra	(SF)					X				
Donau		(SF)								
Franzi			(SF)			X				
Haidegg 13				(SF)		X				
Haidegg 17					SF	X				
Haschberg						SF				
S. canadensis L. York/ Kent						X	SF			
Sambucus nigra L. var. albida						X		SF		
Samdal									SF	
Sampo						X				SF

Linke Seite Erntereifer Holunder; 1. Blühende Holunderanlage; 2. Holunderblüten; 3. Querschnitt einer Holunderblüte; 4. Frühlings-Seidenbiene (*Colletes cunicularius*); 5. Kleiner Eichenbock (*Cerambys scopoli*)
Pollenspendertabelle für Holunder: SF= selbstfertil, (SF)= bedingt selbstfertil

Johannisbeere (Rot)

Ribes rubrum **L.**

Stachelbeergewächse (Grossulariaceae)

Die Kulturformen der Roten Johannisbeere kommen aus Mittel- und Osteuropa sowie aus Asien. Sie werden in Obstanlagen, teilweise auch in Tunneln und Gärten angebaut.

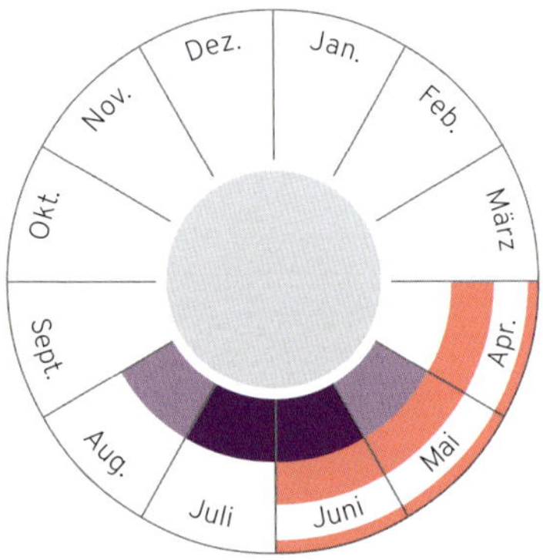

Blüten: Johannisbeerblüten sind zwittrig und radiärsymmetrisch. Die verwachsenen Kelchblätter sind kurz, gelblich bis rostrot und umgeben einen flachen Blütenboden. Die Kronblätter sind unauffällig und ca. halb so lang wie die Kelchblätter.
♀ = 1 Fruchtblatt mit einer zweigeteilten Narbe.
♂ = 5 Staubblätter stehen im Kreis auf dem Blütenboden.

Befruchtungssystem: Selbstbestäubung (Autogamie, Geitonogamie) und Kreuzbestäubung (Xenogamie).

Befruchtungsansprüche: Der klebrige Pollen erschwert eine Selbstbestäubung durch den Wind. Dies führt zu reduzierten Erträgen und bei manchen Sorten zu einem Fruchtausfall, wenn Bienen fehlen. Wildbienen und Honigbienen, aber auch Wespen und Fliegen, tragen zur Kreuzbestäubung bei.

Optimale Bestäubung: Der breite Blütenboden bietet vielen Insekten leichten Zugang zu Nektar. Die Rote Johannisbeere wird allgemein für Deutschland, Österreich und der Schweiz als Selbstbefruchter beschrieben. Allerdings haben experimentelle Studien gezeigt, dass wenn Bienen von den Blüten ausgeschlossen werden, der Ertrag um ca. 50 % reduziert ist, weil die Früchte unreif vom Strauch fallen oder klein mit wenig Samen reifen. Die auffällige Fuchsrote Lockensandbiene (*Andrena fulva*) bevorzugt Rote Johannisbeeren als Nahrungsquelle und ist neben verschiedenen Hummelarten dort regelmäßig anzutreffen, sofern geeignete Nistgelegenheiten vorhanden sind.

Häufigste bestäubende Bienenarten: *Andrena fulva* (Fuchsrote Lockensandbiene), *Andrena haemorrhoa* (Rotschopfige Sandbiene), *Andrena helvola* (Schlehen-Lockensandbiene), *Andrena varians* (Veränderliche Lockensandbiene)

Maßnahmen für Wildbienen
Nahrung: F04 Hecken, Feldgehölze und Streuobstbäume (S. 183), F05 Mosaiknutzung mit Kleegras und Grünland (S. 184), F06 Säume und Wegränder (S. 185)
Nistplatz: N01 Abbruchkanten (S. 191), N09 Oberbodenabtragung (S. 200), N10 Sandlinse (S. 201)

1

2

3

4

5

▼ Empfängersorten	Jonkheer van Teets	Junifer	Random	Red Lake HS	Rolan	Rondom	Rotet	Rovada HS	Blanka	Weiße aus Versailles
Jonkheer van Teets	SF									
Junifer										
Random										
Red Lake HS				SF						
Rolan					SF					
Rondom										
Rotet							SF			
Rovada HS								SF		
Blanka										
Weiße aus Versailles										SF

Linke Seite Erntereife Rote Johannisbeeren; 1. Rote Johannisbeeranlage; 2. Rote Johannisbeerblüten; 3. Querschnitt einer Roten Johannisbeerblüte; 4. Fuchsrote Lockensandbiene (*Andrena fulva*); 5. Wespenbiene (*Nomada* sp.)
Pollenspendertabelle für Rote Johannisbeere: SF = selbstfertil

Johannisbeere (Schwarz)

***Ribes nigrum* L.**

Stachelbeergewächse (Grossulariaceae)

Kulturformen und heimische Wildformen kommen aus Europa und Mittelasien und werden in Obstanlagen, teilweise auch in Tunneln und Gärten angebaut.

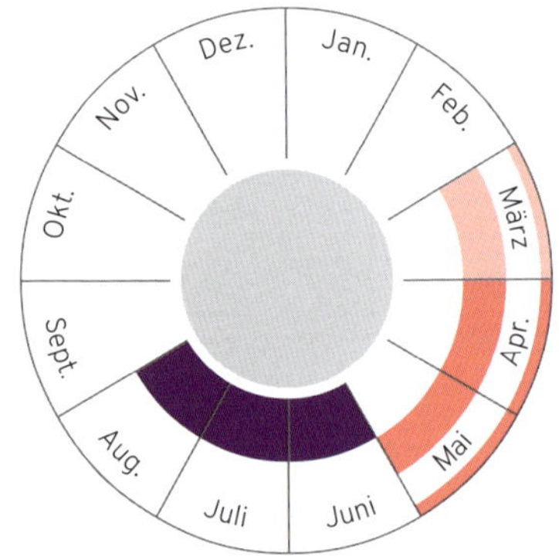

Blüten: Die Blüten der Schwarzen Johannisbeere sind zwittrig, radiärsymmetrisch und fünfzählig. Die grün-gelblichen, behaarten, verwachsenen Kelchblätter bilden einen lockenförmigen Kelch und sind am Ende weinrot gefärbt und aufgebogen. Die Kronblätter sind kürzer und hell gefärbt.
♀ = 1 Fruchtblatt mit einer zweigeteilten Narbe.
♂ = 5 Staubblätter stehen im Kreis auf dem Blütenboden.

Befruchtungssystem: Selbstbestäubung (Autogamie, Geitonogamie) und Kreuzbestäubung (Xenogamie).

Befruchtungsansprüche: Der klebrige Pollen und die kelchförmige Blüte verhindern Windbestäubung in großem Maße. Daher sind Schwarze Johannisbeeren überwiegend bis ausschließlich auf Insektenbestäubung, und in selbstinkompatiblen Sorten auf Kreuzbestäubung durch Insekten angewiesen.

Optimale Bestäubung: Bienenausschluss führt je nach Sorte zu 30 bis über 70 % Ertragsminderung sowie kleineren Früchten mit weniger Samen. Bei wenigen Sorten sind Selbst- und Fremdbestäubung gleichermaßen ertragreich. 'Titania' ist eine beliebte Sorte, die ursprünglich aus Schweden kommt und mit den Spendersorten 'Ometa' oder 'Tena' hervorragende Erträge bringt. Die früh im Jahr blühenden nektarreichen Blüten werden von Hummelköniginnen als Energiespender genutzt. Diese ausgezeichneten Bestäuber treten zwar in geringer Anzahl auf, besuchen aber trotzdem viele Blüten von verschiedenen Pflanzenindividuen; dies erhöht die Bestäubungs- und Fruchtqualität. Somit erhöhen die unten aufgeführten Maßnahmen die Erträge. Ein Käfigexperiment mit männlichen Roten Mauerbienen (*Osmia bicornis*) zeigte, dass Mauerbienen gute Bestäuber im Tunnelanbau sind.

Häufigste bestäubende Bienenarten: *Andrena nitida* (Glänzende Düstersandbiene), *Andrena varians* (Veränderliche Lockensandbiene), *Bombus hypnorum* (Baumhummel), *Bombus lapidarius* (Steinhummel), *Bombus lucorum* (Helle Erdhummel), *Bombus pratorum* (Wiesenhummel), *Bombus terrestris* (Dunkle Erdhummel)

Maßnahmen für Wildbienen
Nahrung: F03 Mehrjährige Blühmischung (S. 181), F05 Mosaiknutzung im Kleegras und Grünland (S. 184), F06 Säume und Wegränder (S. 185)
Nistplatz: N06 Hecken, Feldgehölze und Streuobstbäume (S. 196), N07 Lesesteinhaufen, Steinriegel und Trockenmauern (S. 197), N12 Liegendes Totholz (S. 203)

2

3

▾ Empfängersorten	Ometa	Tena	Titania
Ometa	(SF)	X	X
Tena	X	(SF)	X
Titania	X	X	(SF)

Linke Seite Erntereife Schwarze Johannisbeeren; 1. Schwarze Johannisbeeranlage; 2. Schwarze Johannisbeerblüten; 3. Querschnitt einer Schwarzen Johannisbeerblüte; 4. Wiesenhummel (*Bombus pratorum*); 5. Dunkle Erdhummel (*Bombus terrestris*)
Pollenspendertabelle für Schwarze Johannisbeere: SF= selbstfertil, (SF)= bedingt selbstfertil

Kirsche (Süß-/Sauer-)

***Prunus avium* L./*Prunus cerasus* L.**

Rosengewächse (Rosaceae)

Die heimische Wildform kommt wahrscheinlich aus Mittelasien. Kulturformen stammen aus Europa und Mittelasien und werden in Obst- und Streuobstanlagen, Hecken und Gärten in ganz Deutschland kultiviert.

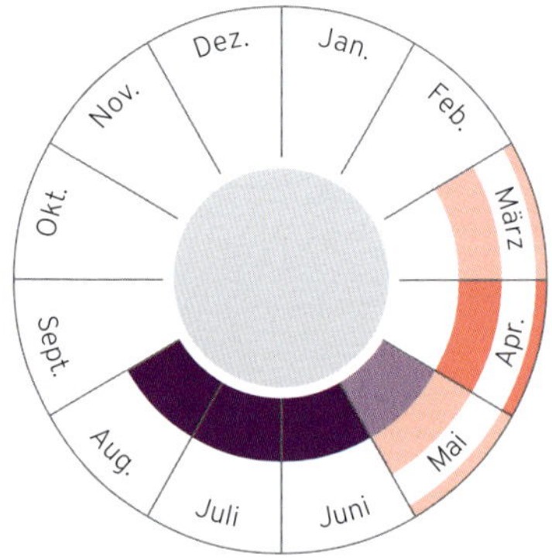

Blüten: Kirschblüten sind zwittrig und radiärsymmetrisch mit fünf grünen bis dunkelroten, zurückgeschlagenen Kelchblättern und weißen, oval-elliptischen Kronblättern. Der Blütenboden produziert leicht zugänglichen Nektar.
♀ = 1 Fruchtblatt mit oberständigem Fruchtknoten und freiem Griffel.
♂ = ca. 20 verschieden lange Staubblätter, die bei Süßkirschen kürzer oder so lang wie die Kronblätter und bei Sauerkirschen immer kürzer als die Kronblätter sind. Die Staubbeutel sind gelb.

Befruchtungssystem: Selbst- (Autonogamie, Geitonogamie) und Kreuzbestäubung (Xenogamie), mit selbstkompatiblen und selbstinkompatiblen Sorten.

Befruchtungsansprüche: Je nach Sorte führt passive Selbstbestäubung unter dem Ausschluss von Insekten zu einem Fruchtansatz. Allerdings profitieren die meisten kommerziellen Sorten von der Insektenbestäubung. Die offenen Blüten sind für verschiedene Insekten attraktiv. Der Griffel und die Staubfäden sind lang gestielt; die Narbe und die Staubbeutel liegen nebeneinander. Daher können sie vor allem von großen, aber auch pollensammelnden kleinen Bienenarten bestäubt werden.

Optimale Bestäubung: Die Süßkirschensorte 'Sunburst' ist selbstfertil, unter Insektenausschluss produziert sie noch ca. 80 % des Fruchtansatzes mit bestäubenden Insekten. Die Sorten 'Burlat' (obwohl selbstfertil) und 'Hedelfinger Riesenkirsche' produzieren nahezu keinen Fruchtansatz bei Insektenausschluss. Die selbstinkompatiblen Sorten 'Kordia' und 'Regina' sind bei Anwesenheit von Befruchterbäumen vor allem von der Bestäubung durch Wildbienen abhängig. In intensiven Anbauregionen (Abnahme des halbnatürlichen Habitats im 1000 m Radius von 50 % auf 20 %) kann der Mangel an Wildbienen nicht durch Honigbienen ausgeglichen werden (50 % verringerter Fruchtansatz).

Die Sauerkirschensorte 'Stevnsbaer' ist selbstfertil und am ersten Tag der Blütenöffnung empfänglicher als am zweiten Tag, Insektenbestäubung führt zu mindestens 40 % mehr Ertrag als Windbestäubung. Sauerkirschen blühen nur vier Tage. Fällt der kurze Blühzeitraum in kühles, wolkiges Wetter, sind Hummeln die geeignetsten Bestäuber für Sauerkirschen.

Maßnahmen für Wildbienen
Nahrung: F03 Mehrjährige Blühmischung (S. 181), F04 Hecken, Feldgehölze und Streuobst (S. 183), Schutzstreifen im Umfeld von Gewässern (S. 186)
Nistplatz: N01 Abbruchkanten (S. 191), N03 Mehrjährige Blühflächen ausmagern (S. 195), N07 Lesesteinhaufen, Steinriegel und Trockenmauern (S. 197)

1

Häufigste bestäubende Bienenarten: *Andrena bicolor* (Zweifarbige Sandbiene), *Andrena flavipes* (Gewöhnliche Bindensandbiene), *Andrena minutula* (Gewöhnliche Zwergsandbiene), *Andrena nitida* (Glänzende Düstersandbiene), *Andrena scotica* (Schottische Erdbiene), *Bombus terrestris* (Dunkle Erdhummel), *Halictus tumulorum* (Gewöhnliche Goldfurchenbiene), *Lasioglossum morio* (Dunkelgrüne Schmalbiene)

2

3

5

▼ Empfängersorten	Bellise	Burlat	Canada Giant	Carmen	Coralise	Earlise	Giorgia	Grace Star	Hedelfinger	Kordia
Bellise		X	X							
Burlat		SF				X			X	
Canada Giant	X	X				X				
Carmen					X		X	X		X
Coralise	X		X				X	X		
Earlise		X								
Giorgia	X		X		X			X		
Grace Star								SF		
Hedelfinger		X								X
Kordia				X	X		X	X	X	

Linke Seite Erntereife Kirschen; 1. Kirschenanlage; 2. Kirschblüten; 3. Querschnitt einer Kirschblüte; 4. Zweifarbige Sandbiene (*Andrena bicolor*)
Pollenspendertabelle für Süßkirsche: SF= selbstfertil

Kiwi

Actinidia deliciosa (A.Chev) C.F.Liang & A.R.Ferguson

Strahlengriffelgewächse (Actinidiaceae)

Wild- und Kulturformen stammen ursprünglich aus Südostchina, Australien und Neuseeland. Geringe kommerzielle Nutzung in warmen Regionen Deutschlands, primär in Hausgärten und selten in Obstanlagen.

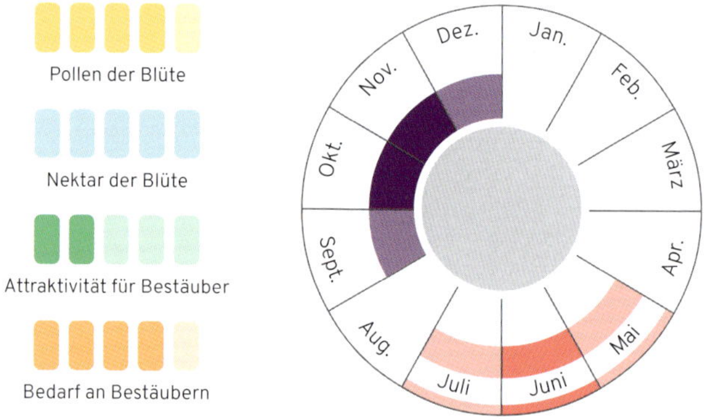

Blüten: Kiwiblüten sind zweihäusig, dabei sind sowohl die männlichen als auch die weiblichen Blüten radiärsymmetrisch mit 5–6 weißen bis cremefarbenen Kronblättern.
♀ = verwachsene Fruchtblätter, die in einem Wirtel aus einzelnen Griffeln enden und von einem Kranz von Staubblättern, die sterilen Pollen produzieren, umrundet sind.
♂ = rudimentäre Fruchtblätter mit einem vielschichtigen Kranz aus Staubblättern.

Befruchtungssystem: Kreuzbestäubung (Xenogamie), nur wenige Sorten sind selbstbestäubend (Autogamie).

Befruchtungsansprüche: Kiwipflanzen benötigen Kreuzbestäubung von männlichen auf weibliche Pflanzen durch Wind resp. primär durch Insekten. Obwohl Windbestäubung das natürliche Bestäubungssystem sein könnte, ist dieses in der Regel nicht ausreichend für einen ertragreichen Fruchtansatz. Mit zunehmender Bienenbesuchsrate erhöht sich die Pollenübertragung und der Samen- und Fruchtansatz. Insektenbestäubung ist daher essenziell für eine gute Ernte.

Optimale Bestäubung: Durch Bestäuberausschluss-Experimente wird gezeigt, dass Wind alleine zu 15–40 %, Kreuzbestäubung von Hand sowie Insektenbestäubung aber zu 90 % Fruchtansatz führte. Insektenbestäubung erhöht das Fruchtgewicht im Durchschnitt um 25 % gegenüber Windbestäubung. Die untersuchten Hummeln und Honigbienen waren effektive Bestäuber, aber auch andere Bienenarten trugen zur Bestäubung bei. Da Honigbienen unzuverlässige Bestäuber sein können, wird zu einer diversen Bienengemeinschaft geraten. Die Blüten beider Geschlechter produzieren keinen Nektar und sind somit nur für pollensammelnde Bienen interessant. In Neuseeland und Argentinien kommt das maschinelle Sprühen von wasserbasierten Pollenlösungen zum Einsatz. Generell werden wegen der geringen Attraktivität der Blüten hohe Bienendichten empfohlenen. Da Hummeln (Gattung *Bombus*) und Holzbienen (Gattung *Xylocopa*) durch Vibrationsbestäubung effizient Pollen sammeln und zu besserer Bestäubung führen als Honigbienen, ist anzunehmen, dass diese großen Wildbienen zu einer guten Produktion führen.

Häufigste bestäubende Bienenarten: *Apis mellifera* (Europäische Honigbiene), *Bombus terrestris* (Dunkle Erdhummel), *Halictus subauratus* (Dichtpunktierte Goldfurchenbiene)

Maßnahmen für Wildbienen
Nahrung: **F02** Einjährige Blühmischung (S. 180), **F03** Mehrjährige Blühmischung (S. 181), **F04** Hecken, Feldgehölze und Streuobstbäume (S. 183)
Nistplatz: **N04** Erd- und Feldwege (S. 194), **N06** Hecken, Feldgehölze und Streuobstbäume (S. 196), **N09** Oberbodenabtragung (S. 200)

▼ Empfängersorten	Jenny	Solissimo	Matua	Tomuri
Hayward			X	X
Jenny	SF		X	X
Starella			X	X
Zespri-Gold			X	X
Bruno			X	X
Abbot			X	X
Monty			X	X
Allison			X	X
Kens red			X	X
Geneva			X	X

Linke Seite Erntereife Kiwi; 1. Kiwianlage noch vor der Blütezeit; 2. Kiwiblüten; 3. Querschnitt einer weiblichen Kiwiblüte; 4. Querschnitt einer männlichen Kiwiblüte; 5. Dichtpunktierte Goldfurchenbiene (*Halictus subauratus*); 6. Europäische Honigbiene (*Apis mellifera*)
Pollenspendertabelle für Kiwi: SF= selbstfertil

Melonen

Cucumis melo L. (Zuckermelone) *Citrullus lanatus* (Thunb.) Matsum. & Nakai (Wassermelone)

Kürbisgewächse (Cucurbitaceae)

Wild- und Kulturformen kommen wahrscheinlich aus Südwestasien (Gattung *Cucumis*) und Westafrika (Gattung *Citrullus*).

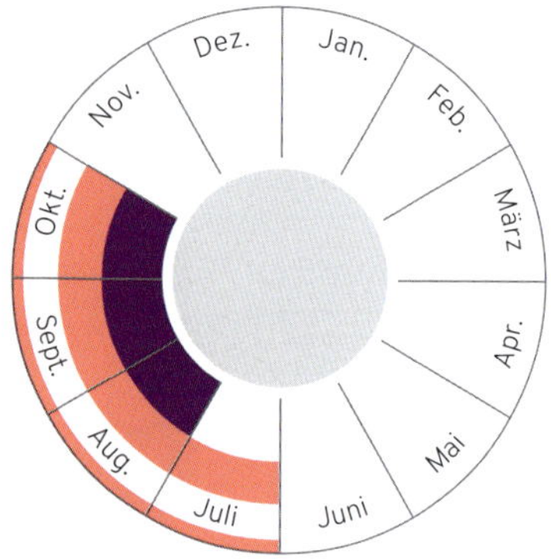

Melonen werden auf Feldern und in Gärten in warmen Regionen Deutschlands angebaut.

Blüten: Die Blüten sind monözisch oder zwittrig, wobei männliche und weibliche Blüten auf derselben Pflanze vorkommen. Zwittrige und weibliche Blüten stehen einzeln, männliche in Gruppen und alle sind radiärsymmetrisch mit 5 gelben Kronblättern.
♀ = 1 Fruchtblatt mit dreilappiger Narbe auf einem kurzen Griffel und einem oberständigen Fruchtknoten.
♂ = 5 gelbe Staubblätter.

Befruchtungssystem: Selbstbestäubung (Geitonogamie) und Kreuzbestäubung (Xenogamie).

Befruchtungsansprüche: Melonen benötigen Insekten, die den klebrigen Pollen auf die Narben übertragen; dies sowohl innerhalb von zwittrigen Blüten als auch zwischen männlichen und weiblichen oder zwittrigen Blüten auf der gleichen Pflanze oder zwischen verschiedenen Pflanzen.

Optimale Bestäubung: Am häufigsten sind Honigbienen, neben vereinzelten Wildbienenbesuchen, in Melonenfeldern anzutreffen. Aufgrund der kleinen Blüten und des klebrigen Pollens führt dies zu einer sehr guten Bestäubung. Gute Bestäubung führt zu höherer Qualität, größeren Früchten und Erträgen pro Hektar. Studien zeigten, dass sich die Duftstoffe der Sorten sowie der Nektargehalt unterscheiden können und somit verschieden stark abschreckend oder anziehend auf Bienen wirken. Daher versuchen gegenwärtige Züchtungen dies zu berücksichtigen. In Zentralspanien ist die Feldweg-Schmalbiene (*Lasioglossum malachurum*) ein besserer Bestäuber als die Europäische Honigbiene (*Apis mellifera*), weil die Schmalbienen häufiger sind, häufiger Pollen sammeln und zu früheren Tageszeiten unterwegs sind als Honigbienen.

Häufigste bestäubende Bienenarten: *Apis mellifera* (Europäische Honigbiene), *Ceratina cucurbitina* (Schwarze Keulhornbiene), *Lasioglossum leucozonium* (Weißbinden-Schmalbiene), *Lasioglossum malachurum* (Feldweg-Schmalbiene), *Lasioglossum marginatum* (Langlebige Schmalbiene), *Lasioglossum pauxillum* (Acker-Schmalbiene), *Lasioglossum villosulum* (Zottige Schmalbiene)

Maßnahmen für Wildbienen
Nahrung: F01 Ackerwildkrautschutz (S. 179), F03 Mehrjährige Blühmischung (S. 181), F08 Umwandlung von Acker in Grünland (S. 187)
Nistplatz: N04 Erd- und Feldwege (S. 194), N09 Oberbodenabtragung (S. 200), N10 Sandlinse (S. 201)

2

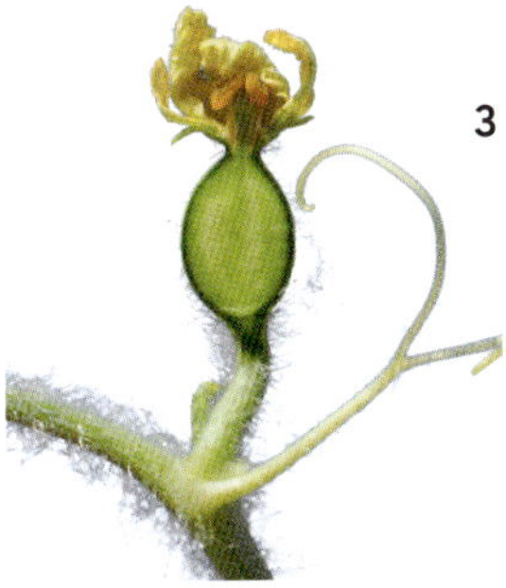

3

4

▼ Empfängersorten	Dorin F1	Gatinho F1	HM 1005 F1 (62–301)	Master F1	Rubin (Charly)	SP-6 F1	Sugarbaby	Tigrimini F1WM 9075	Top Gun F1	SP-7 F1
Bibo F1		X				X			X	X
Dorin F1		X						X	X	X
Gatinho F1										
HM 1005 F1 (62–301)										
Master F1		X	X			X			X	X
Rubin (Charly)										
SP-6 F1										
Sugarbaby										
Tigrimini F1WM 9075										
Top Gun F1										

Linke Seite Wassermelone; 1. Melonenfeld; 2. Melonenblüten; 3. Querschnitt einer weiblichen Melonenblüte; 4. Querschnitt einer männlichen Melonenblüte; 5. Europäische Honigbiene (*Apis mellifera*)
Pollenspendertabelle für Wassermelonen

Pfirsich/Nektarine

Prunus persica L.

Rosengewächse (Rosaceae)

Wild- und erste Kulturformen kommen ursprünglich aus Nordwestchina und werden in Gärten und kleinen Obstanlagen in warmen Gebieten in Deutschland angebaut.

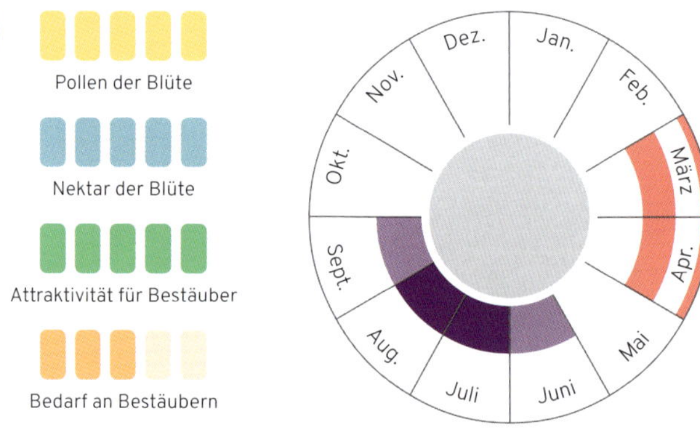

Blüten: Die Blüten sind zwittrig und radiärsymmetrisch mit 5 behaarten Hüll- und 5 rosa-pinken Kronblättern.
♀ = 1 Fruchtblatt mit einem langgezogenen Griffel mit runder Narbe.
♂ = ca. 20 lange Staubblätter, die in 3 Kreisen angeordnet sind.

Befruchtungssystem: Die meisten Sorten sind selbstbestäubt (Auto- und Geitonogamie), selbstinkompatible Sorten benötigen Kreuzbestäubung (Xenogamie).

Befruchtungsansprüche: Durch den sehr frühen Blütezeitpunkt werden Pfirsichblüten hauptsächlich von Hummelköniginnen, frühen Wildbienen wie Sandbienen (Gattung *Andrena*) und Europäischen Honigbienen (*Apis mellifera*) bestäubt. Diese transportieren den Pollen innerhalb und zwischen den Blüten. Wind trägt nur geringfügig zur Bestäubung bei. Selbstinkompatible Sorten benötigen Bestäuberbäume.

Optimale Bestäubung: Bestäubung durch Honigbienen führt zu 30 % mehr Fruchtansatz als die autonome Selbstbestäubung. Obstbäume der Gattung *Prunus* locken neben den Sandbienen auch andere frühe Wildbienen und Insekten wie Schmetterlinge und Schwebfliegen an, auch mittels bestimmter Inhaltsstoffe in ihrem Blütenduft.

Häufigste bestäubende Bienenarten: *Apis mellifera* (Europäische Honigbiene), *Andrena haemorrhoa* (Rotschopfige Sandbiene), *Andrena helvola* (Schlehen-Lockensandbiene), *Bombus terrestris* (Dunkle Erdhummel), *Colletes cunicularius* (Frühlings-Seidenbiene), *Osmia cornuta* (Gehörnte Mauerbiene)

Häufige Kultursorten: 'Amsden', 'Bénédicte', 'Big Top', 'Early Sungrand', 'Fidelia', 'Benedicte', 'Flavortop', 'Maria Bianca', 'Mid Red', 'Neckarperle', 'Nectarose', 'Nectarred', 'Platycarpa', 'Red Heaven', 'Redwing', 'Revita' (S), 'Rome Star', 'Roter Weinbergspfirsich'/'Blutpfirsich', 'Royal Glory', 'Saturn', 'Sensation', 'Snow' 'Queen', 'South Heaven', 'Springcrest', 'Stark Red Gold', 'Suncrest', 'Venus'.
Es liegen uns keine zuverlässigen Pollenspenderinformation vor.

Maßnahmen für Wildbienen
Nahrung: F03 Mehrjährige Blühmischung (S. 181), F04 Hecken, Feldgehölze und Streuobstbäume (S. 183), F06 Säume und Wegränder (S. 185)
Nistplatz: N06 Hecken, Feldgehölze und Streuobstbäume (S. 196), N08 Nisthilfen für Insekten (S. 198), N10 Sandlinse (S. 201)

1

2

3

4

5

Linke Seite Erntereifer Pfirsich; 1. Pfirsichanlage; 2. Pfirsichblüten; 3. Querschnitt einer Pfirsichblüte; 4. Gehörntes Mauerbienenpärchen (*Osmia cornuta*); 5. Frühlings-Seidenbiene (*Colletes cunicularius*)

Pflaume/Mirabelle

***Prunus domestica* L.**

Rosengewächse (Rosaceae)

Die Kulturform ist wahrscheinlich aus der heimischen Kirschpflaume hervorgegangen und wird in Obst- und Streuobstanlagen und Gärten in ganz Deutschland angebaut.

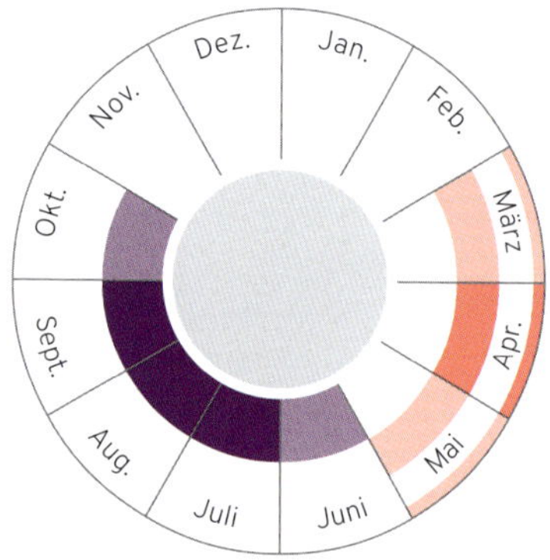

Blüten: Zwittrig und radiärsymmetrisch mit 5 grünen Kelch- und weißen, länglich-ovalen Kronblättern. Der Blütenboden produziert leicht zugänglichen Nektar.
♀ = 1 Fruchtblatt mit einer glatten, grünen Narbe und freiem Griffel.
♂ = 20–25 verschieden lange Staubblätter, die kürzer als die Kronblätter sind. Die Staubbeutel sind gelb.

Befruchtungssystem: Die meisten Sorten sind kreuzbestäubt (Xenogamie), wenige Sorten selbstbestäubt (Autogamie).

Befruchtungsansprüche: Kreuzbestäubung durch eine kompatible Befruchtersorte ist notwendig, welche durch Insekten geleistet wird. Wind und Schwerkraft tragen nur gering zur Bestäubung bei.

Optimale Bestäubung: Die Kombination aus Hummel- (Gattung *Bombus*) und Honigbienenvölkern (*Apis mellifera*) in Anlagen der selbstinkompatiblen, nah verwandten Chinesischen Pflaume (*P. salicina*) führt in Italien zu 30 % mehr Fruchtansatz. Dies liegt daran, dass Hummeln bei kühleren Temperaturen und Honigbienen bei wärmerem, sonnigem Wetter zur Bestäubung beitragen. In Kanada wird durch die Bestäubung durch verschiedene Wildbienen eine ausreichende Kreuzbestäubung gewährleistet. Sandbienen (Gattung *Andrena*) sind häufig an Pflaumenblüten zu beobachten und daher sehr wahrscheinlich wichtige Bestäuber; ihre Förderung ist somit empfehlenswert.

Häufigste bestäubende Bienenarten: *Andrena bicolor* (Zweifarbige Sandbiene), *Andrena fulva* (Fuchsrote Lockensandbiene), *Andrena haemorrhoa* (Rotschopfige Sandbiene), *Andrena nitida* (Glänzende Düstersandbiene), *Andrena scotica* (Schottische Erdbiene), *Andrena varians* (Veränderliche Lockensandbiene), *Anthophora plumipes* (Frühlings-Pelzbiene), *Colletes cunicularius* (Frühlings-Seidenbiene)

Maßnahmen für Wildbienen
Nahrung: F03 Mehrjährige Blühmischung (S. 181), F04 Hecken, Feldgehölze und Streuobstbäume (S. 183), F06 Säume und Wegränder (S. 185)
Nistplatz: N01 Abbruchkante (S. 191), N09 Oberbodenabtragung (S. 200), N10 Sandlinse (S. 201)

▼ Empfängersorten	Bühler	Cacks Fruchtbare	Cacks Schöne	Czar	Dabrovice	Elena	Ersinger	Fellenberg	Hanita	Hanka
Bühler	X						X			
Cacaks Fruchtbare			X	X	X		X			
Cacaks Schöne	X					X	X			
Czar	X			X	X	X	X			
Dabrovice	X		X	X	X	X	X			
Elena	X		X	X		X	X			
Ersinger			X	X	X					
Fellenberg			X							
Hanita	X		X	X						
Hanka	X		X	X	X					

Linke Seite Erntereife Pflaumen; 1. Pflaumenanlage; 2. Pflaumenblüten; 3. Querschnitt einer Pflaumenblüte; 4. Frühlings-Pelzbiene (*Anthophora plumipes*); 5. Fuchsrote Lockensandbiene (*Andrena fulva*)
Pollenspendertabelle für Pflaume

Quitte

***Cydonia oblonga* MILL**

Rosengewächse (Rosaceae)

Wild- und Kulturform stammt ursprünglich aus Zentralasien. Quitten werden in Obst- und Streuobstanlagen und Gärten in ganz Deutschland angebaut.

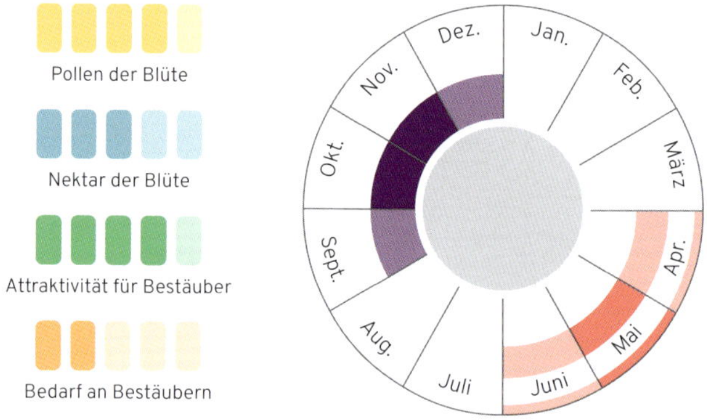

Blüten: Zwittrig und radiärsymmetrisch mit 5 grünen, stark behaarten Kelch- und 5 weißen bis rosafarbenen Kronblättern. Der Blütenboden ist becherförmig und produziert Nektar.
♀ = 5 rosafarbene, an der Basis verwachsene Fruchtblätter mit freien, flaumig-behaarten Griffeln.
♂ = ca. 20–25 Staubblätter, die in drei Kreisen angeordnet sind. Die Staubbeutel sind gelb.

Befruchtungssystem: Je nach Sorte sind Selbstbestäubung (Autogamie) und Kreuzbestäubung (Geitonogamie) möglich. Allerdings zeigen viele Studien, dass Kreuzbestäubung essenziell für die Ertragssicherheit ist.

Befruchtungsansprüche: Auch selbstfertile Sorten profitieren von Kreuzbestäubung durch Insekten, daher sollten kompatible Sorten immer nebeneinander gepflanzt werden.

Optimale Bestäubung: Insektenausschluss führt in einer Studie zu einem komplettem Fruchtausfall. Reduzierte Bestäuberbesuche führen generell zu einem geringen Fruchtansatz, sowohl in selbstfertilen als auch selbstinkompatiblen Sorten. Selbstkompatible Sorten produzieren mehr Nektar als selbstfertile Sorten und sind generell attraktiver für Bienen. Europäische Honigbienen (*Apis mellifera*) sammeln primär Pollen (50 % der Besuche) und seltener Nektar (20 % der Besuche). Allerdings müssen sie jede Blüte 5–10 Mal besuchen, um einen Fruchtansatz von 20–25 % zu erreichen. Die Bestäubung von Apfelblüten mit Quittenpollen kann zu positiven Veränderungen des Geschmacks und der Inhaltsstoffe der resultierenden Äpfel führen. Auch wenn einige Quittensorten selbstfertil sind, wird generell empfohlen im Erwerbsbau Spendersorten zu verwenden und im Garten zu schauen, dass ein weiterer Quittenbaum in der Nähe steht. Damit ist es sinnvoll sich über die Grundstückgrenzen hinaus zu informieren wer welche Obstarten und Sorten anpflanzt.

Häufigste bestäubende Bienenarten: *Bombus terrestris* (Dunkle Erdhummel), *Osmia bicornis* (Rote Mauerbiene), *Osmia cornuta* (Gehörnte Mauerbiene)

Maßnahmen für Wildbienen
Nahrung: **F05** Mosaiknutzung im Kleegras und Grünland (S. 184), **F06** Säume und Wegränder (S. 185), **F08** Umwandlung von Acker in Grünland (S. 187)
Nistplatz: **N06** Hecken, Feldgehölze und Streuobstbäume (S. 196), **N07** Lesesteinhaufen, Steinriegel und Trockenmauern (S. 197), **N08** Nisthilfen für Insekten (S. 198)

1

2

3

4

5

▼ Empfängersorten	Bereczki	Champion	Cydolus	Cydopom	Cydora Robusta ®	Konstantinopeler Apfelquitte	Lescovac	Portugieser Birnenquitte	Ronda	Vranja
Bereczki	(SF)									
Champion		SF								
Cydolus			SF							
Cydopom				SF						
Cydora Robusta ®					SF					
Konstantinopeler Apfelquitte	X					(SF)		X		
Lescovac	X						(SF)	X		
Portugieser Birnenquitte						X		(SF)		
Ronda									SF	
Vranja										(SF)

Linke Seite Erntereife Quitte; 1. Quittenanlage; 2. Quittenblüte; 3. Querschnitt einer Quittenblüte; 4. Dunkle Erdhummel (*Bombus terrestris*); 5. Gehörnte Mauerbiene (*Osmia bicornis*)
Pollenspendertabelle für Quitte: SF= selbstfertil, (SF)= bedingt selbstfertil

Gemüse und Ölsaaten

Ackerbohne

Vicia faba **L.**

Schmtterlingsblütengewächse (Fabaceae)

Eine Kulturform, die in ganz Deutschland auf Feldern angebaut wird. Die Entstehungsgeschichte dieser sehr alten eurasischen Nutzpflanze ist noch ungeklärt.

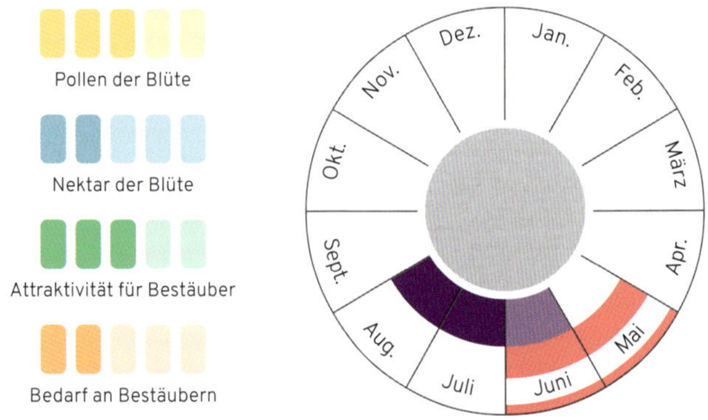

Blüten: Die duftenden Blüten sind hermaphroditisch und zygomorph mit 5 röhrig verwachsenen Kelchblättern und 5 weißen bis violetten Kronblättern. Das obere Kronblatt ist fahnenartig, die seitlichen Kronblätter flügelförmig mit je einem großen, dunklen Fleck und umgeben die unteren, als Schiffchen verwachsenen Kronblätter.
♀ = 3–5 verwachsene Fruchtblätter, die gemeinsam in einer zweiteiligen, behaarten Narbe enden.
♂ = 10 Staubblätter, von denen 9 zu einer Röhre verwachsen sind. Die Staubbeutel sind frei und geben den Pollen für 3 Tage ab dem Mittag des ersten Tages ab.

Befruchtungssystem: Kleistogame Selbstbestäubung (Autogamie), Kreuzbestäubung (Xenogamie).

Befruchtungsansprüche: Die Blüten der Kulturformen sind primär selbstbestäubend. Kreuzbestäubung findet vor allem beim Blütenbesuch durch Hummeln (Gattung *Bombus*) sowie Holzbienen (Gattung *Xylocopa*) und der Europäischen Honigbiene (*Apis mellifera*) statt.

Optimale Bestäubung: Eine Metastudie von 2021 ergibt, dass kommerzielle Sorten um 31 % weniger Ertrag bringen, wenn Bestäuber ausgeschlossen werden. Die Verringerung des Ertrags betrifft alle Sorten mit 80 %iger Wahrscheinlichkeit. Neben Hummeln und anderen Wildbienen sind Honigbienen die wichtigsten Bestäuber, wobei Honigbienen eine leicht geringere Bestäubungsleistung pro Blütenbesuch erbringen. Die Attraktivität der Sorten für Wildbienen ist sehr unterschiedlich, weil sich auch ihre Pollen- und Nektarmengen unterscheiden. Dunkle Erdhummeln (*B. terrestris*) sind bekannte Nektarräuber. Auch bei Ackerbohnen beißen sie die Blütenröhre auf, um den Nektar zu «klauen» ohne zur Bestäubung beizutragen. Diese Aktivität wirkt sich allerdings neutral auf den Ertrag aus, da andere Bestäuber oder reguläre Blütenbesuche durch Erdhummeln die Bestäubung sichern. Eigene Beobachtungen zeigen, dass viele scheinbare Blütenbesuche von Honigbienen und Erdhummeln eigentlich die Aufnahme von Nektar aus extrafloralen Nektarien an den Blättern oder von Honigtau der Schwarzen Bohnenlaus sind. Ackerbohnenfelder erhöhen die Anzahl an langrüsseligen Hummelarten in der Landschaft, diese benötigen nach dem Abblühen der Bohnen weitere Schmetterlingsblütengewächse wie Wicken als Nahrungsressourcen in ihrer Umgebung.

Maßnahmen für Wildbienen
Nahrung: F02 Einjährige Blühmischung (S. 180), F04 Hecken, Feldgehölze und Streuobstbäume (S. 183), Mosaiknutzung im Kleegras und Grünland (S. 184)
Nistplatz: N02 Alt- und Totbäume (S. 192), N06 Hecken, Feldgehölze und Streuobstbäume (S. 196), N12 Liegendes Totholz (S. 203)

Häufigste bestäubende Bienenarten: *Bombus hortorum* (Gartenhummel), *Bombus lucorum* (Helle Erdhummel), *Bombus pascuorum* (Ackerhummel), *Bombus terrestris* (Dunkle Erdhummel), *Xylocopa violacea* (Blauschwarze Holzbiene)

Häufige Kultursorten: 'Fanfare', 'Fuego', 'Tiffany', 'Trumpet', 'Macho', 'Stella', 'Allison', 'Daisy', 'Taifun', 'Bianca', 'Birgit'

2

3

Linke Seite Ausgewachsene Ackerbohnenschote; 1. Ackerbohnenfeld in Vollblüte; 2. Ackerbohnenblüten; 3. Querschnitt einer Ackerbohnenblüte; 4. Ackerhummel (*Bombus pascuorum*); 5. Europäische Honigbiene (*Apis mellifera*) beim Besuch von extrafloralen Nektarien

Aubergine

***Solanum melongena* L.**

Nachtschattengewächse (Solanaceae)

Kulturform stammt ursprünglich aus tropischen Teilen Afrikas und Asiens. Geringe kommerzielle Nutzung in warmen Regionen Deutschlands, primär in Hausgärten und kommerziell auf Feldern und in unbeheizten Tunneln.

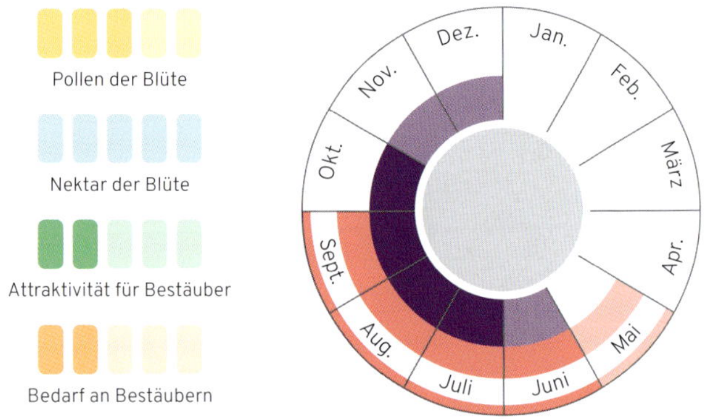

Blüten: Die Blüten sind zwittrig und radiärsymmetrisch mit üblicherweise 5–9 grünen bis violetten, behaarten bis bestachelten Kelchblättern und 5–8 verwachsenen, violetten, dreieckigen und eingebogenen Kronblättern.
♀ = 1 oberständiger Fruchtknoten aus verschmolzenen Fruchtblättern und 1 grüner Griffel mit Narbe.
♂ = 5–7 gelbe, zu einer Röhre verwachsene Staubblätter, die die sie überragende Narbe umgeben oder bei reduzierter Narbe diese verdecken. Die Poren der Staubbeutel liegen an deren Spitze.

Befruchtungssystem: Selbstbestäubung (Autogamie) sowie Kreuzbestäubung (Xenogamie), immer von mechanischen Erschütterungen (Vibrationsbestäubung) abhängig.

Befruchtungsansprüche: Erschütterung durch Wind und Insekten tragen zum Fruchtansatz bei. Eine Vibrationsbestäubung durch Hummeln (Gattung *Bombus*) und eine Besuchshäufigkeit bis zu 12 Besuche pro Blüte führen zu erhöhtem Fruchtansatz.

Optimale Bestäubung: Auberginenblüten haben zu ca. 25 % stark reduzierte, 25 % reduzierte und 50 % lange Griffel (Heterostylie). Letztere sind generell von stärkerer Struktur mit vergrößertem Stiel und Kelch. Diese Blüten führen bei Bestäubung zu 100 % Fruchtansatz. Mittlere Griffellängen bilden zu ca. 30 % Früchte und Blüten mit stark reduziertem Griffel bilden in der Regel keine Frucht. Hummeln erhöhen den Fruchtansatz um 22 % in Gewächshäusern. In unbeheizten Gewächshäusern führt die Bestäubung durch 10 Hummel- oder 5 Honigbienenvölker pro ha zu ähnlichen Fruchtbildungsraten wie nach dem Besprühen mit dem Pflanzenhormon Tomatone. Die Blüten produzieren keinen Nektar, daher sollten nektarproduzierende Blüten in der Nähe des Auberginenanbaus als Futterquellen für Bienen und Hummeln bereitgestellt werden.

Häufigste bestäubende Bienenarten: *Apis mellifera* (Europäische Honigbiene), *Bombus terrestris* (Dunkle Erdhummel)

Häufige Kultursorten: 'Jaylo', 'Bartok', 'Kyllie', 'Araceli'

Maßnahmen für Wildbienen
Nahrung: F01 Ackerwildkrautschutz (S. 179), F04 Hecken, Feldgehölze und Streuobstbäume (S. 183), F08 Umwandlung von Acker in Grünland (S. 187)
Nistplatz: N01 Abbruchkante (S. 191), N02 Alt- und Totbäume (S. 192), N12 Liegendes Totholz (S. 203)

2

3

4

Linke Seite Erntereife Aubergine; 1. Auberginenblüten; 2. Querschnitt einer Auberginenblüte; 3. Querschnitt einer Blüte mit stark reduziertem Fruchtblatt; 4. Auberginen im offenen Tunnelanbau

Augenbohne

Vigna unguiculata (L.) WALP.

Schmetterlingsblütengewächse (Fabaceae)

Die Wildform stammt aus Afrika und die Kulturform aus Ghana und wird in Gärten und übertunnelten Feldern in ganz Deutschland vereinzelt angebaut.

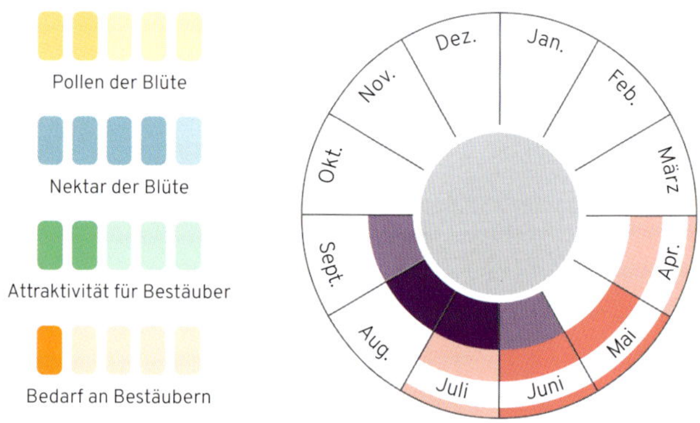

Blüten: Die Blüten sind zwittrig und stehen an langen Stielen, die am Ende Nektarien tragen. Sie sind zygomorph mit 5 röhrig verwachsenen Kelchblättern und 5 Kronblättern. Das obere Kronblatt ist fahnenartig, die seitlichen Kronblätter flügelförmig und die unteren bilden ein verwachsenes Schiffchen.
♀ = mehrere, verwachsene Fruchtblätter, die gemeinsam in einer eingeschnittenen Narbe enden.
♂ =10 Staubblätter, von denen eines einen verlängerten Staubfaden hat.

Befruchtungssystem: Kleistogame Selbstbestäubung (Autogamie), Kreuzbestäubung (Xenogamie).

Befruchtungsansprüche: In der Regel benötigen Augenbohnen keine Befruchtung durch Insektenbestäubung, weil sie sich noch vor dem Öffnen der Blüte selbst bestäuben. Dennoch bieten sie Nektar an, der gerne von Bienen angenommen wird. Der dabei übertragene Pollen erhöht den Fruchtansatz und die Anzahl an Samen, vor allem von Blüten, bei denen die Selbstbestäubung nicht vollständig war.

Optimale Bestäubung: Innerhalb einer Blüte ist die Narbe ca. zwölf Stunden vor der Pollenreifung empfänglich. Dies begünstigt die Kreuzbestäubung durch Insekten, vor allem in den Morgenstunden. Unter Insektenausschluss verringert sich die Samenanzahl, das Gewicht der Samen pro Schote, die Schotenlänge und die Anzahl gut geformter Samen und Schoten um ca. 20 %. Hummeln (Gattung *Bombus*) sammeln bevorzugt Nektar, Europäische Honigbienen (*Apis mellifera*) sowohl Nektar als auch Pollen. Letztere tragen vor allem zur Qualitätsverbesserung der Samen bei. Die Wildform der Augenbohne wird z. B. in Kenia hauptsächlich von Holz- (Gattung *Xylocopa*), Mauer- (Gattung *Osmia*) und Blattschneiderbienen (Gattung *Megachile*) besucht und am effektivsten bestäubt. Daten zur Bestäubungsleistung durch Blattschneiderbienen für Augenbohnen in Deutschland fehlen uns, aber wir gehen davon aus, dass sie gelegentlich zur Bestäubung beitragen.

Häufigste bestäubende Bienenarten: *Apis mellifera* (Europäische Honigbiene), *Bombus pascuorum* (Ackerhummel), *Bombus terrestris* (Dunkle Erdhummel), *Xylocopa violacea* (Blauschwarze Holzbiene)

Häufige Kultursorten: 'Metro', 'Tapir' und 'Canetti'

Maßnahmen für Wildbienen
Nahrung: F02 Einjährige Blühmischung (S. 180), F03 Mehrjährige Blühmischung (S. 181), F04 Hecken, Feldgehölze und Streuobstbäume (S. 183)
Nistplatz: : N02 Alt- und Totbäume (S. 192), N05 Grubbern statt pflügen (S. 195), N06 Hecken, Feldgehölze und Streuobstbäume (S. 196)

2

3

Linke Seite Erntereife Augenbohnen; 1. Augenbohnenanlage; 2. Augenbohnenblüten; 3. Querschnitt einer Augenbohnenblüte; 4. Schwarze Wegameisen (*Lasius niger*) besuchen die extrafloralen Nektarien.

Gartenbohne

Phaseolus vulgaris **L.**

Schmetterlingsblütengewächs (Fabaceae)

Wild- und Kulturformen stammen ursprünglich aus dem sub- bis tropischen Süd- und Mittelamerika; die Gartenbohne wird auf freien und übertunnelten Feldern und Gärten in ganz Deutschland angebaut.

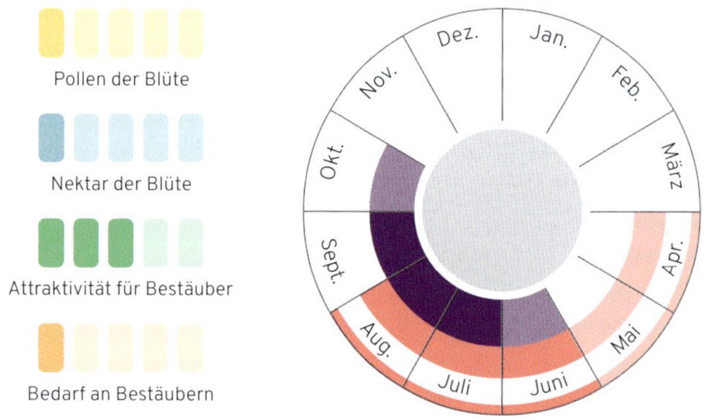

Blüten: Die Blüten sind zwittrig und zygomorph. Die grüne Blütenhülle aus verwachsenen Kelchblättern ist röhrenförmig und behaart. Die Kronblätter sind fünfzählig, weiß bis lila. Die seitlichen Kronblätter sind lippenförmig hervorgestreckt, die unteren zu einem Schiffchen verwachsen, welches die Staub- und Fruchtblätter umhüllt. Das obere Kronblatt ist fahnenartig nach oben gewölbt.
♀ = 1 verlängertes, grünes Fruchtblatt mit mehreren Samenanlagen. Die Narbe ist verlängert, gekrümmt und endet bei den Staubbeuteln.
♂ = 9 röhrenförmig verwachsene Staubblätter und ein freies Staubblatt, die das Fruchtblatt umgeben.

Befruchtungssystem: Häufigste Sorten sind autonom selbstbestäubend (Autogamie), Fremdbestäubung (Xenogamie) kommt vor.

Befruchtungsansprüche: Die Blüten der Kulturformen sind primär selbstbestäubend. Kreuzbestäubung findet vor allem beim Blütenbesuch durch große Hummelarten (Gattung *Bombus*) sowie Holzbienen (Gattung *Xylocopa*) statt, welche die nektarreichen Blüten besuchen.

Optimale Bestäubung: Die Anzahl an angelegten Schoten hängt vor allem von der Sorte und der Selbstbestäubungsrate ab. Die Anzahl an Samen und das Schotengewicht können durch Insektenbestäubung erhöht werden. Die Blütenmorphologie begünstigt große, kräftige und langrüsselige Bienen. Große Wildbienen können die Blüten öffnen und damit optimal bestäuben. Hierzu zählen Holz- (Gattung *Xylocopa*) und Blattschneiderbienen (Gattung *Megachile*) sowie Hummeln (Gattung *Bombus*). Allerdings besuchen auch Honigbienen (*Apis mellifera*), Fliegen, Ameisen, Furchenbienen (Gattung *Halictus*) und Schmetterlinge die Blüten. Die Blüten bieten wegen ihres geringen Nektarangebots pro Fläche einen potenziellen Honigertrag von 5 kg pro Hektar. Im Vergleich können stark von Insektenbestäubung abhängige Feuerbohnen (*Phaseolus coccineus*) das Zehnfache an Honigertrag bringen. Der Bestäuberbedarf und die Nektar- und Pollenmenge variieren sehr stark zwischen verschiedenen Bohnenarten. Im Vergleich haben Gartenbohnen nicht die attraktivsten Blüten.

Häufigste bestäubende Bienenarten: *Bombus hortorum* (Gartenhummel), *Bombus lucorum* (Helle Erdhummel), *Bombus pascuorum* (Acker-

Maßnahmen für Wildbienen
Nahrung: F03 Mehrjährige Blühmischung (S. 181), F07 Schutzstreifen im Umfeld von Gewässern (S. 186), F08 Umwandlung von Acker in Grünland (S. 187)
Nistplatz: N02 Alt- und Totbäume (S. 192), N06 Hecken, Feldgehölze und Streuobstbäume (S. 196), N12 Liegendes Totholz (S. 203)

hummel), *Bombus terrestris* (Dunkle Erdhummel), *Xylocopa violacea* (Blauschwarze Holzbiene)

Häufige Kultursorten: 'Eva', 'Faiza', 'Festival', 'Limka', 'Musica', 'Pantheon', 'Tamara'

Linke Seite Erntereife Gartenbohnen; 1. Gartenbohnenanlage; 2. Gartenbohnenblüten; 3. Querschnitt einer Gartenbohnenblüte; 4. Blauschwarze Holzbiene (*Xylocopa violacea*); 5. Europäische Honigbiene (*Apis mellifera*)

Gurke

***Cucumis sativus* L.**

Kürbisgewächs (Cucurbitaceae)

Wild- und Kulturformen stammen ursprünglich aus Indien. Gurken werden auf freien und übertunnelten Feldern und in Gärten in ganz Deutschland angebaut.

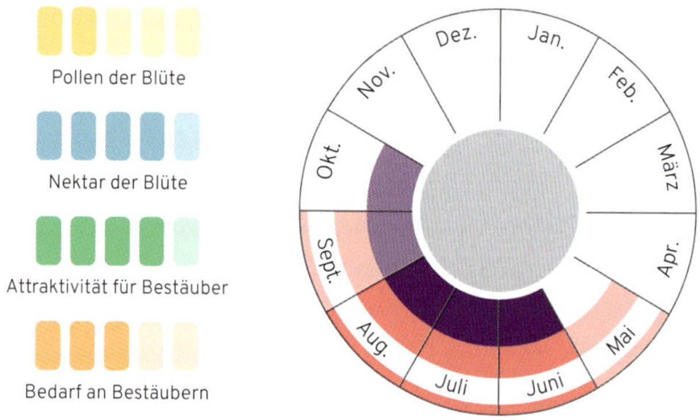

Blüten: Die Blüten sind monözisch oder zwittrig, wobei männliche und weibliche Blüten auf derselben Pflanze vorkommen. Es gibt auch gynodiözische Pflanzen, die nur weibliche Blüten ausbilden. Zwittrige und weibliche Blüten stehen einzeln, männliche Blüten in Gruppen, alle sind radiärsymmetrisch mit fünf gelben Kronblättern.
♀ = 1 dreilappige Narbe auf einem kurzen Griffel und einem unterständigen Fruchtknoten.
♂ = 5 Staubblätter, von denen je zwei zu einem Paar verwachsen sind und dadurch eine zygomorphe Erscheinung haben.

Befruchtungssystem: Selbstbestäubung (Autogamie, Geitogamie) und Kreuzbestäubung (Xenogamie), manche Sorten sind parthenokarp (gynodiözische Sorten).

Befruchtungsansprüche: Selbstbestäubung (Auto- und Geitonogamie) und Kreuzbestäubung (Xenogamie) wird primär durch Insekten geleistet.

Optimale Bestäubung: Die Blüten werden vorwiegend vormittags besucht. Die weiblichen Blüten produzieren viel Nektar mit wenig Zucker. Aus diesem Grund präferieren Bienen die männlichen Blüten mit Pollen, verweilen aber länger in weiblichen Blüten. Honigbienen (Gattung *Apis*) besuchen 5–8 Blüten pro Minute. Die Verschiebung der ersten Bestäubung um elf Tage nach Öffnung der ersten weiblichen Blüte, durch späteres Pflanzen von männlichen Sorten oder verspätetes Einsetzen von Bienen, kann den Fruchtertrag verdoppeln. Die Attraktivität der Blüten ist sortenabhängig. Die offenen Blüten sind für viele verschiedene Bienenarten attraktiv. Dunkle Erdhummeln (*Bombus terrestris*) bestäuben Gurken gleich gut wie Europäische Honigbienen (*Apis mellifera*) oder die menschliche Hand.

Häufigste bestäubende Bienenarten: *Apis mellifera* (Europäische Honigbiene), *Bombus pascuorum* (Ackerhummel), *Bombus terrestris* (Dunkle Erdhummel), *Halictus scabiosae* (Gelbbindige Furchenbiene), *Halictus tumulorum* (Gewöhnliche Goldfurchenbiene)

Häufige Kultursorten: 'Proloog', 'Dee Light', 'Sencere', 'Verdon', 'Bonnet', 'Cadence', 'Dee Freece', 'Sepalin', 'Analisa', 'Beesan', 'Bonwell', 'Picowell'

Maßnahmen für Wildbienen
Nahrung: F01 Ackerwildkrautschutz (S. 197), F02 Einjährige Blühmischung (S. 180), F07 Schutzstreifen im Umfeld von Gewässern (S. 186)
Nistplatz: N01 Abbruchkante (S. 191), N03 Mehrjährige Blühflächen ausmagern (S. 193), N07 Lesesteinhaufen, Steinriegel und Trockenmauern (S.197)

1

2

3

4

5

6

Linke Seite Erntereife Gurken; 1. Gurken im offenen Folientunnel; 2. Gurkenblüten; 3. Querschnitt einer weiblichen Gurkenblüte; 4. Querschnitt einer männlichen Gurkenblüte; 5. Gewöhnliche Goldfurchenbiene (*Halictus tumulorum*); 6. Gewöhnliche Schmalbiene (*Lasioglossum calceatum*)

Kürbis

Cucurbita maxima Duchesne ex Poir.

Kürbisgewächse (Cucurbitaceae)

Wild- und Kulturformen stammen ursprünglich aus Südamerika und werden auf Feldern und in Gärten in ganz Deutschland angebaut.

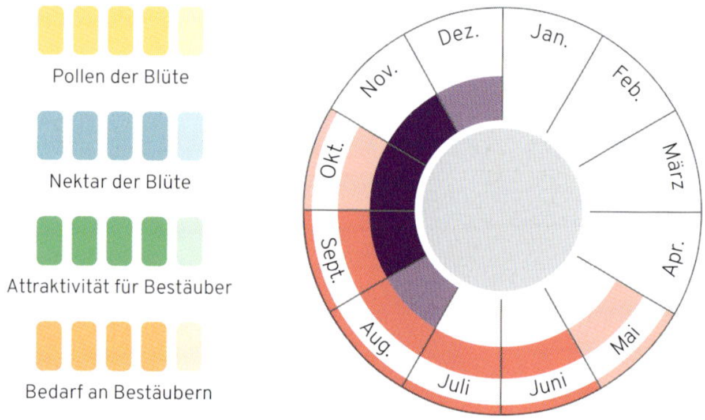

Nutzpflanzen

Blüten: Die Blüten sind einhäusig, wobei männliche Blüten häufiger sind als weibliche. Sie sind radiärsymmetrisch mit 5 weiß-behaarten Kelchblättern und 5 orangefarbenen, zu einem Kelch verwachsenen Kronblättern.
♀ = Ein 3–5-fächriger Fruchtknoten, der in einen Griffel mit 3–5 Narben endet.
♂ = 5 verwachsene Staubblätter in einer Säule.

Befruchtungssystem: Selbstbestäubung (Geitonogamie), Kreuzbestäubung (Xenogamie).

Befruchtungsansprüche: Kürbisse benötigen Insekten, um den klebrigen Pollen einer männlichen Blüte der gleichen oder einer fremden Pflanze zu einer weiblichen Blüte zu übertragen.

Optimale Bestäubung: Bei geringer Pollenübertragung werden kleine Früchte mit sehr wenigen Samen ausgebildet. Kleine Wildbienen wie Schmal- und Furchenbienen (Gattungen *Halictus* und *Lasioglossum*) übertragen weniger als 50 Pollenkörner pro Blütenbesuch, Honigbienen (Gattung *Apis*) 500 Pollenkörner und Hummeln 3000 Pollenkörner, wobei ein minimaler Fruchtansatz bei 2500 Pollenkörnern auf der Narbe erreicht wird. Das Vorkommen von Hummeln (Gattung *Bombus*) und Honigbienen ist daher ausreichend, um gute Erträge zu erzielen. Bis zu 16 Honigbienenbesuche pro Blüte erhöhen den Fruchtansatz, darüber hinausgehende Besucheranzahlen können den Fruchtansatz verringern, weil der Pollen wieder abgetragen wird. Somit sollte man beim Aufstellen von Honigbienenvölkern die Dichte beachten. Erfolgreiche Blütenbesuche müssen in der Regel am Vormittag geschehen, weil der Pollen im weiteren Tagesverlauf unfruchtbar wird. In Indonesien wurde gezeigt, dass die Vielfalt der bestäubenden Wildbienen zu einem höheren Ertrag führt.

Häufigste bestäubende Bienenarten: *Apis mellifera* (Europäische Honigbiene), *Bombus lapidarius* (Steinhummel), *Bombus terrestris* (Dunkle Erdhummel)

Häufige Kultursorten: 'Amoro', 'Baby Bear', 'Hot Summer', 'Orange Summer', 'Racer', 'Tiana', 'Uchiki Kuri', 'Aspen', 'Gomez', 'Kaori Kuri', 'Magician', 'Muscat de Provence', 'Pilgrim', 'Red Kuri', 'Spirit'

Maßnahmen für Wildbienen
Nahrung: F01 Ackerwildkrautschutz (S. 179), F02 Einjährige Blühmischung (S. 180), F03 Schutzstreifen im Umfeld von Gewässern (S. 186)
Nistplatz: N06 Hecken, Feldgehölze und Streuobstbäume (S. 196), N11 Säume und Fahrgassen (S. 202), N12 Liegendes Totholz (S. 203)

1

2

3

4

5

Linke Seite Aufgeschnittener Moschus-Kürbis; 1. Kürbisfeld im Spätsommer; 2. Kürbisblüte mit angeschnittenem Kronblatt; 3. Querschnitt einer weiblichen Kürbisblüte; 4. Querschnitt einer männlichen Kürbisblüte; 5. Europäische Honigbiene (*Apis mellifera*)

Paprika

Capsicum annuum L.

Nachtschattengewächse (Solanaceae)

Wild- und Kulturform stammt ursprünglich aus dem nördlichen Südamerika. Paprika wird auf freien und übertunnelten Feldern und in Gärten in ganz Deutschland angebaut.

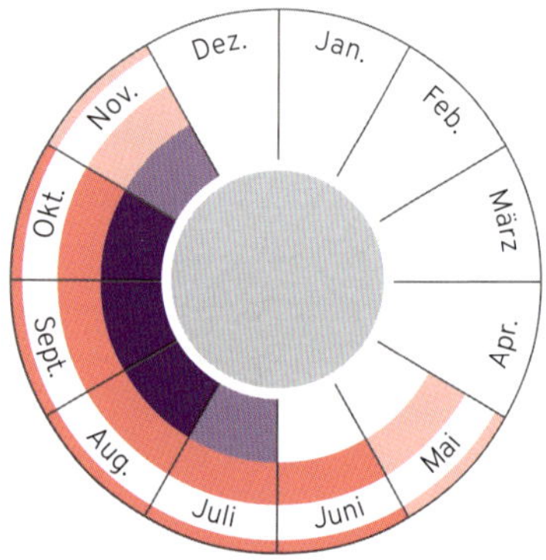

Blüten: Die Blüten sind zwittrig und radiärsymmetrisch mit fünf weiß bis blasslila gefärbten und dreieckigen Kronblättern.
♀ = 2 verwachsene Fruchtblätter, die einen oberständigen Fruchtknoten bilden.
♂ = 5 bläuliche, am Grund mit den Kelchblättern verwachsene Staubblätter.

Befruchtungssystem: Selbst- (Autogamie, Geitonogamie) und Kreuzbestäubung (Xenogamie), Parthenokarpie.

Befruchtungsansprüche: Primär autogame Selbstbestäubung, aber Wildbienen mit Vibrationsbestäubung (Gattungen *Bombus* und *Xylocopa*) tragen zur Kreuzbestäubung bei, welche die Fruchtqualität erhöht. Jungfräuliche Früchte werden gebildet und sind kleiner und samenlos.

Optimale Bestäubung: Paprikas können nicht gut durch Honigbienen bestäubt werden. Am besten werden diese Nutzpflanzen morgens bestäubt, wenn der Pollen frisch entlassen wird und die Narbe noch empfänglich ist. Hummelbestäubung (Gattung *Bombus*) erhöht den Samenansatz, die Fruchtgröße und reduziert die Deformation von Paprikafrüchten. Auch die Erzeugung jungfräulicher Früchte mittels Auxin-Behandlung reduziert den Ertrag. Dunkle Erdhummeln (*Bombus terrestris*) erhöhen den Ertrag und die Qualität um 30 %. Lange Blütenbesuche der Mistfliege, die allgemein Mistbiene (*Eristalis tenax*) genannt wird, erhöhen die Bestäubung. Blattlausfressende Schwebfliegen können zum Pflanzenschutz und zur Bestäubung beitragen und sollten gefördert werden. Nachttemperaturen lassen die Fruchtknoten in den Blüten anschwellen und erhöhen die jungfräuliche Fruchtbildung. Temperaturen von unter 14 °C führen zu geringeren Erträgen und Verformungen; mehr bestäubende Insekten können unter solchen Umständen den Verlust verringern.

Häufigste bestäubende Bienenarten: *Bombus terrestris* (Dunkle Erdhummel)

Blockpaprika: 'Nagano', 'Allrounder', 'Gialte', 'Jack Miller', 'Maduro', 'Margrethe', 'Orbit', 'Score', 'Sven'

Spitzpaprika: 'Cooper', 'Jersey', 'Palermo', 'Guernsey', 'Palermo Chocolony', 'Palermo Obedius', 'Palermo', 'Yosemite'

Peperoni: 'Daredevil', 'Habanero', 'Orange Flame', 'Pacaya', 'Starflame'

Maßnahmen für Wildbienen
Nahrung: F01 Ackerwildkrautschutz (S. 179), F02 Einjährige Blühmischung (S. 180), F07 Schutzstreifen im Umfeld von Gewässern (S. 186)
Nistplatz: N06 Hecken, Feldgehölze und Streuobstbäume (S. 196), N11 Säume und Fahrgassen (S. 202), N12 Liegendes Totholz (S. 203)

1

2

3

4

Linke Seite Erntereife Paprika; 1. Paprikafeld in Vollblüte; 2. Paprikablüten; 3. Querschnitt einer Paprikablüte; 4. Dunkle Erdhummel (*Bombus terrestris*)

Raps

***Brassica napus* L.**

Kreuzblütengewächse (Brassicaceae)

Wild- und Kulturform stammt ursprünglich aus dem östlichen Mittelmeerraum sowie wahrscheinlich Europa und wird auf Feldern in ganz Deutschland angebaut.

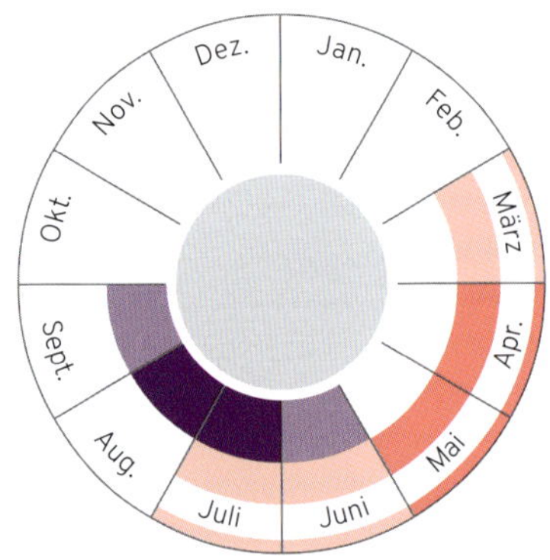

Blüten: Rapsblüten sind zwittrig und bilateral mit 4 gelben Kronblättern, die alternierend zu 4 grünen Kelchblättern stehen und somit von oben gesehen zwei Kreuze bilden.
♀ = 1 oberständiges Fruchtblatt mit Griffel und Narbe.
♂ = 2 seitliche Staubblätter mit kurzen Staubfäden und 4 kreuzweise angeordneten Staubblättern mit längeren Staubfäden.

Befruchtungssystem: Sortenabhängig, häufig selbstbestäubt (Autogamie, Geitonogamie), wobei auch Kreuzbestäubung (Xenogamie) üblich ist.

Befruchtungsansprüche: Obwohl Raps primär selbstbestäubt ist, tragen je nach Sorte sowohl Wind als auch Insekten zur Bestäubung bei und führen zu höherer Samenqualität und Keimungsrate sowie höherem Samenansatz und Ertrag. Abhängig von der Sorte sind Rapsblüten für 12–96 Stunden geöffnet, dennoch können sie nur innerhalb eines Zeitraums von 4–24 Stunden bestäubt werden.

Optimale Bestäubung: Autogame Selbstbestäubung durch herabfallenden Pollen ist primär kurz nach dem Öffnen der Blüte möglich. Nur dann liegt die Narbe noch unterhalb der nach innen gerichteten Staubbeutel, was dazu führt, dass der herabfallende Pollen dort kleben bleibt. Im späteren Verlauf wächst das Fruchtblatt über die Staubbeutel hinaus und Selbstbestäubung durch Wind und Insekten sowie Kreuzbestäubung, vor allem durch Insekten, wird begünstigt. Blühstreifen für Wildbienen und das Aufstellen von Honigbienenvölkern können zu höherer Ernte führen. Es ist ebenfalls bekannt, dass solitäre und soziale Wildbienen in Kombination auf die Bestäubung und Produktivität von Raps positiv wirken. Bei fehlender Insektenbestäubung gleichen manche Rapssorten Erträge durch vermehrte Blütenproduktion und größere Samen aus. Da Raps einen Spitzenplatz unter den attraktivsten Nutzpflanzen für ein breites Spektrum an Wildbienen belegt, kann er deren Populationen stärken, sofern ausreichend geeignete Nisthabitate in Flugdistanz vorhanden sind.

Häufigste bestäubende Bienenarten: *Andrena agilissima* (Senf-Blauschillersandbiene), *Andrena flavipes* (Gewöhnliche Bindensandbiene), *Andrena lagopus* (Zweizellige Sandbiene), *Anthophora plumipes* (Frühlings-Pelzbiene), *Bombus lapidarius* (Steinhummel), *Bombus*

Maßnahmen für Wildbienen
Nahrung: F03 Mehrjährige Blühmischung (S. 181), F04 Hecken, Feldgehölze und Streuobstbäume (S. 183), F08 Umwandlung von Acker in Grünland (S. 187)
Nistplatz: N05 Grubbern statt pflügen (S. 195), N08 Nisthilfen für Insekten (S. 198), N11 Säume und Fahrgassen (S. 202)

1

pascuorum (Ackerhummel), *Bombus terrestris* (Dunkle Erdhummel), *Osmia bicornis* (Rote Mauerbiene), *Osmia brevicornis* (Schöterich-Mauerbiene)

Häufige Kultursorten: 'Ludger', 'Architect', 'Smaragd', 'Ambassador', 'Crocodile', 'DK Exception', 'Bender', 'Avatar', 'RGT Trezzor', 'DK Expansion'

2

4

3

5

Linke Seite Erntereife Rapsschoten; 1. Rapsfeld in Vollblüte; 2. Rapsblüten; 3. Querschnitt einer Rapsblüte; 4. Zweizellige Sandbiene (*Andrena lagopus*); 5. Polierte Schmalbiene (*Lasioglossum politum*)

Senf

Sinapis alba L.

Kreuzblütengewächse (Brassicaceae)

Senf kommt in seiner Wild- und Kulturform aus dem Mittelmeerraum und wird heute in der Kultur angebaut, aber auch als Grünbrache, und kann bis Oktober in ganz Deutschland blühen. Auch kommt Senf in vielen einjährigen Blühmischungen vor.

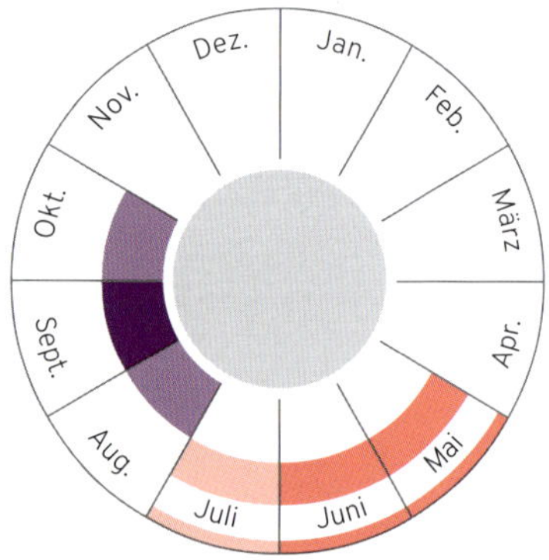

Blüten: Zwittrig und bilateral mit 4 hellgelben bis grünlich-weißen, freistehenden Kronblättern und 4 grünen, waagerecht abstehenden Kelchblättern.
♀ = 1 oberständiges Fruchtblatt mit Griffel und Narbe.
♂ = 2 seitliche Staubblätter mit kurzen Staubfäden und 4 kreuzweise angeordneten Staubblättern mit längeren Staubfäden. Manchmal gibt es nur 4 Staubblätter und auch 5 können je nach Sorte vorkommen.

Befruchtungssystem: Kreuzbestäubung (Xenogamie).

Befruchtungsansprüche: Senf ist auf die Bestäubung von Insekten angewiesen; kommerzielle Sorten produzieren sehr wenige Samen ohne die Anwesenheit von kurzrüsseligen Bienen und Fliegen. In einem eigenen Versuch führt die Übertragung von Pollen von der gleichen Pflanze auf die Narbe einer anderen Blüte dazu, dass die Pollen zwar keimen, aber nicht den Griffen runter wachsen und damit nicht den Fruchtknoten erreichen. Es kommt also nicht zur Befruchtung.

Optimale Bestäubung: In einem Halbfreilandversuch in Käfigen mit Honigbienen wird über 90 % der Blüten bestäubt mit 4,1 Samen pro Schote (2,69 g) im Verhältnis zu einem Käfig ohne Bienen, die nur 2,5 Samen pro Schote erreichen (1,75 g). Aber nicht nur Honigbienen bestäuben Senf, sondern alle kleinen oder kurzrüsseligen Wildbienen und Fliegen, die alle stark von Senfblüten angezogen werden und im Freiland, wenn Maßnahmen getroffen werden, die Senfblüten optimal bestäuben.

Häufigste bestäubende Bienenarten: *Andrena agilissima* (Senf-Blauschillersandbiene), *Andrena lagopus* (Zweizellige Sandbiene), *Apis mellifera* (Europäische Honigbiene), *Bombus pascuorum* (Ackerhummel), *Bombus terrestris* (Dunkle Erdhummel), *Osmia bicornis* (Rote Mauerbiene), *Lasioglossum albipes* (Weißbeinige Schmalbiene)

Häufige Kultursorten: 'Amazone', 'Captain Jack', 'Emilia', 'Humus', 'Odette Sidur', 'Sunlight', 'Victoria'

Maßnahmen für Wildbienen
Nahrung: F03 Mehrjährige Blühmischung (S. 181), F04 Hecken, Feldgehölze und Streuobstbäume (S. 183), F08 Umwandlung von Acker in Grünland (S. 187)
Nistplatz: N04 Erd- und Feldwege (S. 194), N07 Lesesteinhaufen, Steinriegel und Trockenmauern (S. 197), N09 Oberbodenabtragung (S. 200)

1

2

4

3

5

Linke Seite Erntereife Senfschoten; 1. Senffeld als Gründüngung; 2. Senfblüten; 3. Querschnitt einer Senfblüte; 4. Weißbeinige Schmalbiene (*Lasioglossum albipes*); 5. Rote Mauerbiene (*Osmia bicornis*)

Sojabohne

Glycine max (L.) MERR.

Schmetterlingsblütengewächs (Fabaceae)

Die Wildform stammt ursprünglich aus Ostasien und die Kulturform wahrscheinlich aus China. Soja wird am Rheingraben auf Feldern, manchmal auch in Gärten angebaut.

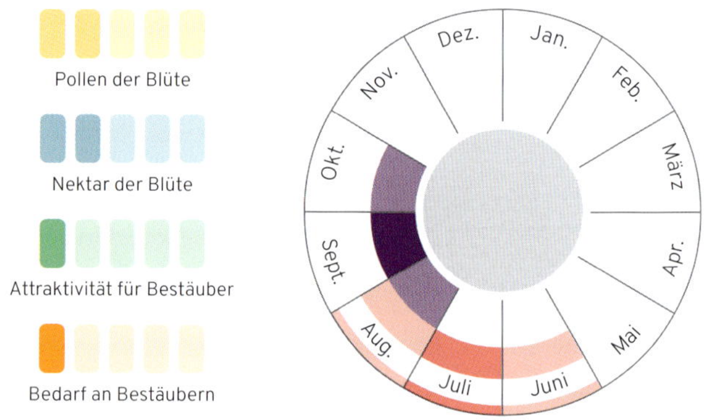

Blüten: Zwittrig und zygomorph mit einer röhrenförmigen Blütenhülle aus 5 behaarten, grünen Kelchblättern. Die 5 Kronblätter sind blasslila, das oberste fahnenartig nach oben gekrümmt, die zwei seitlichen flügelartig und die unteren beiden zu einem Schiffchen verwachsen.
♀ = 1 verlängertes, grünes Fruchtblatt mit mehreren Samenanlagen. Der Fruchtknoten mit Griffel und Narbe ist zurückgekrümmt und endet bei den Staubbeuteln.
♂ = 10 verwachsene, röhrenförmige, das Fruchtblatt umgebene Staubfäden, die in neun freien Staubblättern enden.

Befruchtungssystem: Die meisten Sorten sind kleistogam und selbstbestäubend (Autogamie), aber Selbstbestäubung zwischen den Blüten des gleichen Pflanzenindividuums (Geitonogmie) und Kreuzbestäubung (Xenogamie) sind nach der Blütenöffnung möglich.

Befruchtungsansprüche: Bei ausbleibender Selbstbestäubung komplettieren Bienen diese und ermöglichen Kreuzbestäubung, wodurch sich die Anzahl an Schoten und Samen pro Schote erhöht. Auch der Protein- und Ölgehalt kann durch Bienenbestäubung erhöht werden.

Optimale Bestäubung: Abhängig von der Sorte, der Bestäuberdichte und -art können Blattschneider- (Gattung *Megachile*), Holz- (Gattung *Xylocopa*) und Honigbienen (Gattung *Apis*) die Kreuzbestäubung von Soja um bis zu 60 % erhöhen. Auch wird bei manchen amerikanischen Sorten die Anzahl an Schoten und Samen je Schote durch den Besuch von Wild- und Honigbienen erhöht. In den USA wurden über 30 nektar- und pollensammelnde Wildbienenarten an Soja beobachtet.

Häufigste bestäubende Bienenarten: *Apis mellifera* (Europäische Honigbiene), *Bombus terrestris* (Dunkle Erdhummel), *Halictus tumulorum* (Gewöhnliche Goldfurchenbiene), *Lasioglossum malachurum* (Feldweg-Schmalbiene), *Megachile rotundata* (Luzerne-Blattschneiderbiene)

Häufige Kultursorten: 'Amarok', 'Aurelina', 'Cantate PZO', 'Ceres PZO', 'ES Comandor', 'Merlin', 'Nessie PZO', 'Simoncine SZS', 'RGT Sphinxa', 'Toutatis'

Maßnahmen für Wildbienen
Nahrung: F01 Ackerwildkrautschutz (S. 179), F06 Säume und Wegränder (S. 185), F09 Verzicht auf Pflanzenschutzmittel in der Vegetationszeit (S. 188)
Nistplatz: N04 Erd- und Feldwege (S. 194), N08 Nisthilfen für Insekten (S. 198), N09 Oberbodenabtragung (S. 200)

1

2

4

3

5

Linke Seite Erntereife Sojabohnen; 1. Sojabohnenfeld in Vollblüte; 2. Sojabohnenblüten; 3. Querschnitt einer Sojabohnenblüte; 4. Gewöhnliche Goldfurchenbiene (*Halictus tumulorum*); 5. Europäische Honigbiene (*Apis mellifera*)

Sonnenblume

***Helianthus annuus* L.**

Korbblütengewächs (Asteraceae)

Wildform stammt aus Nord- und Mittelamerika und die Kulturform stammt ursprünglich aus Mittel- und Südamerika. Wird kommerziell auf Feldern und vereinzelt in Gärten in ganz Deutschland angebaut.

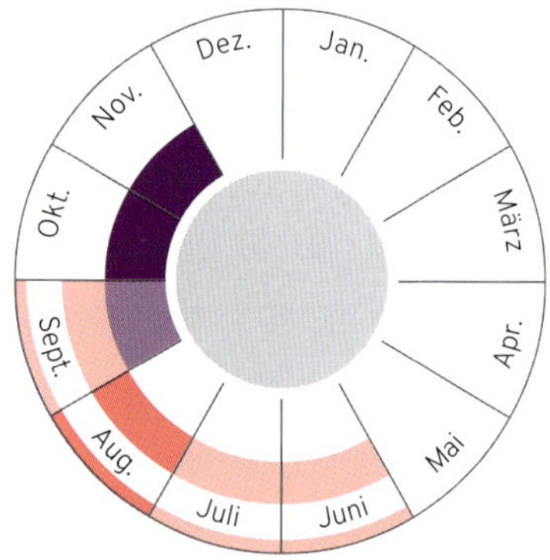

Blüten: Blüten sitzen in «Körben» auf dem Blütenboden mit bis zu 15 000 hermaphroditischen, radiärsymmetrischen Einzelblüten. Die randständigen, lateralsymmetrischen, gelben bis roten Strahlenblüten sind in der Regel steril. Die inneren Röhrenblüten sind fünfzählig.
♀ = 1 unterständiger Fruchtknoten mit einem langen, zweigeteilten Griffel, der vor seiner Reife den Pollen aus der Staubblattröhre hinausschiebt.
♂ = 5 zu einer Röhre verwachsene Staubblätter.

Befruchtungssystem: Die meisten Sorten sind selbst- (Autogamie, Geitonogamie) und kreuzbestäubend (Xenogamie).

Befruchtungsansprüche: Die Blüten eines Sonnenblumenkopfes reifen von außen nach innen. In den Blüten reifen die männlichen Blütenorgane vor den weiblichen. Daher ist ein Transport des klebrigen Pollens durch Insekten innerhalb oder zwischen Blütenköpfen für die Bestäubung notwendig.

Optimale Bestäubung: Hummeln (Gattung *Bombus*) und Honigbienen (Gattung *Apis*) sind die häufigsten Bestäuberinsekten von Sonnenblumen. Sonnenblumen bieten wegen ihres großen Angebots an Nektar und Pollen für viele Wildbienenarten später im Jahr eine wichtige Nahrungsressource. Wildbienen tragen direkt zur Bestäubung bei und erhöhen die Bestäubungsleistung von Honigbienen, weil sie Honigbienen immer wieder stören und diese dadurch häufiger die Blüten wechseln und dies zu einer erhöhten Kreuzbestäubung führt.

Das Aufstellen von Honigbienenvölkern in Sonnenblumenfeldern erhöht den Samenansatz, das Samengewicht und den Ölgehalt der Samen. Allerdings zeigen Studien, dass moderne Sorten nicht von der Bestäubung durch Insekten profitieren. Daher ist es auch bei Sonnenblumen wichtig, die Sorte sorgfältig auszuwählen.

Wichtigste bestäubende Bienenarten: *Apis mellifera* (Europäische Honigbiene), *Andrena flavipes* (Gewöhnliche Bindensandbiene), *Bombus hortorum* (Gartenhummel), *Bombus lapidarius* (Steinhummel), *Bombus pascuorum* (Ackerhummel), *Bombus pratorum* (Wiesenhummel), *Bombus terrestris* (Dunkle Erdhummel), *Halictus scabiosae* (Gelbbindige Furchenbiene), *Lasioglossum malachurum* (Feldweg-Schmalbiene), *Megachile pilidens* (Filzzahn-Blattschneiderbiene)

Maßnahmen für Wildbienen
Nahrung: **F03** Mehrjährige Blühmischung (S. 181), **F07** Schutzstreifen im Umfeld von Gewässern (S. 186), **F08** Umwandlung von Acker in Grünland (S. 187)
Nistplatz: **N01** Abbruchkante (S. 191), **N03** Mehrjährige Blühflächen ausmagern (S. 193), **N07** Lesesteinhaufen, Steinriegel und Trockenmauern (S. 197)

1

Häufige Kultursorten: 'ES Columbella', 'NK Delfi', 'ES Savana', 'P63LL124', 'ES Unic CL', 'ES Idillic', 'LG5377', 'KWS Kripton', 'P63HH111', 'RGT Glloss', 'RGT Llincoln', 'Suomi', 'SY Valeo'

2

3

4

5

Linke Seite Sonnenblumensame; 1. Sonnenblumenanlage; 2. Sonnenblumenblüten; 3. Querschnitt einer Sonnenblumenblüte; 4. Gelbbindige Furchenbiene (*Halictus scabiosae*); 5. Wiesenhummel (*Bombus pratorum*)

Tomate

Solanum lycopersicum L.

Nachtschattengewächse (Solanaceae)

Wild- und Kulturformen stammen ursprünglich aus Mittel- und Südamerika und werden vorwiegend unter Tunneln und in Gewächshäusern, auf Feldern und in Gärten angebaut.

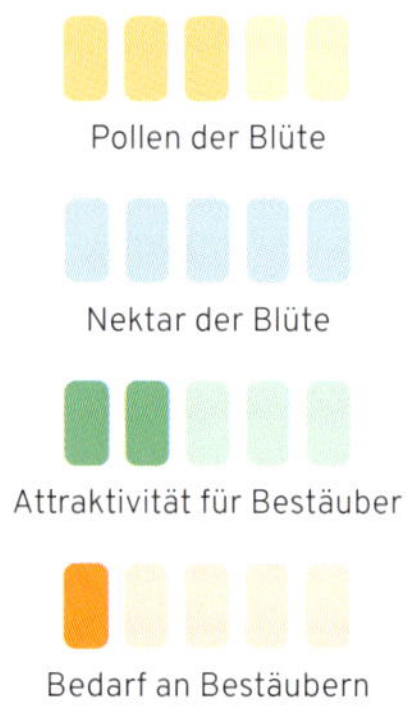

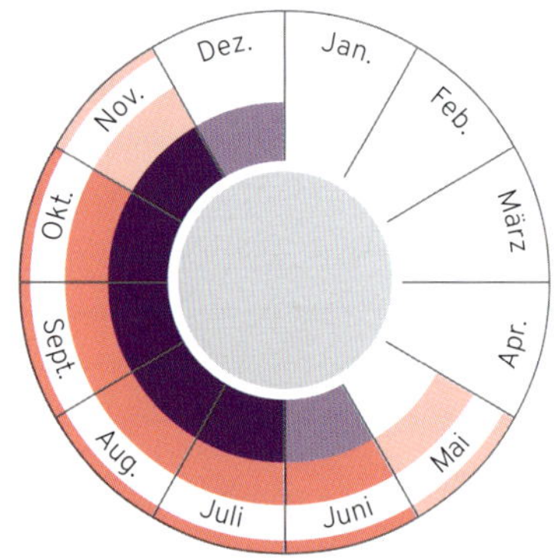

Blüten: Die Blüten sind zwittrig und radiärsymmetrisch mit üblicherweise 5–10 grünen, schlanken Kelchblättern und mindestens 5 gelben, dreieckigen und eingebogenen Kronblättern.
♀ = 1 oberständiger Fruchtknoten aus verwachsene Fruchtblättern und einem grünen Griffel mit einer Narbe.
♂ = 5 gelbe zu einer Röhre verwachsenen Staubblätter, die den sie überragenden Stempel umgeben.

Befruchtungsssystem: Primär Selbstbestäubung (Autogamie), aber Kreuzbestäubung (Xenogamie) kommt auch vor.

Befruchtungsansprüche: Die Pollenkörner müssen aus den Staubbeuteln geschüttelt werden, um beim Herabfallen an der Narbe haften zu bleiben. Dies wird durch Wind, Regen und andere Erschütterungen begünstigt, daher ist die Bestäuberabhängigkeit bei geschütztem Anbau höher. Besonders gute Bestäuber sind Bienenarten, die Vibrationsbestäubung zeigen. Dies können Honigbienen nicht.

Optimale Bestäubung: Vibrationsbestäubende Bienenarten wie Holzbienen (Gattung *Xylocopa*) und Hummeln (Gattung *Bombus*) erhöhen die Pollenmenge auf den Narben und damit den Fruchtansatz und die Fruchtqualität. Viele weitere Wildbienenarten wurden in Österreich als Bestäuber von Tomaten durch Vibrationsbestäubung beschrieben. Andere Bestäuber tragen durch Erschütterung beim Landen auf den Blüten ebenfalls zur Selbstbestäubung bei. Jegliche Art von Erschütterung, wie Wind im Freiland und Trillern/Schütteln in Gewächshäusern, begünstigt eine erfolgreiche Bestäubung. Gehörnte Mauerbienen (*Osmia cornuta*) können im zeitigen Frühjahr und Völker der Dunklen Erdhummel (*Bombus terrestris*) das ganze Jahr über als Bestäuber in Gewächshäusern eingesetzt werden. Die Erdhummelvölker werden für diesen Zweck extra gezüchtet, sollten aber nur in geringen Dichten und außerhalb der natürlichen Aktivitätsphase von Hummeln zum Einsatz kommen. Eine erfolgreiche Bestäubung durch Hummeln kann an kleinen bräunlichen Wunden an den Staubbeuteln erkannt werden, die beim Festklammern der Hummeln zur Vibrationsbestäubung entstehen.

Häufigste bestäubende Bienenarten: *Bombus lapidarius* (Steinhummel), *Bombus pascuorum* (Ackerhummel), *Bombus sylvarum* (Bunte Hummel), *Bombus terrestris* (Dunkle Erdhummel),

Maßnahmen für Wildbienen
Nahrung: F01 Ackerwildkrautschutz (S. 179), F03 Mehrjährige Blühmischung (S. 181), F04 Hecken, Feldgehölze und Streuobstbäume (S. 183)
Nistplatz: N01 Abbruchkante (S. 191), N06 Hecken, Feldgehölze und Streuobstbäume (S. 196), N07 Lesesteinhaufen, Steinriegel und Trockenmauern (S. 197)

Lasioglossum laticeps (Breitkopf-Schmalbiene), *Lasioglossum morio* (Dunkelgrüne Schmalbiene), *Lasioglossum politum* (Polierte Schmalbiene), *Lasioglossum zonulum* (Breitbindige Schmalbiene)

Häufige Kultursorten: 'Zuckertraube' (Cocktailtomate), 'San Marzano' (Saucentomate), 'Ochsenherz' (Fleischtomate), 'San Marzano' (Flaschentomate), 'Green Zebra' (Salattomate), 'Black Cherry' (Cherrytomate)

2

3

Linke Seite Erntereife Tomaten; 1. Tomatenanlage; 2. Tomatenblüten; 3. Querschnitt einer Tomatenblüte; 4. Ackerhummel (*Bombus pascuorum*); 5. Dunkle Erdhummel (*Bombus terrestris*)

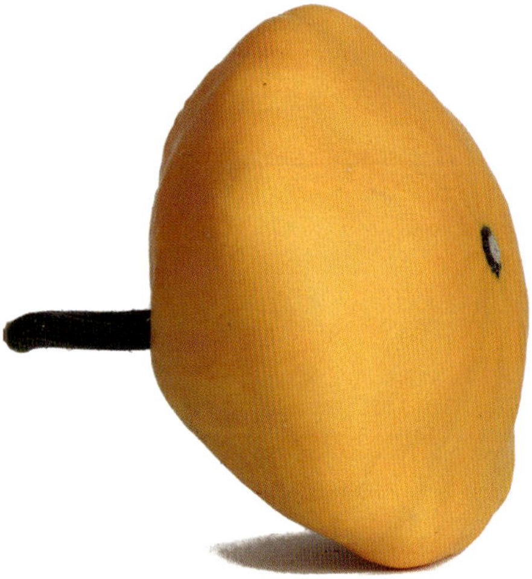

Zucchini/Gartenkürbis

Cucurbita pepo **L.**

Kürbisgewächs (Cucurbitaceae)

Wildform stammt aus Nordamerika und die ersten Kulturformen wahrscheinlich aus Nord- und Südamerika. Wird auf freien und übertunnelten Feldern und in Gewächshäusern und Gärten in ganz Deutschland angebaut.

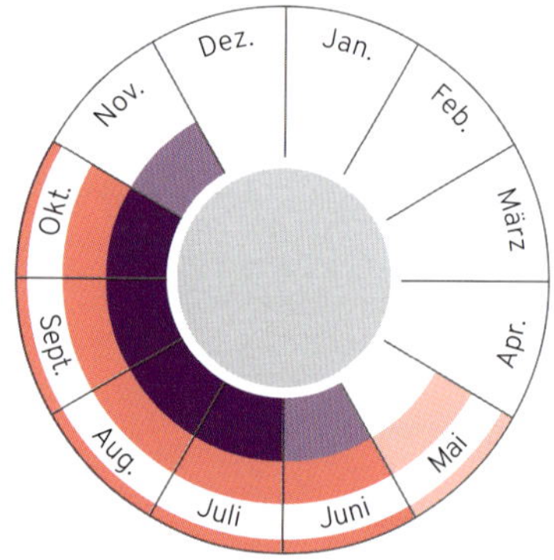

Blüten: Die Blüten sind einhäusig, wobei männliche Blüten häufiger sind als weibliche. Blüten sind radiärsymmetrisch mit 5 weiß behaarten Kelchblättern und 5 orangefarbenen, zu einem Kelch verwachsenen Kronblättern.
♀ = 1–3 Fruchtknoten mit jeweils bis zu 5 Fächern, der in einen Griffel mit 3–5 Narben endet.
♂ = 5 verwachsene Staubblätter, die eine Säule bilden.

Befruchtungssystem: Selbst- (Geitonogamie) und Kreuzbestäubung (Xenogamie), Parthenokarpie.

Befruchtungsansprüche: Die Pflanzen sind selbstkompatibel, dennoch muss der klebrige Pollen durch Bestäuber von männlichen zu weiblichen Blüten übertragen werden. Da sowohl Narben als auch Pollen im Laufe des Tages ihre Aufnahmefähigkeit (Rezeptivität) und Fruchtbarkeit (Fertilität) verlieren, sind vormittags aktive Bestäuber, wie bodennistende Wildbienen, nötig. Manche Zuchtformen, vor allem von Zucchinis, produzieren samenlose, parthenokarpe Früchte, wenn bestäubende Insekten nicht anwesend sind.

Optimale Bestäubung: Gartenkürbisse, wie der Patisson, und Zucchini sind Zuchtformen der gleichen Art. Alle benötigen Insekten zur Pollenübertragung von gleichzeitig blühenden männlichen und weiblichen Blüten, wobei der Pollen zwischen den Zuchtformen kompatibel ist. Die Blüten beider Geschlechter produzieren Nektar mit den höchsten Zuckerkonzentrationen am Vormittag. Der Pollen wird unmittelbar nach dem Öffnen der Blüten von Bienen abgesammelt. Die optimale Anzahl an Blütenbesuchen durch Bienen beträgt zwölf Besuche pro Blüte. Diese Anzahl an Blütenbesuchen erhöht den Fruchtansatz, das Gewicht und die Samenproduktion. In Deutschland bestäuben vorwiegend Erdhummeln und Honigbienen unsere Gartenkürbisse. Obwohl es eine auf Kürbisgewächse spezialisierte Sandbienenart (*Andrena florea*) gibt, besucht diese leider keine Gartenkürbisse, sondern streng oligolektisch unsere einheimischen Zaunrüben.

Häufigste bestäubende Bienenarten: *Apis mellifera* (Europäische Honigbiene), *Bombus terrestris* (Dunkle Erdhummel)

Häufige Kultursorten: 'Keesha', 'Rhodos', 'Golden Glory', 'Green Tiger', 'Milos'

Maßnahmen für Wildbienen
Nahrung: F01 Ackerwildkrautschutz (S. 179), F03 Mehrjährige Blühmischung (S. 181), F04 Schutzstreifen im Umfeld von Gewässern (S. 186)
Nistplatz: N02 Alt- und Totbäume (S. 192), N06 Hecken, Feldgehölze und Streuobstbäume (S. 196), N07 Lesesteinhaufen, Steinriegel und Trockenmauern (S. 197)

1

2 3 4

5

6

Linke Seite Erntereife gelbe Zucchini; 1. Zucchinifeld; 2. Zucchiniblüte; 3. Querschnitt einer weiblichen Zucchiniblüte; 4. Querschnitt einer männlichen Zucchiniblüte; 5. Europäische Honigbienen (*Apis mellifera*); 6. Dunkle Erdhummel (*Bombus terrestris*)

Exoten

Mandel

Prunus dulcis (Mill.) D.A. Webb

Rosengewächse (Rosaceae)

Mandelbäume kommen ursprünglich aus Südwestasien und werden in Süddeutschland in Gärten und Obstanlagen angebaut.

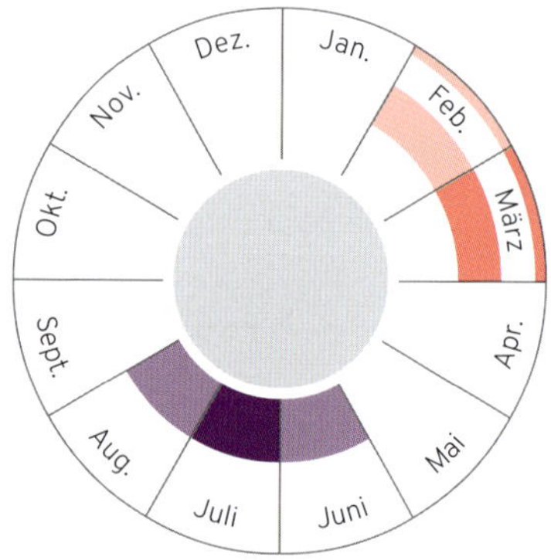

Blüten: Die Blüten sind zwittrig und radiärsymmetrisch mit 5 weißen oder weiß-rosafarbenen, freien Kronblättern und 5 weißen Kelchblättern. Nektar und Pollen enthalten toxisches Amygdalin; Mandelpollen kann für Bienen, wenn sie nur diesen sammeln, problematisch sein.
♀ = 1 mittelständiges, behaartes Fruchtblatt mit 2 Samenanlagen.
♂ = 10–30 ungleich lange, rötliche bis weiße Staubblätter mit gelben Staubbeuteln.

Befruchtungssystem: selbstinkompatibel, kreuzbestäubt (Xenogamie).

Befruchtungsansprüche: Alle Mandelsorten brauchen Pollen einer anderen Sorte, und die beliebten kommerziellen Sorten haben einen sehr hohen Kreuzbestäubungsanspruch und brauchen somit viele Bienen. In eigenen Kreuzversuchen keimt beim Übertrag von eigenen Pollen oder Pollen einer nicht-kompatiblen Sorte der Pollen auf der Narbe und wächst auch teilweise kreuz und quer durch den Griffel, aber erreicht die Samenanlage im Fruchtknoten nie.

Optimale Bestäubung: Der Mandelanbau ist dafür bekannt, dass zahlreiche und starke Honigbienenvölker für eine gute Ernte benötigt werden. Dies liegt vor allem daran, dass Mandeln schon ab Ende Januar, aber in der Regel im Februar, zu blühen beginnen; also in einer Jahreszeit, in der Wildbienen zu fliegen beginnen. In Kalifornien hat die Autorin über 30 unterschiedliche Wildbienenarten in Mandelplantagen beobachtet, allerdings nur, wenn halbnatürliche Habitate wie Abbruchkanten, blühende Säume und Wegränder, Hecken und Feldgehölze und Schutzstreifen an Gewässern oder Naturschutzgebiete in der Nähe waren. Besonders häufig werden Schmal- und Furchenbienen und Sandbienen an Mandelblüten gesichtet. Ein weiteres Problem ist, dass oft zu viele Honigbienenvölker in die Plantagen gebracht werden. Dies führt dazu, dass übermäßig viele Blüten bestäubt werden, was aufgrund von Nährstoffkonkurrenz zwischen den Blüten zu kleineren Mandeln führt.

Häufigste bestäubende Bienenarten: *Apis mellifera* (Europäische Honigbiene), *Andrena bicolor* (Zweifarbige Sandbiene), *Bombus pascuorum* (Ackerhummel), *Bombus terrestris* (Dunkle Erdhummel), *Colletes cunicularius* (Frühlings-Seidenbiene), *Omsia cornuta* (Gehörnte Mauerbiene)

Maßnahmen für Wildbienen
Nahrung: **F01** Ackerwildkrautschutz (S. 197), **F03** Mehrjährige Blühmischung (S. 181), **F06** Säume und Wegränder (S. 185)
Nistplatz: **N08** Nisthilfen für Insekten (S. 198), **N09** Oberbodenabtragung (S. 200), **N10** Sandlinse (S. 201)

▼ Empfänger-sorten	Aï	Amanda	Antoneêta	Avijor/Lauranne	Ferraduel	Ferragnes	Ferrastar	Filipo Ceo	Genco	Mandaline
Aï	SI				X	X				
Amanda		SF								
Antoneêta			SF							
Avijor/Lauranne			X	SF						
Ferraduel	X		X		SI	X	X			
Ferragnes	X		X	X	X	SF				
Ferrastar	X		X		X	X	SI			
Filipo Ceo	X		X					(SF)		
Genco	X		X						(SF)	
Mandaline	X		X							SF

Linke Seite Erntereife Mandelfrüchte; 1. Mandelanlage; 2. Mandelblüten; 3. Querschnitt einer Mandelblüte; 4. Gehörnte Mauerbiene (*Osmia cornuta*); 5. Europäische Honigbiene (*Apis mellifera*)
Pollenspendertabelle für Mandel: SF = selbstfertil; (SF) = bedingt selbstfertil; SI = selbstinkompatibel

Kaki

Diospyros kaki L.F.

Ebenholzgewächse (Ebenaceae)

Die Wildform kommt aus Asien und die erste Kulturform ursprünglich aus China. In Deutschland wird Kaki bisher nur in den wärmeren Gebieten in Gärten angebaut.

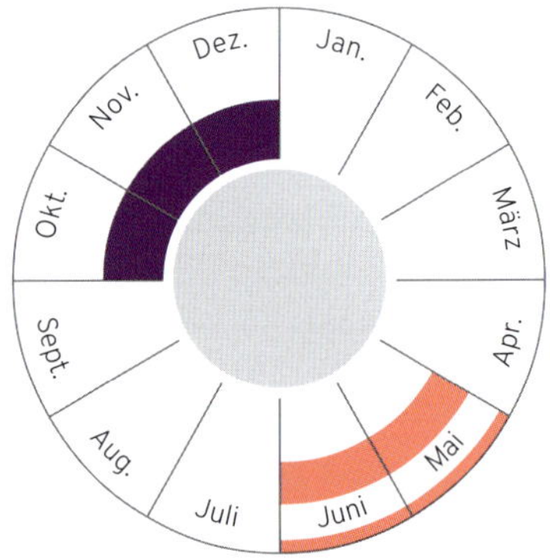

Blüten: Die Blüten sind zwittrig, wobei auch rein männliche und weibliche Blüten vorkommen. Die eingeschlechtigen Blüten können auf einer oder zwei Pflanzen verteilt sein. Eine Blüte ist radiärsymmetrisch mit einem breiten Blütenboden und 4 fein behaarten Kelchblättern und 4 zugespitzten, lappenartigen und cremefarbenen Kronblättern. Rein männliche Blüten sind kleiner.
♀ = 4 verwachsene Fruchtblätter, die in freien oder vereinigten Narben enden mit 8 gleichlangen Kronblättern und 8 infertilen Staubblättern.
♂ = 16–24 in zwei Kreisen stehende Staubblätter mit 4 längeren und 4 kürzeren Kronblättern.

Befruchtungssystem: Selbst- (Autogamie) und Kreuzbestäubung (Xenogamie).

Befruchtungsansprüche: Kaki ist selbstbestäubt und bilden abhängig von der Sorte häufig auch parthenokarpische Früchte ohne Samen. Kreuzbestäubung durch Insekten erhöht je nach Sorte den Fruchtansatz. In Japan sind Hummeln sehr gute und Honigbienen sehr unzureichende Bestäuber für Kaki. Ob dies auch für in Deutschland angebaute Sorten zutrifft, und ob hierbei die Vibrationsbestäubung von den in Deutschland häufig an Kaki beobachteten Hummeln einen Beitrag leistet, ist anzunehmen, aber bisher nicht untersucht.

Optimale Bestäubung: Vibrationsbestäubung durch das Berühren der Blüte oder des Blütenstängels mit einer elektrischen Zahnbürste ist möglich und kann voraussichtlich wie bei der Tomate den Fruchtansatz verbessern.

Häufigste bestäubende Bienenarten: *Bombus pascuorum* (Ackerhummel), *Bombus terrestris* (Dunkle Erdhummel)

Es gibt Kakisorten, die Pflanzeninhaltsstoffe besitzen, die ein pelziges Mundgefühl beim Verzehr hinterlassen. Dies ist für viele Menschen unangenehm. Wir empfehlen deshalb Sorten anzubauen, die dieses pelzige Mundgefühl nicht hervorrufen. Diese Empfängersorten haben wir in der Pollenspendertabelle mit * keine Astringenz markiert.

Maßnahmen für Wildbienen
Nahrung: F03 Mehrjährige Blühmischung (S. 181), F05 Mosaiknutzung im Kleegras und Grünland (S. 184), F07 Schutzstreifen im Umfeld von Gewässern (S. 186)
Nistplatz: N05 Grubbern statt pflügen (S. 195), N06 Hecken, Feldgehölze und Streuobstbäume (S. 196), N12 Liegendes Totholz (S. 203)

2

3

▼ Empfänger-sorten	Ciocolatino	Fuyu	Hana Fuju	Jiro	Muscat	Kaki Rojo Brillant	Sharon	Tipo	Tone Wase	Vaniglia
Ciocolatino*	SF									
Fuyu*		SF								
Hana Fuju*			SF							
Jiro*	X	X		SI						X
Muscat					SF					
Rojo Brillant	X	X				SI				X
Sharon*	X	X					SI			X
Tipo*	X	X						(SF)		X
Tone Wase*	X	X							SI	X
Vaniglia										SF

Linke Seite Erntereife Kakis; 1. Kakianlage vor der Blüte; 2. Kakiblüte; 3. Querschnitt durch eine Kakiblüte; 4. Ackerhummel (*Bombus pascuorum*)
Pollenspendertabelle für Kaki: SF= selbstfertil, (SF)= bedingt selbstfertil, SI= selbstinkompatibel, *keine Adstringenz

Pawpaw

Assimina triloba (L.) DUNAL

Annonengewächse (Annonaceae)

Die ursprünglichen Wild- und Kulturformen stammen aus Nordamerika. Pawpawbäume werden bisher wenig kommerziell in Obstanlagen, vor allem in Süddeutschland angebaut, und sie sind vereinzelt in Gärten in ganz Deutschland anzutreffen.

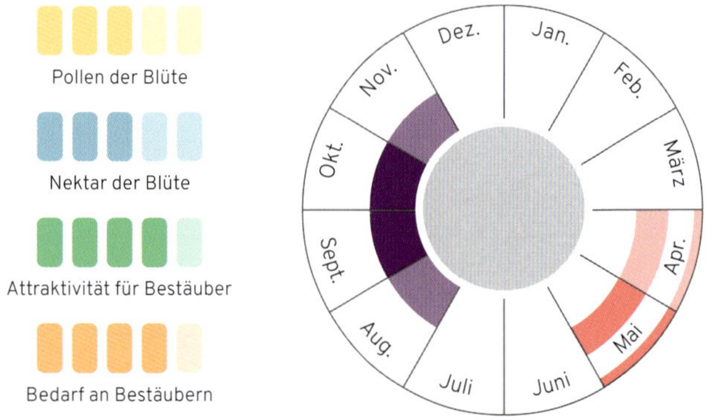

Blüten: Pawpawblüten sind zwittrig und radiärsymmetrisch mit 3 rot-behaarten, dreieckigen, grünen Kelchblättern und 6 dunkelroten, dreieckigen Kronblättern, die in 2 versetzten Kreisen stehen. Nektar wird an der Basis der inneren Kronblätter produziert.
♀ = 3–7 Fruchtblätter, deren Narben die männlichen Organe überragen.
♂ = viele Staubblätter mit sehr kurzen Staubfäden.

Befruchtungssystem: Die meisten Sorten sind kreuzbestäubt (Xenogamie) und nur wenige Sorten sind selbstbestäubt (Geitonogamie), wobei Insekten für den Pollenübertrag immer gebraucht werden.

Befruchtungsansprüche: Die Pawpawblüten sind protogyn. Dies bedeutet, dass die Narbe aufnahmefähig ist bevor der Pollen reif ist. Dies verhindert eine Selbstbestäubung. Für die Fruchtbildung ist eine Pollenübertragung, in der Regel durch ein Insekt, von einer Blüte in der männlichen Phase auf eine Blüte in der weiblichen Phase nötig. Der von den Blüten verströmte Duft lockt primär Fliegen und Käfer als Bestäuber an, nur selten werden Bienen an den Blüten beobachtet.

Optimale Bestäubung: Die großen Blüten bieten Nektar am frei zugänglichen Blütenboden. Dieser lockt verschiedene Insekten wie auch Ameisen an. Ob Ameisen auch zur Bestäubung beitragen, ist bisher nicht bekannt. Aus ihrer nordamerikanischen Heimat wird berichtet, dass ein Bestäubungsmangel, oft ausgelöst durch geringe Blütenbesuchsraten, vorkommt. Dort erhöht die Handbestäubung, gegenüber der Insektenbestäubung, den Fruchtansatz von unter 1 % auf 17 %. Das Verhältnis von Samen zu Fruchtfleisch verschiebt sich dabei zu mehr Samen, wenn die Blüten mit der menschlichen Hand bestäubt werden. Rosenkäfer entwickeln sich in altem und totem Holz, aber auch Kompost. Ihre Förderung wird die Pawpawbestäubung sichern.

Häufigste bestäubende Insekten: *Cetonia aurata* (Goldglänzender Rosenkäfer), *Oxythrea funesta* (Trauerrosenkäfer), Fleischfliegen, Fruchtfliegen

Maßnahmen für Wildbienen/ blütenbesuchende Insekten
Nahrung: F02 Einjährige Blühmischungen (S. 180), F04 Hecken, Feldgehölze und Streuobstbäume (S. 183), F09 Verzicht auf Pflanzenschutzmittel in der Vegetationszeit (S. 188)
Nistplatz: N02 Alt- und Totbäume (S. 192), N06 Hecken, Feldgehölze und Streuobstbäume (S. 196), N12 Liegendes Totholz (S.203)

1

2

3
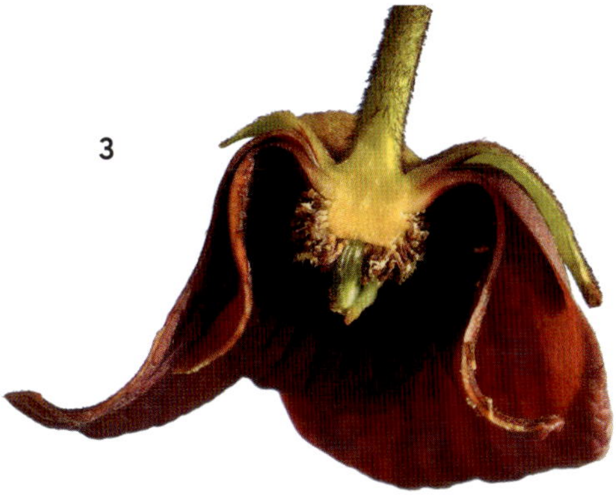

4

▾ Empfängersorten	Davis	Mary Foos Jones	Overleese	Prima 1216	Prolific	Rebecca's Gold	Sunflower	Sweet Alice
Davis	SI	X	X	X	X	X	X	X
Mary Foos Jones	X	SI	X	X	X	X	X	X
Overleese	X	X	SI	X	X	X	X	X
Prima 1216	X	X	X	SF	X	X	X	X
Prolific	X	X	X	X	SI	X	X	X
Rebecca's Gold	X	X	X	X	X	SI	X	X
Sunflower	X	X	X	X	X	X	(SF)	X
Sweet Alice	X	X	X	X	X	X	X	SI

Linke Seite Erntereife Pawpaws; 1. Pawpawanlage; 2. Pawpawblüte; 3. Querschnitt einer Pawpawblüte in der männlichen Phase; 4. Goldglänzender Rosenkäfer (*Cetonia aurata*)
Pollenspendertabelle für Pawpaw: SF= selbstfertil, (SF)= teilweise selbstfertil, SI= selbstinkompatibel

Physalis

Physalis peruviana L.

Nachtschattengewächse (Solanaceae)

Die Wildform und vermutlich auch die Kulturform kommen aus Peru und Chile («Andenstachelbeere»). Physalis wird bisher nur wenig kommerziell auf freien oder übertunnelten Feldern und in Gewächshäusern kultiviert. Häufig wird sie in Gärten und auf Balkonen in ganz Deutschland genutzt.

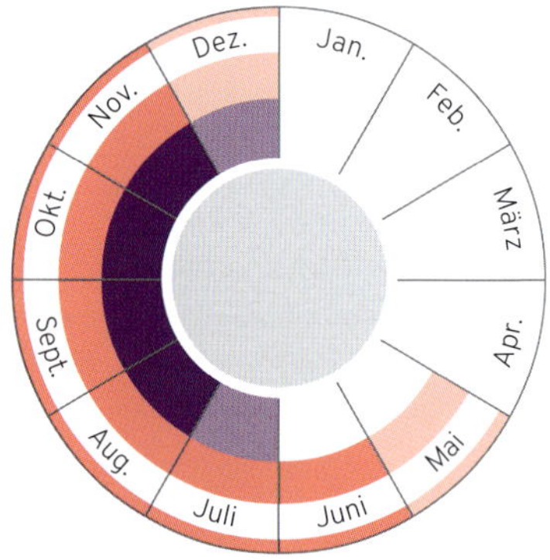

Blüten: Die Blüten sind zwittrig und radiärsymmetrisch mit üblicherweise 5 grünen, zu einer Glocke verwachsenen Kelchblättern und 5 verwachsenen, gelben Kronblättern mit dunkelvioletter Zeichnung.
♀ = 1 oberständiger Fruchtkoten aus verwachsenen Fruchtblättern und einem grünen Griffel mit Narbe.
♂ = 5 kurze, violette Staubblätter, die Fruchtblatt, Griffel und Narbe umgeben und überragen.

Besfruchtungsssystem: Selbst- (Autogamie, Geitonogamie) und Kreuzbestäubung (Xenogamie).

Befruchtungsansprüche: Es wird angenommen, dass Erschütterungen und Wind zu Selbstbestäubung führen. Kreuzbestäubung wird primär von Hummeln, aber geringfügig auch von solitären Bienen und Honigbienen durchgeführt.

Optimale Bestäubung: Kreuzbestäubung ist begünstigt, weil die Narben zwei Tage vor den Staubblättern reifen und empfänglich sind. Kreuzbestäubung durch Hummeln und andere Wildbienen führt im Vergleich zu Hand-, Kreuz- und Selbstbestäubung zu größeren und schwereren Früchten mit mehr und keimungsfähigeren Samen. Die Pflanzen aus diesen Samen zeigen gegenüber den Nachkommen selbstbestäubter Blüten ein stärkeres Wachstum und erhöhte Widerstandsfähigkeit gegenüber blattfressenden Insekten. Es gibt weitere Physalis-Arten wie die Lampionblume (*Physalis alkekengi*), Ananaskirsche (*Physalis pruinosa*), Tomatillo (*Physalis ixocarpa*) und Erdbeertomate (*Physalis philadelphica*). Auch bei diesen Arten nehmen wir an, dass die Kreuzbestäubung durch Bienen die Fruchtmenge erhöhen kann.

Häufigste bestäubende Bienenarten: *Bombus terrestris* (Dunkle Erdhummel), *Halictus tumulorum* (Gewöhnliche Goldfurchenbiene), *Lasioglossum nitidulum* (Grünglanz-Schmalbiene)

Häufige Kultursorten: 'Dularia', 'Early Yellow', 'Goldvital', 'Goldie', 'Goldmurmel', 'Hermelinda', 'Schönbrunner Gold'

Maßnahmen für Wildbienen
Nahrung: F01 Ackerwildkrautschutz (S. 179), F03 Mehrjährige Blühmischung (S.181), F04 Hecken, Feldgehölze und Streuobstbäume (S. 183)
Nistplatz: N01 Abbruchkante (S. 191), N03 Mehrjährige Blühfläche ausmagern (S. 193), N06 Hecken, Feldgehölze und Streuobstbäume (S. 196)

1

2

3

4

5

Linke Seite Erntereife Physalis; 1. Physalisanlage; 2. Physalisblüten; 3. Querschnitt einer Physalisblüte; 4. Gewöhnliche Goldfurchenbiene (*Halictus tumulorum*); 5. Dunkle Erdhummel (*Bombus terrestris*)

Vollständige Nutzpflanzenliste Deutschlands

Tabelle 1: Liste von in Deutschland angebauten Nutzpflanzen, die Früchte, Samen oder Nüsse zum Verzehr oder zur Speiseölproduktion bilden, ihre jeweilige Attraktivität für Bestäuber (Skala: 0 = nicht attraktiv, 1 = sehr geringe Attraktivität, 2 = geringe Attraktivität, 3 = mittlere Attraktivität, 4 = hohe Attraktivität, 5 = sehr hohe Attraktivität) und jeweiliger Bedarf an Bestäubern (Skala: 0 = kein Bestäuberbedarf, 1 = geringer Bedarf mit bis zu 10 % Ertragserhöhung, 2 = moderater Bedarf mit 10–25 % Ertragserhöhung, 3 = hoher Bedarf mit 25–40 % Ertragserhöhung, 4 = sehr hoher Bedarf mit 40–90 % Ertragserhöhung, 5 = Bestäuber sind essenziell für den Ertrag mit >90 % Erhöhung durch bestäubende Insekten).

Nicht in der Liste enthalten sind Arzneipflanzen, Drogenpflanzen, Farbstoff liefernde Pflanzen, Faserpflanzen, Futterpflanzen, Genussmittelpflanzen, Gewürzpflanzen, Kräuter sowie Gerbstoff, Gründüngung oder Holz liefernde Pflanzen.

Alle Pflanzen, die in unserem Buch mit Nutzpflanzensteckbriefen vorgestellt werden, sind mit einem * vor dem Namen gekennzeichnet.

	Pflanzenname	Wissenschaftlicher Name	Attraktivität für Bestäuber	Bedarf an Bestäubern	Nutzung
*	Ackerbohne	*Vicia faba*	3	Moderat	Samen
	Acker-Rettich	*Raphanus raphanistrum*	5	Moderat	Samen, Pflanze
*	Apfel	*Malus domestica*	4	Moderat	Frucht
*	Aprikose	*Persea armeniaca*	4	Hoch	Frucht
	Aroniabeere/ Schwarze Apfelbeere	*Aronia melanocarpa, A. arbutifolia*	3	Gering	Frucht
*	Aubergine	*Solanum melongena*	2	Moderat	Frucht
*	Augenbohne	*Vigna unguiculata*	2	Gering	Frucht
*	Birne	*Pyrus communis*	3	Moderat	Frucht
*	Blaubeere	*Vaccinium sp.*	4	Hoch	Frucht
*	Brombeere	*Rubus armeniacus, Rubus fruticosus agg.*	4	Hoch	Frucht
	Buchweizen	*Fagopyrum esculentum*	5	Hoch	Samen
	Chinakohl, Mairübe, Ölrübsen etc.	*Brassica rapa*	4	Moderat	Samen, Pflanze
	Cranberry/ Großfrüchtige Moosbeere	*Vaccinium macrocarpon*	4	Hoch	Frucht
	Echte Mehlbeere	*Sorbus aria*	3	Moderat	Frucht
	Echter Eibisch	*Althaea officinalis*	3	Hoch	Frucht
	Edelkastanie	*Castanea sativa*	2	Moderat	Samen
	Elsbeere	*Sorbus torminalis*	3	Moderat	Frucht

	Pflanzenname	Wissenschaftlicher Name	Attraktivität für Bestäuber	Bedarf an Bestäubern	Nutzung
	Erbse	*Pisum sativum, P. arvense*	2	Kein Bedarf	Frucht
*	Erdbeere	*Fragaria × ananassa*	4	Moderat	Frucht
	Färberdistel	*Carthamus tinctorius*	3	Gering	Samen
	Feige	*Ficus carica*	2	Kein Bedarf	Frucht
	Feuerbohne	*Phaseolus coccineus*	4	Hoch	Samen
	Gartenrettich, Radieschen, Ölrettich	*Raphanus sativus*	5	Gering	Samen, Pflanze
*	Gartenbohne	*Phaseolus vulgaris*	3	Gering	Samen
	Garten-Fuchs-schwanz	*Amaranthus caudatus*	1	Kein Bedarf	Samen
	Gemeiner Wacholder	*Juniperus communis*	1	Kein Bedarf	Frucht
	Gerste	*Hordeum vulgare*	0	Kein Bedarf	Samen
	Gewöhnliche Berberitze	*Berberis vulgaris*	4	Nicht bekannt	Frucht
	Gewöhnliche Mahonie	*Mahonia aquifolium*	3	Nicht bekannt	Frucht
*	Gurke	*Cucumis sativus*	4	Hoch	Frucht
	Hafer	*Avena sativa*	0	Kein Bedarf	Samen
*	Hagebutte	*Rosa canina, R. pendulina, R. rubiginosa, R. rugosa*	4	Moderat	Frucht
	Hanf	*Cannabis sativa*	1	Kein Bedarf	Samen, Pflanze
	Haselnuss	*Corylus avellana*	4	Kein Bedarf	Frucht
*	Himbeere	*Rubus idaeus*	5	Hoch	Frucht
	Hirse	*Panicum miliaceum*	0	Kein Bedarf	Samen
*	Holunder (Schwarz)	*Sambucus nigra*	2	Moderat	Frucht
	Japanische Zierquitte	*Chaenomeles japonica*	5	Essenziell	Frucht
*	Johannisbeere (Rot)	*Ribes rubrum*	3	Moderat	Frucht
*	Johannisbeere (Schwarz)	*Ribes nigrum*	4	Moderat	Frucht
	Jostabeere	*Ribes × nidigrolaria*	3	Moderat	Frucht
*	Kaki	*Diospyros kaki*	3	Gering	Frucht
*	Kirsche (Süß-/Sauer)	*Prunus avium / P. cerasus*	5	Hoch	Frucht
	Kirschpflaume	*Prunus cerasifera*	5	Hoch	Frucht
*	Kiwi	*Actinidia deliciosa*	2	Sehr hoch	Frucht

	Pflanzenname	Wissenschaftlicher Name	Attraktivität für Bestäuber	Bedarf an Bestäubern	Nutzung
	Kiwibeere	*Actinidia arguta*	2	Essenziell	Frucht
	Kornellkirsche	*Cornus mas*	1	Essenziell	Frucht
*	Kürbis	*Cucubita maxima, C. moschata*	4	Sehr hoch	Frucht, Samen
	Leindotter	*Camelina sativa*	3	Gering	Samen
	Leinsamen	*Linum usitatissimum*	3	Gering	Samen
	Linsen	*Lens esculenta, L. culinaris*	2	Kein Bedarf	Samen
	Lupine	*Lupinus albus*	5	Gering	Samen
	Mais	*Zea mays*	2	Kein Bedarf	Samen
*	Mandel	*Prunus dulcis*	4	Essenziell	Samen
	Maulbeere	*Morus nigra, M. alba*	2	Kein Bedarf	Frucht
*	Melone	*Cucumis melo*	4	Sehr hoch	Frucht
	Mispel	*Mespilus germanica*	4	Nicht bekannt	Frucht
	Nashi Birne	*Pyrus pyrifolia*	4	Hoch	Frucht
	Olive	*Olea europaea*	2	Gering	Frucht
*	Paprika/Chilli	*Capsicum annuum*	2	Gering	Frucht
*	Pawpaw	*Asimina triloba*	4	Sehr hoch	Frucht
*	Pfirsich/Nektarine	*Prunus persica*	5	Hoch	Frucht
*	Pflaume/Mirabelle	*Prunus domestica*	4	Hoch	Frucht
*	Physalis	*Physalis peruviana*	2	Gering	Frucht
	Preiselbeere	*Vaccinium vitis-idaea*	2	Moderat	Frucht
*	Quitte	*Cydonia oblonga*	4	Moderat	Frucht
*	Raps	*Brassica napus*	5	Moderat	Samen
	Reis	*Oryza sativa*	1	Kein Bedarf	Samen
	Rizinus/Wunderbaum	*Ricinus communis*	2	Moderat	Samen
	Roggen	*Secale cereale*	1	Kein Bedarf	Samen
	Rotbuche	*Fagus sylvatica*	1	Kein Bedarf	Frucht
	Sanddorn	*Hippophae rhamnoides*	1	Kein Bedarf	Frucht
	Schlafmohn	*Papaver somniferum*	4	Hoch	Samen
	Schlehe	*Prunus spinosa*	5	Hoch	Frucht
*	Senf	*Sinapis arvensis*	5	Sehr hoch	Samen
*	Soja	*Glycine max*	1	Gering	Samen
*	Sonnenblume	*Helianthus annuus*	5	Moderat	Samen

	Pflanzenname	Wissenschaftlicher Name	Attraktivität für Bestäuber	Bedarf an Bestäubern	Nutzung
	Speierling	*Sorbus domestica*	4	Moderat	Frucht
	Stachelbeere	*Ribes uva-crispa*	3	Moderat	Frucht
*	Tomate**	*Solanum lycopersicum*	2	Gering bis hoch	Frucht
	Traube	*Vitis vinifera*	2	Kein Bedarf	Frucht
	Triticale	×*Triticosecale*	0	Kein Bedarf	Samen
	Vogelbeere/Eberesche	*Sorbus aucuparia*	4	Essenziell	Frucht
	Wald-Erdbeere	*Fragaria vesca*	3	Moderat	Frucht
	Walnuss	*Juglans regia*	3	Kein Bedarf	Samen
*	Wassermelone	*Citrullus lanatus*	4	Essenziell	Frucht
	Weißdorn	*C. laevigata, C. monogyna, C. macrocarpa, C. rhipidophylla*	4	Hoch	Frucht
	Weizen	*Triticum aestivum*	0	Kein Bedarf	Samen
	Zitrusfrüchte	*Citrus spp.*	4	Gering	Frucht
*	Zucchini	*Cucurbita pepo*	4	Sehr hoch	Frucht

** Die Erträge von Freilandtomaten profitieren geringfügig von der Bestäubung durch Wildbienen. Im Gewächshaus können Hummeln die Erträge stark erhöhen.

Eine Ackerhummel (*Bombus pascuorum*) bestäubt eine Kumquatblüte (*Citrus* sp.) auf einem Balkon in Deutschland.

Bestäuber von Nutzpflanzen

Bestäuber von Nutzpflanzen

Alle Tiere, die Blüten von Nutzpflanzen besuchen und grundsätzlich auch bestäuben können, werden als Nutzpflanzenbestäuber bezeichnet. Sie gehören verschiedenen taxonomischen Gruppen an. In Deutschland übernehmen vor allem Insekten die Bestäubung unserer Nutzpflanzen. Neben Honig- und Wildbienen bestäuben gelegentlich auch Käfer, Solitärwespen oder Fransenflügler. Diese Insekten treten jedoch relativ selten auf und werden daher in wissenschaftlichen Arbeiten oft nicht systematisch erfasst. Fliegen hingegen sind häufiger auf Nutzpflanzenblüten zu finden und könnten eine bislang unterschätzte Insektengruppe für die Nutzpflanzenbestäubung sein. Dennoch übernehmen Bienen eindeutig den größten Anteil an der Bestäubung von Nutzpflanzen. Zu diesen Bienen zählen neben der Europäischen Honigbiene (*Apis mellifera*) und den Hummeln (Gattung *Bombus*) insgesamt 42 Gattungen, unter denen manche sozial, andere solitär und ca. 25 % als Kuckucksbienen (**Abbildung 4** auf Seite 16) leben. Alle tragen prinzipiell zur Bestäubung bei. Sobald ein Insekt auf einer Blüte landet, besteht die Möglichkeit, dass es Pollen überträgt. Neben der unterschiedlichen Häufigkeit von Bestäubern auf Blüten gibt es unter ihnen auch qualitative Unterschiede, die manche Blütenbesucher erfolgreicher machen als andere. Dies liegt daran, dass ein Bestäuber beim Blütenbesuch nicht immer mit den nötigen Reproduktionsorganen der Blüte in Berührung kommt und deshalb entweder keinen Pollen von einer anderen Blüte bei sich trägt oder diesen nicht auf die Narbe überträgt. Die Wahrscheinlichkeit der Pollenübertragung steigt, wenn die Blütenbesucher mehrere Blüten derselben Art nacheinander besuchen. Somit bestimmt das Verhalten der bestäubenden Insekten den Erfolg der Fruchtentwicklung. Zusätzlich sind manche Bestäuber groß und stark behaart, andere hingegen klein und fast frei von Haaren **(Abbildung 9)**. Manche Bienen sind elektrostatisch aufgeladen und ziehen den Pollen somit auf ihre Körperoberfläche, ohne die Pollensäcke zu berühren. An den Haaren bleibt der Pollen leicht hängen und wird auch leicht wieder abgestreift.

Blüte-Bienen-Interaktion ist eine Symbiose für beide Partner

Bestäuber sind keine Altruisten, sondern profitieren von ihrem Blütenbesuch. Beim Blütenbesuch fressen Bienen Nektar oder Pollen und sammeln diese Nahrungsquellen, um ihre Nachkommen zu versorgen. Pollensammelnde Bienen streifen den Pollen regelmäßig von ihren Körperhaaren ab und verstauen ihn in speziellen Sammel- und Transporteinrichtungen an ihrem Bauch oder ihren Hinterbeinen. Bienen und andere blütenbesuchende Insekten können daher als Herbivoren,

Abbildung 9: Die Körpergrößen von Bienen im Vergleich. Von links nach rechts: Blauschwarze Holzbiene (*Xylocopa violacea*), Königin einer Dunklen Erdhummel (*Bombus terrestris*), Frühlings-Pelzbiene (*Anthophora plumipes*), Arbeiterin einer Gartenhummel (*Bombus hortorum*) und eine Gewöhnliche Keulhornbiene (*Ceratina cyanea*).

also Pflanzenfresser, betrachtet werden. Das dieses «Gefressenwerden» eine von den Pflanzen gewünschte Interaktion ist, zeigt sich darin, dass sie Pollen und Nektar gezielt zur Ernährung der Blütenbesucher produzieren. Eine vergleichbare Form der Symbiose (auch Mutualismus genannt) ist die Produktion von Früchten, die darauf abzielt, die Samen durch Tiere zu verbreiten.

Nicht nur das Zusammenspiel von Bestäubern und Pflanzen ist in dieser Symbiose wichtig, sondern auch das Zusammenspiel von verschiedenen Bestäubern, die eine Blüte besuchen, denn mit zunehmender (Merkmals-)Vielfalt an Bienen erhöht sich der Nutzpflanzenertrag. Im Gegenzug ist es wichtig, dass verschiedene Blüten für einen Bestäuber verfügbar sind, damit das Insekt verschiedene Nahrungsquellen nutzen kann. Vielfalt sowohl aufseiten der Bienen als auch der Blüten ist daher vorteilhaft für die Bestäubung und die Bestäuberpopulationen. Für eine optimale Bestäubung ist entscheidend, dass sich die Bestäuber in ihren Merkmalen und Verhaltensweisen unterscheiden. Ebenso ist es für die ausgewogene Ernährung der Bestäuber wichtig, dass sich die Blüten in ihren Eigenschaften unterscheiden und sich somit gegenseitig ergänzen **(Abbildung 10 a, b)**. Im Folgenden beschreiben wir den Nutzen der Blüten-Bienen-Interaktion bzw. Symbiose zunächst aus Perspektive der Bienen und anschließend aus Sicht der Blütenpflanzen.

Bienen profitieren von der Vielfalt an Pflanzenarten (Bienenperspektive), weil

1. auch nicht spezialisierte Bienenarten unterschiedliche Pflanzenarten besuchen.
2. verschiedene Pflanzenarten unterschiedliche Ressourcen also Pollen (Eiweiße) und Nektarmengen (Zucker) anbieten (Nahrungskomplementarität). Bienen benötigen sowohl Nektar als auch Pollen für ihre eigene Versorgung und die ihrer Nachkommen. Deshalb müssen stets beide Ressourcen verfügbar sein. Einige Pflanzen, wie die Hagebutte, liefern ausschließlich Pollen, aber keinen Nektar. Daher ist es wichtig, dass in ihrer Nähe weitere Pflanzenarten wachsen, die den benötigten Nektar bereitstellen können.
3. unterschiedliche Pflanzenarten zu unterschiedlichen Zeitpunkten blühen. Die Blühphase einer Pflanzenart ist oft auf wenige Tage bis Wochen begrenzt. Die Aktivitätsphase einer Bienenart ist hingegen um ein Vielfaches länger. Reihen sich die Hauptblühphasen verschiedener Pflanzenarten aneinander, finden Bienen genügend Nahrung, um maximal viele Nachkommen zu ernähren. Dies gilt auch für eine tageszeitliche Blühabfolge, weil manche Pflanzen vor allem vormittags, andere nachmittags, ihren Nektar oder Pollen freigeben.

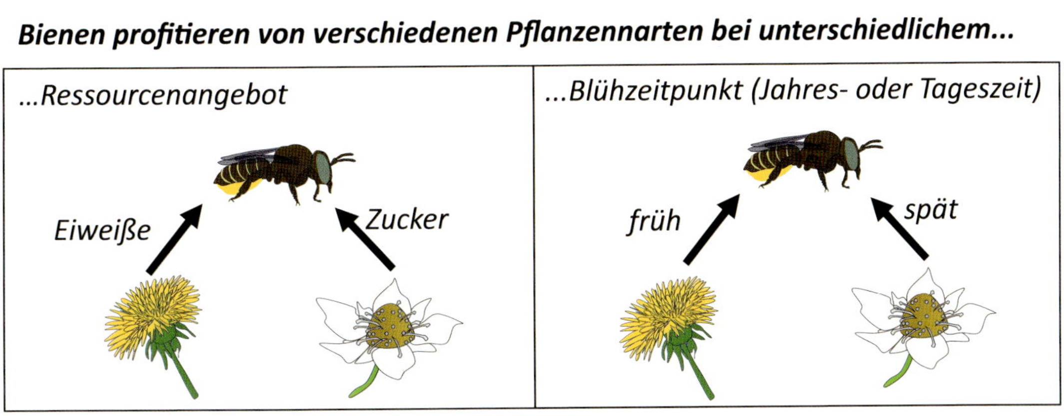

Abbildung 10a: Komplementarität der Pflanze-Blüten-Interaktion in Bezug auf Mikronährstoffe von Blüten (eiweißreicher Pollen und zuckerreicher Nektar) und des Angebotes hinsichtlich der Jahres- und Tageszeit.

Blütenbestäubung profitiert von der Vielfalt an Bestäuber (Pflanzenperspektive), weil

1. Bienenarten unterscheiden sich in ihrer Toleranz von widrigen Wetterbedingungen. Bei wolkigem Wetter sind Hummeln noch immer aktive Bestäuber, während sich kleinere Wildbienen sowie Honigbienen nicht aus ihrem Nest wagen. Dadurch garantieren unterschiedliche Bienenarten den Fruchtansatz auch bei nicht vorhersagbaren Wetterbedingungen.
2. Bienenarten ergänzen sich in ihrer zeitlichen Abfolge. Manche Nutzpflanzen blühen über einen sehr langen Zeitraum. Das Vorhandensein verschiedener Bienenarten führt dennoch zu einer optimalen Bestäubung, da sich diese zeitlich ablösen können. Dies gilt auch für Blüten, die sich über den gesamten Tag verteilt öffnen und somit zu jeder Tageszeit Bienen zur Bestäubung benötigen, wobei verschiedene Bienenarten zu verschiedenen Tageszeiten ihre Aktivitätsphasen haben können.
3. die Aktivitätsphasen unterschiedlicher Bienenarten an die unterschiedlichen Blühphasen der Pflanzen angepasst sind.
4. Bienen unterschiedliche Körperformen und Verhaltensweisen haben. Einige Blüten sind recht groß im Vergleich zur Biene, weshalb sie von kleinen Bienen nur in bestimmten Bereichen bestäubt werden. Andere Blüten erscheinen im Vergleich zu großen Bienen sehr klein und auch hierbei wird Pollen nur auf bestimmte Bereiche der Blüte übertragen. Bekannt ist dies für Erdbeeren, deren Nüsschen am Rand der Blüte von kleinen Bienenarten und in der Mitte von großen Hummeln bestäubt werden. Ein weiteres Beispiel der räumlichen Verteilung der Bienenarten ist die Architektur von Pflanzen. Bei Apfelbäumen bestäuben einige Bienenarten bevorzugt die sonnenexponierten äußeren Blüten, während andere Bienenarten die schattigen inneren Blüten anfliegen.

Abbildung 10b: Die Interaktion aus unterschiedlichen Bienen führt zu einer vollständigen Befruchtung, hier gezeigt am Beispiel der Erdbeeren. Komplementarität zwischen zwei unterschiedlichen Bienenarten im Umgang mit Umweltbedingungen, dem Pflanzenaufbau, der Jahreszeit und dem Blütenaufbau.

Abschließend lässt sich zusammenfassen, dass sowohl die Nutzpflanzenbestäubung als auch die Bienenvielfalt von einer Vielfalt an Pflanzen und Bienen profitieren. Nur durch den Erhalt beider Partner in diesem einzigartigen Mutualismus kann auf Dauer eine gute Bestäubung und Biodiversität erhalten bzw. wiederhergestellt werden.

Was die Biene zur Biene macht

Bienen, in der Fachsprache als Anthophila oder Apiformes bezeichnet, sind ein evolutionärer Zweig innerhalb der Grabwespen (Crabronidae). Sie gesellen sich neben Ameisen, Faltenwespen, Schlupfwespen und Goldwespen zu vielen weiteren Hautflüglern (Hymenoptera). Das Wort «Wildbiene» wird im deutschen Sprachgebrauch als Abgrenzung aller anderen Bienen von der Europäischen Honigbiene gebraucht. Diese Differenzierung basiert jedoch nicht auf ökologischen oder morphologischen Kriterien. Außerhalb von Deutschland gibt es wildlebende Honigbienenarten. Wohingegen unsere einheimischen Honigbienen selten wild, als überwinterndes Volk, in Baumhöhlen zu sehen sind. Mit der Honigproduktion sind Honigbienen auch nicht alleine. Einige tropische Bienenarten produzieren ebenfalls Honig; dieser wird für den menschlichen Konsum von wilden Bienenvölkern geerntet. Eine Abgrenzung der Honigbienen von Wildbienen als «vom Menschen gezüchtete und veränderte Art» ist inzwischen auch nicht mehr gültig, weil auch Wildbienen wie Hummeln und Blattschneiderbienen in Deutschland gezüchtet und für die Nutzpflanzenbestäubung genutzt werden. Dennoch werden in Deutschland lebende Wildbienen nicht zur Honiggewinnung genutzt, was der Honigbiene zumindest gegenwärtig hierzulande dieses Alleinstellungsmerkmal gibt.

Bienen von Wespen zu unterscheiden ist gar nicht einfach. Generell haben Bienen gefiederte Haare auf dem Körper **(Abbildung 11)**, was ihnen das Pollensammeln erleichtert. Solche Haare haben andere Hautflügler, also Wespen und Ameisen, nicht. Manche Bienen sind mit bloßem Auge vor allem daran zu erkennen, dass sie in speziellen Bereichen ihres Körpers Pollen transportieren. Dies gilt jedoch nur für weibliche Bienen, nicht aber für männliche Bienen sowie Kuckucksbienen, da diese keinen Pollen sammeln, sondern nur Nektar trinken. Manche Bienen, wie die Maskenbienen (Gattung *Hylaeus*), verschlucken den gesammelten Pollen und speichern ihn für den Transport in ihrem Kropf. Diese kleinen Bienen benötigen keine Sammelhaare, sind schwarz glänzend und optisch sehr schwer von Wespen zu unterscheiden. Noch schwieriger zu erkennen sind Wespenbienen (Gattung *Nomada*). Diese Kuckucksbienen weisen nicht nur nahezu keine Haare auf, sondern haben auch – genau wie die Wespen – häufig schwarz, gelb oder rot gefärbte Körper. Diese Bienen können erst mit etwas Übung sicher erkannt werden, spielen allerdings für die Nutzpflanzenbestäubung wegen ihrer geringen Häufigkeit und der fehlenden Körperbehaarung auch eine nur untergeordnete Rolle. Nur an der Roten Johannisbeere haben wir sie häufiger beobachtet.

580 Wildbienen und eine Honigbiene in Deutschland

In Deutschland kommen über 580 Wildbienenarten vor, mit steigender Tendenz, was unter anderem durch die Klimaerwärmung erklärt wird. Dazu kommt nur eine Honigbienenart, die Europäische Honigbiene (*Apis mellifera*, siehe Steckbrief S. 156–163). Von den weltweit bekannten sieben Bienenfamilien kommen sechs in Deutschland vor. Von diesen stellen die Sandbienen (Andrenidae, 124 Arten in fünf Gattungen) und die Schmal- und Furchenbienen (Halictidae, 127 Arten in neun Gattungen) zusammengenommen schon ca. 50 % der Wildbienenarten. Alle Arten dieser Gattungen bauen ihre Nester in selbst gegrabenen Gängen in der Erde. Viele häufig beobachtete Bestäuber wie die Hummeln (Gattung *Bombus*) und Pelzbienen (Gattung *Anthophora*) sind in der gattungsreichen Familie Apidae (15 Gattungen) zu finden. Arten dieser vielfältigen Familie lassen sich grob in zwei Gruppen anhand ihres Nistverhaltens unterteilen. Während die sozial lebenden Hummeln und Honigbienen Nester in schon vorhandenen Hohlräumen wie Baumhöhlen und Mäusenestern anlegen, graben die solitär lebenden Vertreter ihre Nester in die Erde oder nagen diese in Totholz oder Markstängel. Ebenso bekannt wie Hummeln sind Mauerbienen und Blattschneiderbienen (Familie Megachilidae, sieben Gattungen) sowie Seidenbienen (Familie Colletidae, 40 Arten in zwei Gattungen). Während mit wenigen Ausnahmen Arten beider Familien verschiedenste kleinere Hohlräume wie Mauerritzen und Schilfstängel für ihre Nester verwenden, graben nur wenige Arten beider Familien ihre Nester selbst in die Erde. Sehr selten an Nutzpflanzen zu beobachten sind hingegen Sägehorn-, Schenkel- und Hosenbienen (Familie Melittidae, drei Gattungen), weil diese auf bestimmte Pflanzenfamilien, die keine Nutzpflanzen enthalten, spezialisiert sind. Die Arten dieser kleinen Familie graben ihre Nester ebenfalls in den Boden.

Neben einem geeigneten Neststandort, wie einem trockenen Schilfstängel, einer Ritze in einer Trockenmauer oder einem sandigen Bodenbereich in Hanglage, benötigen manche Bienen geeignetes Nistmaterial. Dies betrifft vor allem die oberirdisch nistenden Mauer- und Blattschneiderbienen und ihre Schwestergattungen, die Scheren-, Löcher-, Woll-, Harz- und Mörtelbienen, aus der Familie Megachilidae. Bei ihrer Materialwahl, also welches Blatt, Harz oder welche Pflanzenwolle sie zum Erstellen ihrer Brutzellen verwenden, sind sie in der Regel nicht wählerisch. Das jeweilige Material muss dennoch im näheren Umkreis des Niststandortes vorhanden sein, sonst können keine Nester gebaut werden. Lehm bzw. Erde, welche z. B. Mauerbienen verwenden, muss feucht sein. Sollte dieser bei trockener Witterung nicht verfügbar sein, behelfen sich diese Bienen, indem sie kleine Löcher in die Erde wühlen oder feuchte Erde aus einem Mäusegang verwenden. Erd- bzw. bodennistende Bienen verwenden in der Regel neben ihrem Aushub keine Nistmaterialien und sehr viele Bienen, wie z. B. die Seidenbienen (Gattung *Andrena*), nutzen Drüsen, mit denen sie seidenartige Membranen oder Gespinste aus Sekreten zum Auskleiden ihrer Brutzellen produzieren.

Frühlingsboten mit spezifischen Nistansprüchen

Wildbienen werden mit Beginn des Frühjahrs aktiv und sind bis in den Spätherbst auf Blüten zu finden. Jede Art hat dabei ihren eigenen Zyklus. Viele solitäre Arten fliegen nur für wenige Wochen im Jahr, dies jedoch häufig zu verschiedenen Zeiten über das Jahr verteilt. Im Vergleich sind soziale Arten generell länger aktiv, zeigen aber zu verschiedenen Jahreszeiten unterschiedliche Aktivitäten. So sind im Frühjahr Hummelköniginnen an den Blüten zu sehen, später bewegen sie sich nur noch im Nest, während ihre Arbeiterinnen den Blütenbesuch übernehmen. Im Sommer können Arbeiterinnen, junge Königinnen sowie Drohnen an Blüten beobachtet werden.

Wildbienen sind keine Nomaden, sondern an ihrem Niststandort verhaftet. Sie leben den größten Teil ihres Lebens nicht als fliegende Biene, sondern als Larve oder inaktive Biene in ihrer Brutkammer und warten dort auf ihre entsprechende Flugzeit. In dieser langen Zeit im Boden oder in einem Schilfhalm können sie nahezu nicht auf Umweltbedingungen reagieren. Daher ist die Wahl des Niststandortes entscheidend für das Überleben der Nachkommen. Dies könnte ihre Nistplatztreue erklären. Dies bedeutet, dass die Biene annimmt, dass an einem Ort, an dem sie selbst geschlüpft ist, die Bedingungen geeignet sind, um ihren Nachkommen ein Überleben im Nest zu sichern. Vom Niststandort fliegen Wildbienen, mit Ausnahme großer Bienen, die etwas weitere Distanzen überbrücken können, nicht weit, nur ca. 120–1000 m. In diesem Umkreis suchen die Bienen nach Nistmaterial, aber vor allem nach Nahrungsressourcen für ihre Nachkommen. Sollten nur wenig geeignete pollenspendende Blüten vorhanden sein oder diese sehr weit von dem Niststandort entfernt liegen, produzieren die Bienen weniger Nachkommen. Alternativ verlassen sie den Niststandort und etablieren ein Nest an einer für sie als geeignet befundenen Stelle. Ob die Umweltbedingungen an diesem neuen Standort geeignet sind, um auch das Überdauern der Nachkommen bis zur nächsten Flugzeit der Art sicherzustellen, zeigt sich erst später.

Der generelle Rückgang von Insekten schließt auch Wildbienen mit ein. Anhand der aufgeführten vielfältigen Lebensraumansprüche von Wildbienen ist leicht zu erkennen, wo die Ursachen liegen könnten. Generell gilt: Verschwindet ein Teilhabitat einer Wildbiene, z. B. ein geeigneter Niststandort, an dem die Larven auch bei schwankenden Witterungsbedingungen überwintern können (Nisthabitat), die geeignete Futterpflanze zur rechten Jahreszeit oder die geeignete Wirtsbiene für eine Kuckucksbiene (Nahrungshabitat), so geht die Population ein. Ein Blick in die Rote Liste der Wildbienen Deutschlands zeigt, dass vor allem spät fliegende, spezialisierte und große Wildbienenarten in ihrem Vorkommen abnehmen, darunter auch einige Nutzpflanzenbestäuber (siehe Tabellen weiterführende Bestäuberlisten, S. 210–223). Große Wildbienen wie Hummeln (Gattung *Bombus*), Sandbienen/Erdbienen (Gattung *Andrena*) und Holzbienen (Gattung *Xylocopa*) bestäuben viele verschiedene Nutzpflanzen, z. B. früh blühende Rosengewächse. Spät fliegende Arten bestäuben die später im Jahr blühenden Nutzpflanzen, z. B. Kürbis. Daher sind von der Abnahme auch Nutzpflanzenbestäuber betroffen. Um Wildbienen für die Nutzpflanzenbestäubung zu fördern, ist die Kenntnis über deren Ansprüche ausschlaggebend. In den nächsten Kapiteln bieten wir einen Einblick in die besonders für die Nutzpflanzenbestäubung wichtigen Gattungen mit spezifischen Informationen zu den wichtigsten Arten.

Abbildung 11: Die Sammelhaare an Bauch und Oberschenkel der Schottischen Erdbiene (*Andrena scotica*) sind gefiedert. Gefiederte Haare sind charakteristisch für Bienen und unterscheiden sie von Wespen.

Erläuterungen zu den Bienensteckbriefen

Wir stellen sieben Bienensteckbriefe vor. Jeder Steckbrief stellt eine Bienengruppe vor, die in der Nutzpflanzenbestäubung in Deutschland, Österreich und der Schweiz eine besondere Rolle spielt. Die sieben Bienensteckbriefe repräsentieren alle Gruppen, die in der Nutzpflanzenbestäubung in Deutschland eine Rolle spielen. In den Bienensteckbriefen stellen wir die wichtigsten Gattungen mit ihrer Biologie und Ökologie zunächst in dem Teil «Allgemeines» vor. Danach erklären wir den «Lebenszyklus» der jeweiligen Bienengruppe. Diese Informationen sind wichtig, um Maßnahmen zur Förderung und zum Schutz der jeweiligen Gruppe abzuleiten. Nach dem Lebenszyklus folgt die Rolle der jeweiligen Bienengruppe in der «Nutzpflanzenbestäubung». An ihrer Biologie und Ökologie können wir oft schon erkennen, für welche Anbausysteme sie relevant sind. Am Ende listen wir die wichtigsten Nutzpflanzenbestäuberarten der jeweiligen Bienengruppen. Die Arten, die fett abgedruckt sind, werden auch in den Nutzpflanzensteckbriefen genannt. Sie sind besonders relevant. Wir führen noch weitere Arten auf, die wir als Blütenbesucher, und somit als potenzielle Bestäuber, kennen. Bei den Hummeln teilen wir die wichtigen Arten in lang- und kurzrüsselige Arten auf, weil die Rüssellänge erklärt, von welchen Blüten sie Pollen und Nektar sammeln können und die Blüte dabei bestäuben.

Hummeln (Gattung *Bombus*) und Honigbienen (in Deutschland nur *Apis mellifera*) werden für die Nutzpflanzenbestäubung gezüchtet. Deshalb gibt es bei diesen Bienengruppen Informationen zu ihrer Zucht, Imkerei oder zur Bestäubungsindustrie in weiteren Unterkapiteln in den jeweiligen Steckbriefen. Auch Mauer- und Blattschneiderbienen (Gattungen *Osmia, Megachile*) können heute für die Nutzpflanzenbestäubung kommerziell erworben werden. Dies beschreiben wir nur kurz unter dem Abschnitt «Nutzpflanzenbestäubung» dieser Bienengruppe. In dem Honigbienensteckbrief erklären wir, was es mit der Konkurrenz zwischen Honig- und Wildbienen auf sich hat.

Informationen zu den Fotos der Bienensteckbriefe

In den Bienensteckbriefen zeigen wir jeweils Fotos von charakteristischen Merkmalen oder Verhaltensweisen dieser Gruppe. Zusätzlich veranschaulichen zwei große Bienenfotos deren übliches Erscheinungsbild. Zuletzt zeigen wir eine Auswahl häufiger Bienenarten aus der Gruppe in den Blüten der Nutzpflanzen, die sie am meisten besuchen. Männliche Bienen sind mit dem ♂ Symbol gekennzeichnet.

Bienensteckbriefe

Hummeln

(Gattung: *Bombus*)

Allgemeines

Unter den weltweit ca. 20 000 Wildbienenarten finden wir 250 Hummelarten, davon kommen heute mindestens 40 Arten in Deutschland vor, auch wenn insgesamt 53 Arten nach den Hummelexperten Eberhard von Hagen und Ambros Aichhorn in Deutschland schon nachgewiesen wurden. Aktuell stehen 16 Hummelarten auf der Roten Liste. Keine dieser gefährdeten Arten haben wir in der Fachliteratur als Blütenbesucher an Nutzpflanzen gefunden.

Wie können wir Hummeln von Wildbienen unterscheiden? Eine Hummel ist im Allgemeinen stark behaart, wenn auch ihre parasitischen Kuckuckshummeln spärlicher behaart sind, aber auch Pelzbienen (Gattung *Anthophora*) sind sehr haarig und werden von Laien für Hummeln gehalten. Ein Blick auf den Kopf einer Biene hilft sicherzustellen, dass wir es mit einer Hummel zu tun haben: Die drei Einzelaugen (Ocelli, singular Ocellus) sind bei Pelzbienen und anderen Wildbienen in einem Dreieck angeordnet und nur bei Hummeln ergeben sie eher eine gerade Linie **(Abbildung 12)**. Hummeln tragen ähnlich wie Honigbienen den Pollen in Pollenhöschen an den Hinterbeinen, der sogenannten Tibia **(Abbildung 13)**. Hummeln sind auch meistens größer als Pelzbienen und haben einen länglichen Kopf. Pollen sammelt die Hummel am gesamten Körper und sie ist dabei nicht wählerisch, aber langrüsselige Hummeln wie die Gartenhummel (*Bombus pratorum*) und die Ackerhummel (*Bombus pascuorum*) haben einen Vorteil bei Pflanzen mit einer tiefen Kronröhre, wie sie bei den Schmetterlingsblütengewächsen und somit z. B. bei der Augen-, Garten- und Sojabohne vorkommt. Kurzrüsselige Hummeln, wie die Helle und Dunkle Erdhummel (*Bombus lucorum* und *B. terrestris*), Baumhummel (*Bombus hynorum*), Wiesenhummel (*Bombus pratorum*) und Steinhummel (*Bombus lapidarius*), kommen eigentlich nicht an den Nektar dieser Blüten, aber einige klauen sich den Nektar, indem sie die Kronröhre am Grund aufbeißen. Für die Hummel ist dies gut, aber die Pflanze wird dabei nicht bestäubt. Kurzrüsselige Hummeln bestäuben durch eine evolutionär bedingte morphologische Anpassung zwischen Hummel und offener Blüte, wie die der Kulturen aus der Familie der Rosengewächse (Erdbeere, Apfel, Birne, Pfirsich, Pflaume), optimal.

Hummeln sind primitiv eusozial. Sie haben keine differenzierte Kommunikation wie ein Honigbienenvolk, aber sie haben eine einfache Arbeitsteilung und die Königinnen überwintern. Bei solitären Bienen überwintern nur die Nachkommen ungeboren in ihrem Kokon. Ein Hummelvolk hat wie die Honigbienen drei Kasten: Königin, Drohnen und Arbeiterinnen. Dabei

Abbildung 12: Die 3 Einzelaugen (Ocelli) auf der Stirn einer Pelzbiene (links) sind in einem Dreieck angeordnet, die Ocelli einer Hummel stehen nahezu in einer Linie.

können die Arbeiterinnen nicht nach ihrem Alter in Sammel-, Bau- und Wehrbienen wie bei den Honigbienen eingeteilt werden, aber Arbeitsteilung gibt es auch bei Hummeln. Ein Hummelvolk besteht in der Regel aus 50–500 Arbeiterinnen und einer Königin. Die Königin ist für die Eiablage zuständig. Nur im Frühjahr sind die Jungköniginnen für den Nestbau und das Futtersammeln verantwortlich. Zu diesem Zeitpunkt gibt es noch keine Arbeiterinnen in ihrem Volk. Die männlichen Drohnen erscheinen erst im Spätsommer und Herbst.

Abbildung 13: Bei Hummeln wird der Pollen wie bei der verwandten Honigbiene als Nektar-Pollengemisch transportiert.

Lebenszyklus

Der Jahreszyklus eines Hummelvolkes startet im Frühjahr mit einer erfolgreich überwinternden Althummelkönigin **(Abbildung 14)**. Diese Althummelköniginnen sind unsere Frühjahrsboten. Sie sind sehr groß; je nach Alter wirken sie abgeflogen mit zerrissenen Flügeln und einer Glatze auf der Oberseite der Brust, dem sogenannten Thorax. Es sind die ersten Flugbienen, die wir in Süddeutschland manchmal schon Anfang Februar antreffen. Bei Temperaturen über 2 °C erwacht die Hummelkönigin und geht an sonnigen Tagen auf Nahrungssuche an Weidenkätzchen (Gattung *Salix*), frühblühenden Zwiebelgewächsen wie Krokussen (Gattung *Crocus*) oder Winterlingen (*Eranthis hyemalis*), Schlehen (*Prunus spinosa*) und frühen Obstgehölzen wie Mandelbäumen (*Prunus dulcis*). Sie sucht sich einen Nistplatz unter morschem Holz, in Gras- und Moospolstern oder in verlassenen Erdhöhlen, oft am Feld- und Waldrand oder in alten Scheunen und Ställen. Sie baut dann in ihrer Nisthöhle Wachsnäpfchen, befüllt diese mit Blütenpollen und legt Eier hinein. Anschließend formt sie Honigtöpfchen für Nektar, die bei Witterungen genutzt werden, an denen es zu kalt und nass für einen Sammelflug ist. Dies dauert je nach Art und Wetterbedingungen fünf bis fünfzehn Tage. Drei bis fünf Tage nach der Eiablage schlüpfen die Larven und werden von der Königin mit einem Nektar-Pollenbrei im Larvenstadium für ca. eine Woche gefüttert. Danach verpuppen sich die Hummellarven und verweilen sieben bis zehn Tage im Puppenstadium. Die Königin trägt die alten Wachsnäpfchen ab und formt neue für weitere Nachkommen. Ungefähr einen Monat nach Erwachen der Königin, meistens im März/

April, schlüpfen die Junghummeln aus ihrem Kokon und verlassen zumeist am darauffolgenden Tag das Volk für einen ersten Ausflug. Zunächst führen sie Orientierungsflüge durch, um sich die Umgebung des Nistplatzes einzuprägen. Erst wenn dies erfolgt ist, starten sie mit dem Sammeln von Pollen und Nektar. Ein paar Arbeiterinnen bleiben zum Füttern, dem Bauen der Wachsnäpfchen oder als Wächter im Nest und das Hummelvolk wächst ab diesem Zeitpunkt kontinuierlich, wobei ältere Arbeiterinnen sterben und nachfolgende Generationen von Arbeiterinnen nachrücken. Sie sind auch wesentlich größer als die erste Generation, da sie nicht nur alleine von der Königin aufgezogen werden. Auf dem Höhepunkt der Nestentwicklung schlüpfen nur noch Drohnen und Jungköniginnen, während die Altkönigin stirbt. Je nach Art geschieht dies zwischen Mitte Juli bis Ende August. Die Begattung findet meistens im Flug statt und im September suchen sich die neuen Königinnen neue Überwinterungsquartiere. Arbeiterinnen und Drohnen sterben nach und nach und damit bricht das Hummelvolk zusammen **(Abbildung 14)**.

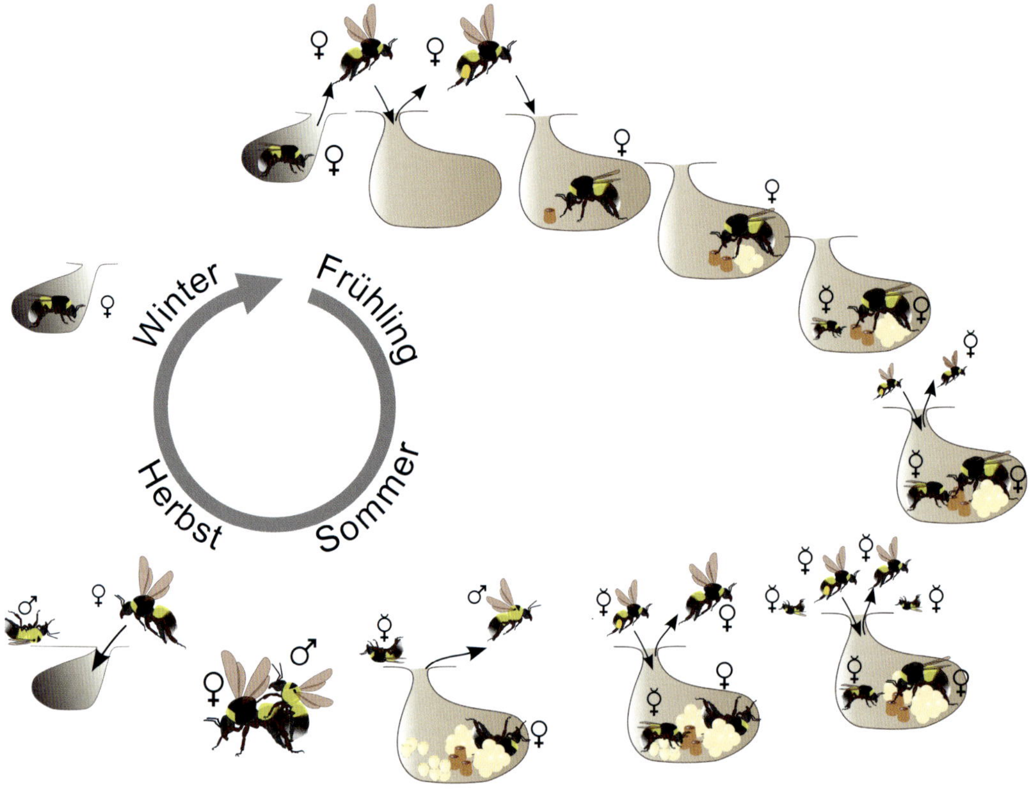

Abbildung 14: Der Hummel-Lebenszyklus

Nutzpflanzenbestäubung

Hummeln spielen eine einzigartige und außerordentliche Rolle in der Bestäubung von landwirtschaftlichen Kulturen. Nach unseren Beobachtungen können die Dunkle und die Helle Erdhummel (*Bombus terrestris* und *B. lucorum*) alle in diesem Buch vorgestellten Nutzpflanzen bestäuben; *B. terrestris* ist mit Abstand die häufigste Hummel-Bestäuberart in der Landwirtschaft **(Abbildung 15a)**. Auch andere kurzrüsselige Hummeln finden wir an den Blüten von Nutzpflanzen. Die Heide-Erdhummel (*Bombus cryptarum*) ist zwar sehr selten, sie ist in manchen Regionen dennoch eine regelmäßige Bestäuberin von Blaubeeren. Die Nordische Hummel (*Bombus monticola*) ist nur in den Alpen präsent und dort ein wichtiger Bestäuber. Gartenhummeln (*Bombus pratorum*) haben einen noch längeren Rüssel als Ackerhummeln (*Bombus pascuorum*) **(Abbildung 15b)** und sind deshalb für Schmetterlingsblütengewächse optimale Bestäuber. Wir nennen hier auch zwei Kuckuckshummeln, die in der wissenschaftlichen Literatur als Nutzpflanzenbesucher beschrieben werden.

a

b

Abbildung 15a: Die Dunkle Erdhummel (*Bombus terrestris*) und **(b)** die Ackerhummel (*Bombus pascuorum*) sind bei weitem die häufigsten Hummelarten in der Bestäubung von Nutzpflanzen in Deutschland.

Wichtige kurzrüsselige Hummelarten

Bombus cryptarum (Heide-Erdhummel)	*Bombus lapidarius* (**Steinhummel**)	*Bombus monticola* (Nordische Hummel)	*Bombus terrestris* (**Dunkle Erdhummel**)
Bombus hypnorum (**Baumhummel**)	*Bombus lucorum* (**Helle Erdhummel**)	*Bombus pratorum* (**Wiesenhummel**)	

Wichtige langrüsselige Hummelarten

Bombus bohemicus (Böhmische Kuckuckshummel)	*Bombus hortorum* (**Gartenhummel**)	*Bombus pascuorum* (**Ackerhummel**)	*Bombus sylvestris* (Wald-Kuckucks-hummel)

Kuckuckshummeln können in Deutschland anhand ihrer struppigen Behaarung und dunklen Flügel im Vergleich zu ihren Hummelwirten erkannt werden. Sie sammeln keinen Pollen und kommen vereinzelt, aber regelmäßig an den Blüten von Nutzpflanzen vor, um Nektar zu trinken. Ihre Bedeutung für die Bestäubung wird als gering eingestuft. Böhmische- (*Bombus bohemicus*) und Wald-Kuckuckshummeln (*Bombus sylvestris*) tauchen z. B. bei Blaubeeren als häufige blütenbesuchende Arten auf. Kuckuckshummeln sind, wie alle parasitischen Arten, Anzeiger für naturnahe Lebensräume. Sie kommen erst vor, wenn eine Population ihrer Wirtsbienen vorhanden ist. Somit können sie den Bäuer:innen als Indikator für eine ökologisch funktionierende Agrarlandschaft dienen. Wenn also Bäuer:innen auf ihren Feldern häufig Kuckuckshummeln finden, ist das ein Zeichen dafür, dass Hummeln einen geeigneten Lebensraum in oder in unmittelbarer Nähe ihrer Kulturen finden.

Kurzrüsselige Hummeln sind wichtige Bestäuber in den frühen Kulturen. Im Jahr 2021 beobachteten wir in einem Forschungsprojekt am Bodensee Apfelblüten während einer kühlen, regnerischen Wetterphase, in denen wir keine Honigbienen, aber viele Dunkle Erdhummeln (*Bombus terrestris*) fanden. Die oben genannten Hummelarten fliegen während der Hauptblütezeit der vorgestellten Kulturen. Bohnen sind auf die langrüsseligen Garten- und Ackerhummeln (*Bombus hortorum* und *B. pascuorum*) angewiesen, wobei die Gartenhummeln nur von Mitte April bis Ende Juli fliegen, aber die Ackerhummeln von Anfang April bis Ende Oktober aktiv sind.

Bestäubung durch Hummelzuchten

Seit einigen Jahren gibt es immer mehr Anbieter für Dunkle Erdhummeln (*B. terrestris*) in Europa und auch in Deutschland. Viele Firmen sind auf biologische Schädlingsbekämpfung spezialisiert und haben auch die Bestäubungsleistung für Bäuer:innen und Gärtner:innen in ihr Programm eingebaut. Auch in Deutschland gibt es große Hummelzüchter:innen, die Hummeln für die Landwirtschaft, den Gartenbau und für wissenschaftliche Versuche anbieten. Bäuer:innen können sich die Dunklen Erdhummeln für die Bestäubung bestellen und selbst für private Gärtner:innen gibt es Angebote für Hummelkästen mit einem kleinen Volk **(Abbildung 16)**. Die massenhafte Züchtung von Erdhummeln wird oft als «natürliche Bestäubung» angepriesen, aber diese Form der Bestäubung hat nichts mit Naturschutz zu tun. Ganz im Gegenteil: Eine häufige Art wird dadurch noch mächtiger und es besteht die Gefahr, dass diese Art andere Hummelarten und Wildbienen verdrängt. Dazu kommt, dass diese Hummeln oft nicht aus der Region kommen und somit andere genetische Merkmale mitbringen, die von Nachteil bei der Einkreuzung in die natürlichen Populationen sein können. Auch können durch die gezüchteten Hummeln Krankheiten mitgebracht werden. Die Hersteller empfehlen deshalb, das Hummelvolk nach der Bestäubung durch Einfrieren oder Verbrennen zu töten. Tunnel und Gewächshäuser sind aber selten komplett von der Außenwelt abgeschlossen, weshalb immer die Gefahr besteht, dass Jungköniginnen hinausfliegen und sich außerhalb der Anlagen mit den regionalen Populationen kreuzen. Wir sind davon überzeugt, dass eine kleinräumige Landwirtschaft, durch die Förderung von Lebensräumen für Hummeln und andere Wildbienen, die Bestäubung ihrer Nutzpflanzen sichern kann. In sehr großen Gewächshäusern und Tunneln für Tomaten oder Erdbeeren kann es notwendig sein kommerzielle Hummeln einzusetzen. Auch wenn wir davon abraten, sollte zumindest sichergestellt werden, dass die Zuchten aus der Region kommen und krankheitsfrei sind. Alternativ können Bäuer:innen selbst Erdhummeln anlocken. Es gibt im Internet viele Anbieter:innen von Hummelkästen. Diese Kästen werden leider nur selten von Hummeln besiedelt. Mit einer naturschutzrechtlichen Ausnahmegenehmigung ist es jedoch möglich, ihre Ansiedlung zu unterstützen. Hierfür kann im Frühjahr, wenn die Erdhummelköniginnen unterwegs sind, eine Königin eingefangen und für einen Tag in einen Hummelkasten gesperrt werden. In der Regel gründet die Königin ihr Volk dann in diesem Kasten, wenn attraktive Pflanzen in der Nähe blühen. Anleitungen zum Bau von Hummelkästen und für die Ansiedlung von Hummeln gibt es in dem Buch von Eberhard von Hagen und Ambros Aichhorn aus dem Jahr 2003 (siehe Literaturverzeichnis, S. 239).

Abschließend möchten wir erwähnen, dass Hummeln an kühlere Temperaturen angepasst sind. Wenn sich Tunnel und Gewächshäuser über 30 °C aufheizen, sammeln immer weniger Hummelarbeiterinnen Pollen. Bei noch höheren Temperaturen sammeln sie dann nur noch Nektar und sind vor allem damit beschäftigt, ihr Volk zu kühlen. In der Natur suchen sich Hummeln, wie die Dunkle und Helle Erdhummel (*B. terrestris* und *B. lucorum*), verlassene Mäusenester zum Nisten. Baumhummeln (*B. hypnorum*) nisten oberirdisch und nutzen dafür gerne verlassene Nisthöhlen von Vögeln (siehe S. 192, Maßnahme N02).

Abbildung 16: Ein Erdhummelnest vom Züchter in einem Tomatentunnel.

Bildlegende nächste Doppelseite: linke Seite (von oben links nach unten rechts): Wiesenhummel ♂ (*B. pratorum*) an Birne; Dunkle Erdhummel (*B. terrestris*) an Raps; Ackerhummel (*B. pascuorum*) an Gurke; Dunkle Erdhummel (*B. terrestris*) an Brombeere; Böhmische Kuckuckshummel (*B. bohemicus*) an Brombeere; Dunkle Erdhummel (*B. terrestris*) and Sonnenblume. Rechte Seite (von oben links nach unten rechts): Dunkle Erdhummel (*B. terrestris*) an Blaubeere; Baumhummel (*B. hypnorum*) an Sonnenblume; Dunkle Erdhummel (*B. terrestris*) an Pfirsich; Wiesenhummel (*B. pratorum*) an Hagebutte; Wiesenhummel (*B. pratorum*) an Schwarzer Johannisbeere; Dunkle Erdhummel (*B. terrestris*) an Kirsche.

Sandbienen

(Gattung: *Andrena*)

Allgemeines

Die Sandbienen (Gattung *Andrena*) sind die namensgebende Gattung innerhalb der Bienenfamilie Andrenidae, in der neben den in Deutschland ausgestorbenen Schwebebienen (Gattung *Melitturga*) noch die mit jeweils nur drei Arten vertretenen Zottelbienen (Gattung *Panurgus*) und Scheinlappenbienen (Gattung *Panurginus*) sowie eine Art der sehr seltenen Buntbienen (Gattung *Camptopoeum*) vorkommen. Diese Arten spielen allerdings in der Nutzpflanzenbestäubung keine wesentliche Rolle. Die Gattung der Sandbienen ist mit 116 Arten die artenreichste Gattung aller in Deutschland vorkommenden Wildbienen. Dies erklärt ihre Wichtigkeit für die Nutzpflanzenbestäubung, denn mit der hohen Artenvielfalt geht auch eine Vielfalt an Körpergrößen und Flugzeiten einher. Es gibt sehr große (16 mm) und sehr kleine (4 mm) Sandbienen, die meisten sind allerdings eher größer, stark behaart und viele tragen eine Haarlocke, den sogenannten Flocculus, am Hinterschenkel, in der sie Pollen transportieren **(Abbildung 17)**. Vor allem an den Hinterbeinen und dem Abdomen sind viele Haare, an denen der Pollen für den Transport zum Nest trocken abgelagert wird. Eindeutig zu erkennen sind vor allem Sandbienenweibchen an einer samtigen Fläche, der sogenannten Fovea facialis, entlang des Innenrandes der Augen. Dieses Merkmal ist bei den Männchen kaum ausgeprägt und auch bei den Weibchen nicht immer leicht zu sehen. Daher hilft es, sich den Körperbau einzuprägen, der generell eher abgeflacht ist, mit thorax- bzw. bauchbreitem Kopf, kurzen Fühlern und einer struppigen bis dichten Behaarung. Sandbienen gehören zu den kurzrüsseligen Bienen und sind

Abbildung 17: Eine mit Pollen beladene Große Weiden-Sandbiene (*Andrena vaga*) schlüpft in ihr Erdnest.

somit nur selten an Lippen- oder Schmetterlingsblütengewächsen mit langen Blütenröhren zu finden, wobei es auch hier Ausnahmen gibt. Vor allem Rosengewächse haben große, offene Blüten, die einen leichten Zugang zu Nektar erlauben und daher häufig von kurzrüsseligen Bienen besucht werden. Die Flugzeiten liegen von März bis September. Für jede Art ist die Flugzeit aber ebenfalls auf wenige Wochen bis Monate beschränkt, mit einem Schwerpunkt der Arten im späten Frühjahr, wobei manche Arten auch in einer zweiten Sommergeneration fliegen.

Lebenszyklus

Sandbienen überwintern ohne Kokon als voll entwickelte Bienen (Frühjahrsbienen) oder als Ruhelarven in der Erde. Die Männchen werden wenige Tage vor den Weibchen aktiv und schwärmen an den Nistplätzen, um auf schlüpfende Weibchen zu warten, oder trinken für ihren Energiehaushalt Nektar an den Blüten in der Umgebung. Noch im Frühjahr sterben die Männchen nach der Paarung. Die Weibchen legen nach der Paarung ihre Niströhre in der Regel am gleichen Standort in der Erde an, an dem sie geschlüpft sind. Sie graben einen Hauptgang, von dem einzelne Brutkammern abzweigen. Die Nesttiefe liegt dabei in der Regel bei 5–6 cm. Im Sommer sterben dann auch die Weibchen, nachdem sie ihre Nester fertig angelegt haben. Im Anschluss fängt häufig schon im Sommer die Überwinterungsphase an **(Abbildung 18)**.

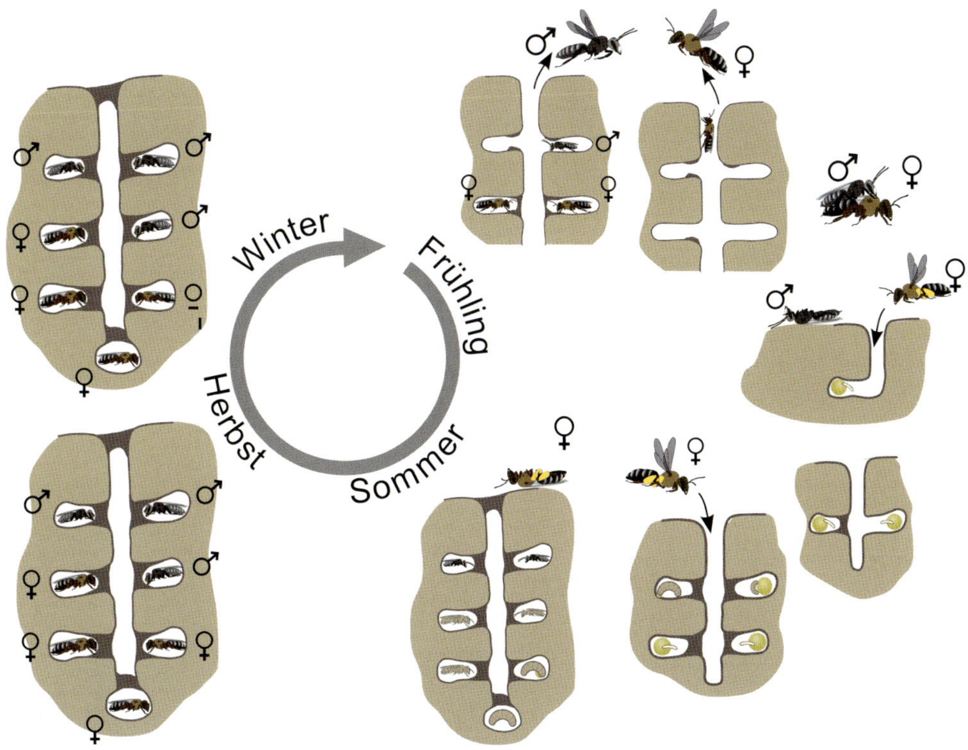

Abbildung 18: Der Sandbienen-Lebenszyklus

Nutzpflanzenbestäubung

Die häufigsten Arten wie die Gewöhnliche Bindensandbiene (*Andrena flavipes*), die Schottische Erdbiene (*Andrena scotica*), die Glänzende Düstersandbiene (*Andrena nitida*), die Grauschwarze Düstersandbiene (*Andrena cineraria*), die Rotschopfige Sandbiene (*Andrena haemorrhoa*) und die Weiße Bindensandbiene (*Andrena gravida*) sind generalistisch und kommen daher häufig auf Nutzpflanzen vor **(Abbildung 19)**. Sie sind regelmäßig in Obstgehölzen aller Art sowie weiteren Feldkulturen wie Raps anzutreffen und tragen dort zur Bestäubung bei. Raps ist generell sehr attraktiv für Sandbienen, da sie mit ihrer kurzen Zunge leicht an den Nektar kommen und auch Pollen in größeren Mengen verfügbar ist. Somit wirken sich Rapsfelder auch positiv auf die Populationen von Sandbienen wie *Andrena cineraria* aus, wobei Sandbienen mit zunehmender Intensivierung von Agrarlandschaften weniger Pollen eintragen und damit kleinere Nachkommen haben.

Unter den Sandbienen gibt es aber auch spezialisierte Arten wie die Senf-Blauschillersandbiene (*Andrena agilissima*) und die Zweizellige Sandbiene (*Andrena lagopus*), die beide nur auf Kreuzblütengewächsen wie Raps und Senf ihren Pollen sammeln. Erhöhte Sandbienenbesuche in Rapsfeldern wurden unter anderem in der Nähe von halbnatürlichen Habitaten wie Waldrändern beobachtet.

Abbildung 19a: Die Rotschopfige Sandbiene (*Andrena haemorrhoa*) ist häufig an allen Obstbäumen zu finden; **Abbildung 19b:** Die Weiße Bindensandbiene (*Andrena gravida*) fliegt sehr früh im Jahr. In frühblühenden Obstplantagen wie im Pfirsich kann sie eine wichtige Rolle in der Bestäubung einnehmen.

Wichtige Arten

Andrena bicolor (**Zweifarbige Sandbiene**)
Andrena chrysosceles (Gelbbeinige Kielsandbiene)
Andrena cineraria (**Grauschwarze Düstersandbiene**)
Andrena flavipes (**Gewöhnliche Bindensandbiene**)
Andrena fulva (**Fuchsrote Lockensandbiene**)
Andrena gravida (**Weiße Bindensandbiene**)
Andrena haemorrhoa (**Rotschopfige Sandbiene**)
Andrena minutula (**Gewöhnliche Zwergsandbiene**)
Andrena nigroaenea (Erzfarbene Düstersandbiene)
Andrena nitida (**Glänzende Düstersandbiene**)
Andrena scotica (**Schottische Erdbiene**)
Andrena subopaca (Glanzlose Zwergsandbiene)
Andrena wilkella (Grobpunktierte Kleesandbiene)
Andrea helvola (**Schlehen-Lockensandbiene**)
Andrena varians (**Veränderliche Lockensandbiene**)

Bildlegende nächste Doppelseite: linke Seite (von oben nach unten, von links nach rechts): Zweifarbige Sandbiene (*A. bicolor*) an Apfel; Zweizellige Sandbiene (*A. lagopus*) an Senf; Veränderliche Lockensandbiene (*A. varians*) an Hagebutte; Glänzende-Düstersandbiene (*A. nitida*) an Hagebutte; Zweifarbige Sandbiene (*A. bicolor*) an Mandel; Fuchsrote Lockensandbiene (*A. fulva*) an Birne. Rechte Seite (von oben nach unten, von links nach rechts): Gewöhnliche Zwergsandbiene (*A. minutula*) an Raps; Gewöhnliche Bindensandbiene (*A. flavipes*) an Kirsche; Gewöhnliche Bindensandbiene (*A. flavipes*) an Raps; Glänzende Düstersandbiene (*A. nitida*) an Birne; Rotschopfige Sandbiene (*A. haemorrhoa*) an Mandel; Zweifarbige Sandbiene (*A. bicolor*) an Birne.

Mauer- und Blattschneiderbienen

Allgemeines

Die Wildbienenfamilie Megachilidae ist sehr gattungs- und artenreich. In Deutschland werden vor allem die Gattungen Mauerbienen (*Osmia*) und Blattschneiderbienen (*Megachile*) als Nutzpflanzenbestäuber beobachtet. Deshalb konzentrieren wir uns in diesem Buch auf diese beiden Gattungen. Weitere Gattungen wie die Harz- und Wollbienen (*Anthidium*) oder die Scherenbienen (*Chelostoma*) können jedoch gelegentlich zur Nutzpflanzenbestäubung beitragen. Gemeinsam haben alle Megachilidae eine solitäre Lebensweise sowie alle nicht als Kuckucksbiene lebenden Weibchen aus dieser Bienenfamilie eine stark behaarte Bauch-/Abdomenunterseite. Diese Pollensammeleinrichtung, bestehend aus langen, dichten und gefiederten Haaren, wird allgemein «Bauchbürste» genannt **(Abbildung 20)**. Viele Arten dieser Familie legen ihre Nester oberirdisch in bereits vorhandenen, röhrenartigen Hohlräumen an. Die Hohlräume sind üblicherweise Käferfraßgänge im Totholz, hohle Pflanzenstängel, Mauerritzen sowie Spalten, Risse und kleine Hohlräume in verschiedensten trockenen Substraten. Jedes Nest enthält bis zu zwölf, im Durchschnitt aber nur fünf Brutzellen **(Abbildung 21)**. Megachilidae können leicht mit Wohnraum durch Insektenhäuser angelockt werden **(Abbildung 22)**. Häufig schlüpfen aus jedem angelegten Nest mehrere Männchen und Weibchen. Die Weibchen versuchen im gleichen Nest oder in der direkten Umgebung ein neues Nest anzulegen, was zu einer hohen Standorttreue führt. Daher können sie leicht in Gärten oder an gewünschter Stelle in der Agrarlandschaft angesiedelt werden. Innerhalb weniger Jahre können sich beachtliche Populationen aufbauen. Diese können, abhängig von der Bienenart, dem angebotenen Neststandort und der Menge an vorhandenen Futterressourcen, mehrere Hundert bis Tausende Individuen umfassen.

Abbildung 20: Bauchbürste mit Pollen

Abbildung 21: Blattschneiderbienennest in einem Stängel vom Wiesenbärenklau (*Heracleum sphondylium*).

Lebenszyklus

Beide häufigen Mauerbienenarten (*O. bicornis, O. cornuta*) haben eine sehr ähnliche Biologie, teilen Nistressourcen, Pollenquellen und natürlich Gegenspieler und haben prinzipiell den gleichen Lebenszyklus, wobei die Gehörnte Mauerbiene (*O. cornuta*) ein bis zwei Wochen früher im Jahr ihren Lebenszyklus startet. Mauerbienen schlüpfen Anfang März und die Flugzeit dauert von März bis Juni. Kurz nach dem Schlupf beginnen sie direkt mit der Paarung. Dabei kann es vorkommen, dass die geschlüpften männlichen Bienen vor lauter Ungeduld die weiblichen Bienen aus ihren Nestern zerren. Im Anschluss an die Paarung legen die Weibchen Brutzellen an, füllen die einzelnen Zellen mit Pollen und Nektar und legen jeweils ein Ei in jede Brutzelle. In den hinteren Brutzellen befinden sich in der Regel die weiblichen Jungbienen und in den vorderen die männlichen Jungbienen. Die Vaterbienen sterben während dieser Zeit und auch die Mutterbiene stirbt im Sommer, nachdem sie ihre Nester verschlossen hat. Dann beginnt die Überwinterung ihrer Nachkommen als vollständig entwickelte Bienen in ihren Kokons. Der Lebenszyklus von anderen Megachilidae wie den Blattschneiderbienen (Gattung *Megachile*) ist sehr ähnlich, jedoch fliegen einige Arten erst ab dem späten Frühjahr bis in den

Abbildung 22: Hunderte Männchen der Roten Mauerbiene (*O. bicornis*) tummeln sich an diesem Insektenhaus.

Spätsommer hinein und sie überwintern als Dauerlarve und schließen ihre Entwicklung erst mit dem Einsetzen der wärmeren Jahreszeit im kommenden Jahr ab **(Abbildung 23)**.

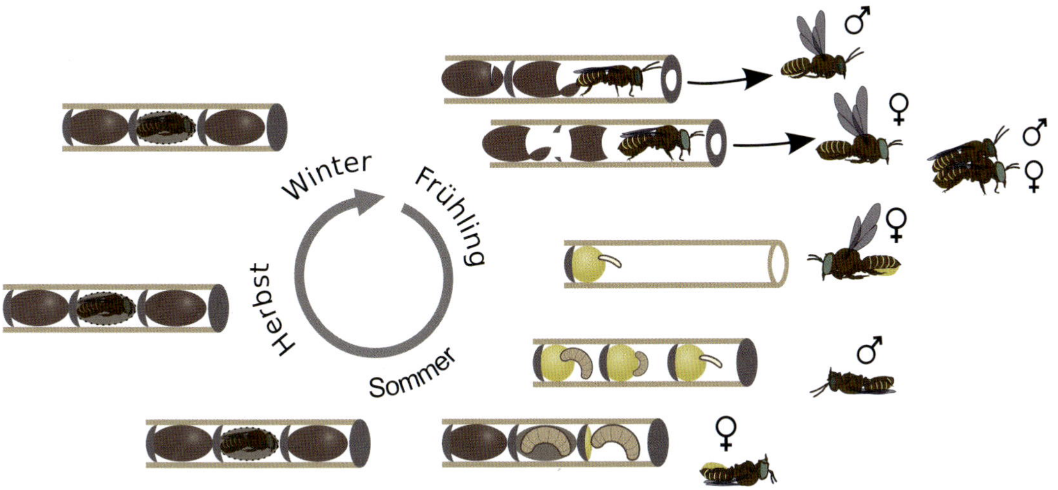

Abbildung 23: Lebenszyklus von Mauer- und Blattschneiderbienen, am Beispiel der Mauerbiene.

Nutzpflanzenbestäubung

Dadurch, dass die Larven lange im Kokon verharren, können sie leicht aus den Nestern entnommen und transportiert werden, dies allerdings nur nach naturschutzrechtlicher Ausnahmeregelung. Somit werden sowohl Mauerbienen als auch Blattschneiderbienen gezielt in der Nutzpflanzenbestäubung einsetzt und dafür auch kommerziell vertrieben. Generell sind die hier vorgestellten Arten allerdings häufig in der freien Natur anzutreffen. Durch entsprechende Maßnahmen können somit schnell natürliche und lokale Populationen aufgebaut werden, ohne dass ortsfremde Individuen eingeführt werden müssen.

In der Gattung Mauerbienen (*Osmia*) gibt es zwei Vertreterinnen, die in Deutschland häufig an Nutzpflanzen Pollen und Nektar sammeln und zu deren Bestäubung beitragen. Die Gehörnte Mauerbiene (*Osmia cornuta*) ist eine der ersten Wildbienen im Frühjahr. Ihre ca. sechswöchige Aktivitätsphase beginnt manchmal schon ab Anfang März. Ein weibliches Individuum ist ausreichend, um fünf Apfelbäume optimal zu bestäuben. Sie überträgt bei einem Blütenbesuch auch wesentlich mehr Pollen als z. B. Honigbienen. Zwei Wochen später folgt ihre Schwesterart, die Rote Mauerbiene (*Osmia bicornis*) **(Abbildung 24, 25a)**.

Die Namensgeberin der Familie Megachilidae ist die Gattung der Blattschneiderbienen (*Megachile*). Ihre Arten weisen sehr verschiedene Präferenzen für Niststandorte auf. Diese reichen von Erdnestern bis frei an Steine gemörtelte Nester. Einige Arten kommen ebenso wie Mauerbienen in Hohlräumen und Insektenhäusern vor. Die Flugzeit liegt in den Sommermonaten, und die zwei Blattschneiderbienenarten, die besonders häufig an der Nutzpflanzenbestäubung beteiligt sind (*Megachile pilidens*, *M. rotundata*), fliegen zwischen Juni und August. Beide leben univoltin (1. Generation pro Jahr), solitär und bauen ihre Nester aus abgeschnittenen Blattstückchen in Bohrlöchern, Käferfraßgängen und abgeschnittenen Schilfhalmen. Die Filzzahn-Blattschneiderbiene (*Megachile pilidens*) wird als Generalist angesehen, besucht aber bevorzugt Korb- und Schmetterlingsblütengewächse. Diese Bienenart besitzt Filzflecken auf ihrem Hinterleib, dem letzten Abdominalsegment, und eine weiße Bauchbürste **(Abbildung 25b)**. Unter den Nutzpflanzen besucht sie in Deutschland vor allem Sonnenblumen sowie Erbsen und Bohnen. Die Luzerne-Blattschneiderbiene (*Megachile rotundata*) ist, wie ihr Name schon andeutet, auf Schmetterlingsblütengewächse spezialisiert und

Abbildung 24: *Oben* Blick auf Eier und Pollenvorrat in Brutzellen einer Roten Mauerbiene (*O. bicornis*). Der Pollen ist im Unterschied zur Gehörnten Mauerbiene (*O. cornuta*) mit wenig Nektar vermischt und wirkt daher trocken. *Unten* Aufgeschnittene Brutzellen einer Blattschneiderbiene mit sich darin entwickelnden Puppen.

daher für die Bestäubung von Erbsen und Bohnen besonders geeignet. Zur Saatgutproduktion von Luzerne (Alfalfa) wurde sie in die Vereinigten Staaten eingeführt und wird dort in großem Umfang kommerziell gezüchtet und verkauft. In ganz Deutschland ist sie relativ häufig und wird bis heute nicht vermarktet.

Die Flugzeit der Mauerbienen überlappt mit unseren früh blühenden Rosengewächsen und diese sind daher wichtige Bestäuber für Mandel, Pfirsich, Aprikose, Pflaume, Erdbeere, Kirsche, Apfel und Birne. Mauerbienen sind generell am ganzen Körper relativ stark behaart. Mit dieser Ganzkörperbehaarung übertragen sie nicht nur an ihrer Bauchbürste Pollen zwischen verschiedenen Blüten. Mit einer Körpergröße von 10–16 mm zählen diese frühen Mauerbienen zudem zu den größeren Wildbienen und können auch während der Nektarsuche den Pollen auf weit aus der Blüte herausragende Narben, z. B. von Apfel-, Kirsch- und Birnenblüten, übertragen. Die starke Behaarung und das verbesserte Verhältnis von Oberfläche zu Volumen führt zu einer gewissen Kältetoleranz und somit Aktivität, bevor die meisten anderen Bienenarten fliegen. Dennoch sind die Mauerbienen nur bei Sonnenschein aktiv und ziehen sich beim Auftreten der ersten Wolken zügig in ihre Nisthöhlen zurück.

Abbildung 25a: Die Rote Mauerbiene (*Osmia bicornis*)

Abbildung 25b: Filzzahn-Blattschneiderbiene (*Megachile pilidens*)

Wichtige Arten

Megachile pilidens (**Filzzahn-Blattschneiderbiene**)	*Megachile rotundata* (**Luzerne-Blattschneiderbiene**)	*Osmia bicornis* (**Rote Mauerbiene**)	*Osmia cornuta* (**Gehörnte Mauerbiene**)

Bildlegende nächste Doppelseite: Bildlegende nächste Doppelseite: linke Seite (von oben links nach unten rechts): Gehörnte Mauerbiene ♂ (*O. cornuta*) an Mandel; Rote Mauerbiene ♂ (*O. bicornis*) an Raps; Rote Mauerbiene (*O. bicornis*) an Raps; Rote Mauerbiene (*O. bicornis*) an Apfel; Schöterich-Mauerbiene ♂ (*O. brevicornis*) an Raps; Gehörnte Mauerbiene (*O. cornuta*) an Pflaume. Rechte Seite (von oben links nach unten rechts): Rote Mauerbiene (*O. bicornis*) an Hagebutte; Gehörnte Mauerbiene (*O. cornuta*) an Süßkirsche; Gehörnte Mauerbiene (*O. cornuta*) an Erdbeere; Gehörnte Mauerbienen ♂♀ (*O. cornuta*) an Pfirsich; Schöterich-Mauerbiene (*O. brevicornis*) an Senf; Gehörnte Mauerbiene (*O. cornuta*) an Apfel.

Schmal- und Furchenbienen

(Gattungen: *Lasioglossum*, *Halictus*)

Allgemeines

Die Familie der Schmal- und Furchenbienen (Halictidae) wird in Deutschland in viele Gattungen unterteilt. Von diesen sind die Schmalbienen (Gattung *Lasioglossum*) mit 71 Arten und die Furchenbienen (Gattung *Halictus*) mit 18 Arten am Artenreichsten. Weltweit macht die Familie ca. ein Sechstel (3500 Arten) aller Bienen aus. Beide Gattungen zeichnen sich durch sehr schlanke (schmale) Männchen aus und bei beiden tragen die Weibchen eine kurze Längsfurche auf der Oberseite der Hinterleibsspitze.

Neben den genannten charakteristischen Merkmalen sind die Bienen häufig recht klein und vergleichsweise nackt mit spärlicher Behaarung und zum Teil metallisch glänzender Körperoberfläche. Viele tragen filzige Haarbinden auf ihrem Hinterleib. Dennoch besitzen die Tiere vor allem an den körpernahen Teilen der Hinterbeine Sammelhaare, mit denen trockener Pollen transportiert wird **(Abbildung 26)**.

Beide Gattungen fliegen vom frühen Frühjahr bis in den Herbst. Manche Arten bauen auch über das Jahr hinweg kleinere soziale Gemeinschaften auf und werden somit ähnlich wie die Hummeln vom Frühjahr bis zum Sommer hin immer häufiger. Daher sind dies Arten auch besonders häufig als Nutzpflanzenbestäuber anzutreffen. Alle Arten graben ihre Nester in Boden, Löss oder Sand und legen dabei unterirdische Brutkammern an, in denen sich die neue Generation an männlichen und weiblichen Geschlechtstieren entwickelt. Dies kann bei manchen Arten auch bivoltin geschehen, also zweimal im Jahr. Vor allem die sehr schlanken und langfühlerigen Männchen sind ab dem Sommer häufig auf Blüten anzutreffen. Die Gewöhnliche Schmalbiene (*Lasioglossum calceatum*), die Feldweg-Schmalbiene (*Lasioglossum malachurum*) und die Acker-Schmalbiene (*Lasioglossum pauxillum*) sowie einige weitere Arten bauen ihre Nester gerne in wenig befahrene Feldwege und Trampelpfade. Diese werden bevorzugt, da die oberste Erdschicht dort verfestigt und somit einsturzsicher ist und die Oberfläche durch die Nutzung von Vegetation freigehalten wird **(Abbildung 27)**. Andere Arten siedeln in Lösswänden oder in den mit Erde bzw. Sand gefüllten Zwischenräumen von Naturmauern oder Terrassenfugen.

Abbildung 26: Die Sammelhaare in der Hüftregion dieser Furchenbiene sind mit großen Pollenkörnern überladen. Gut zu sehen sind auch die charakteristischen filzigen Haarbinden der Hinterleibssegmente.

Abbildung 27: Verfestigter, schütter bewachsener Boden eines Trampelfades (oben) der eines Feldwegs (unten) bietet optimale Bedingungen für Schmalbienenester.

Lebenszyklus

Der Lebenszyklus sozialer und solitärer Arten ähnelt sich. Der Lebenszyklus beginnt, wie bei den Hummeln, mit einem Weibchen, das ein neues Nest gründet. Gleich nach der Winterruhe bietet Scharbockskraut (*Ficaria verna*) eine der ersten Nektarquellen für die Schmalbienenweibchen, die im zeitigen Frühjahr mit dem Nestbau beginnen **(Abbildung 28)**. Dies geschieht häufig in direkter Nachbarschaft zu dem Nest, aus dem es selbst geschlüpft ist. Die Standorttreue führt zu Nistplatzaggregationen. Das geschlechtsfähige Weibchen («Königin») legt entlang eines Hauptgangs, der auch verzweigt sein kann, kleine Erdkammern als Brutzellen für ihre Nachkommen an. Bei sozialen Arten übernehmen die Arbeiterinnen das Pollensammeln und den Nestbau. Bei ihnen wächst der kleine Staat auf wenige Dutzend bis Hunderte Individuen an und bildet gegen den Spätsommer hin eine neue Generation an Königinnen und Männchen aus, von denen nur die begatteten Königinnen in ihrem Geburtsnest überwintern **(Abbildung 29)**.

Abbildung 28: Scharbockskraut als eine der ersten Nektarquellen

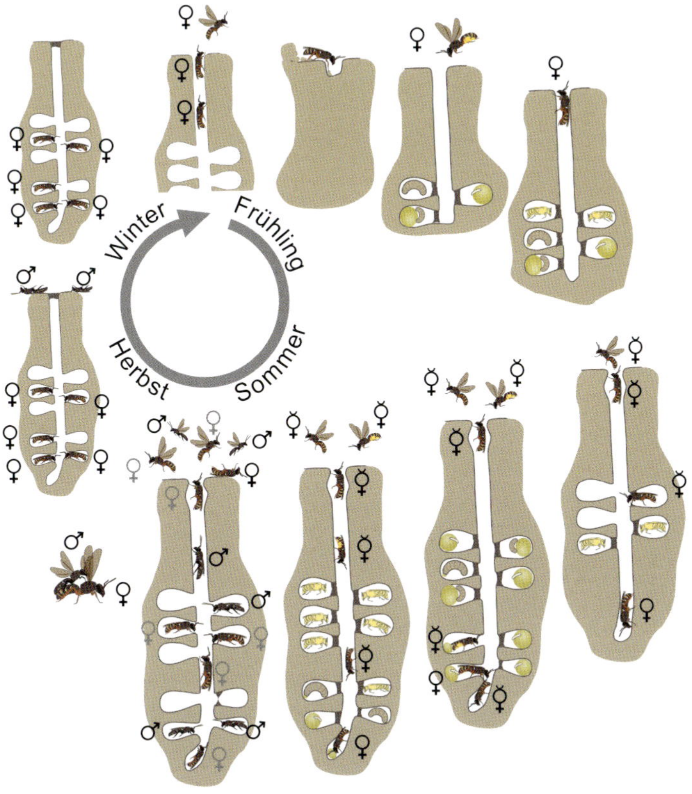

Abbildung 29: Lebenszyklus der Schmal- und Furchenbienen, am Beispiel einer sozialen Art.

Nutzpflanzenbestäubung

Fast alle Schmal- und Furchenbienen sind Blütengeneralisten, das heißt, jede Art sammelt ihren Pollen auf verschiedenen Pflanzenarten und Pflanzenfamilien. Damit sind sie grundsätzlich alle für die Bestäubung von Nutzpflanzen sehr geeignet und auf diesen auch häufig anzutreffen. Ein Überblick über die häufigsten an Nutzpflanzen beobachteten Arten ist in der nachstehenden Liste gegeben; zu beachten ist aber, dass das Vorkommen stark von einem sehr kleinräumigen Lebensraum abhängt. Viele dieser Bienen sind nur wenige Millimeter groß (3–10 mm); daher ist ihre Flugreichweite auf wenige Hundert Meter beschränkt. Die kleine Körpergröße führt auch dazu, dass die Bienen oft winzig in den großen Nutzpflanzenblüten wirken und darin wie in einem Klettergerüst von einem Staubblatt zum nächsten klettern, um dort aus jedem Staubbeutel einzeln den Pollen herauszuschaben **(Abbildung 30)**. Obwohl größere Wildbienen generell als bessere Bestäuber angesehen werden, übertragen Schmal- und Furchenbienen dennoch Pollen, wenn sie auf der Narbe landen oder zwischen Staub- und Fruchtblatt wechseln. Zudem gibt es einen Zusammenhang zwischen Blütengröße, Körpergröße der Bienen und Bestäubungsleistung, weshalb besonders kleine Bienen für kleine Blüten relevante Bestäuber sind und eine Kombination aus unterschiedlich großen Bienen zu einer besseren Bestäubung führt. Eine der größeren Furchenbienen ist die Gelbbindige Furchenbiene (*Halictus scabiosae*), die bevorzugt Korbblütengewächse wie Sonnenblumen besucht, aber auch an Kürbisgewächsen zur Bestäubung beiträgt. Auch die kleinere Dichtpunktierte Goldfurchenbiene (*Halictus subauratus*) besucht regelmäßig Sonnenblumen, aber auch Brombeeren und Kiwis profitieren von ihrem Blütenbesuch **(Abbildung 31)**.

Abbildung 30: Eine Goldfurchenbiene sammelt Pollen einer Brombeerblüte.

a

b

Abbildung 31a: Feldweg-Schmalbienen (*Lasioglossum malachurum*) und **Abbildung 31b:** Dichtpunktierte Goldfurchenbenbienen (*Halictus subauratus*) bestäuben regelmäßig Sonnenblumen, wenn offener sandiger Boden oder Lößkanten in der Nähe der Felder als Nisthabitat vorkommen.

Wichtige Arten

Halictus rubicundus (Rotbeinige Furchenbiene)
Halictus scabiosae (**Gelbbindige Furchenbiene**)
Halictus subauratus (**Dichtpunktierte Goldfurchenbiene**)
Halictus tumulorum (**Gewöhnliche Goldfurchenbiene**)
Lasioglossum calceatum (**Gewöhnliche Schmalbiene**)
Lasioglossum malachurum (**Feldweg-Schmalbiene**)
Lasioglossum pauxillum (**Acker-Schmalbiene**)
Lasioglossum puncticolle (Runzelwangige Schmalbiene)
Lasioglossum villosulum (**Zottige Schmalbiene**)
Lasioglossum xanthopus (Große Salbei-Schmalbiene)
Lasioglossum morio (**Dunkelgrüne Schmalbiene**)

Bildlegende nächste Doppelseite: linke Seite (von oben links nach unten rechts): Dichtpunktierte Goldfurchenbiene (*H. subauratus*) an Brombeere; Dunkelgrüne Schmalbiene (*L. morio*) an Physalis; Feldweg-Schmalbiene (*L. malachurum*) an Raps; Gewöhnliche Furchenbiene (*H. simplex*) an Hagebutte; Feldweg-Schmalbiene (*L. malachurum*) an Senf; Gelbbindige Furchenbiene (*H. scabiosae*) an Gurke. Rechte Seite (von oben links nach unten rechts): Schmalbienen-Art (*Lasioglossum* sp.) an Mandel; Gewöhnliche Furchenbiene (*H. simplex*) an Gurke; Gewöhnliche Goldfurchenbiene (*H. tumulorum*) an Brombeere; Sechsjahres-Schmalbiene (*L. marginatum*) an Raps; Polierte Schmalbiene (*L. politum*) an Raps; Gewöhnliche Schmalbiene (*L. calceatum*) an Kirsche.

Pelz- und Langhornbienen

(Gattungen: *Anthophora, Eucera*)

Allgemeines

Die Pelzbienen (Gattung *Anthophora*) und Langhornbienen (Gattung *Eucrea*) sind jeweils mit weniger als 20 Arten in Deutschland vertreten und gehören beide, wie Hummeln (Gattung *Bombus*) und Honigbienen (Gattung *Apis*), zur Familie der Echten Bienen (*Apidae*). Sie zeichnen sich aus durch einen meist stärker behaarten, kugeligen Körperbau, deutlich hörbare Fluggeräusche und einen hektischen, von einem Auf-der-Stelle-Verharren unterbrochenen Flug. Als Echte Bienen sammeln sie Pollen an den Hinterschenkeln und Nektar mit einer in der Regel sehr langen Zunge. Die langen Mundwerkzeuge werden häufig schon vor der Landung auf einer Blüte ausgefahren, was die Nektaraufnahme im Schwebeflug vor der Blüte ermöglicht. Mit diesem Verhalten sind sie klar von den trägen und weniger agilen Hummeln zu unterscheiden. Die extrem langen Fühler der Langhornbienen-Männchen verleihen der Gattung ihren Namen. Mai-Langhornbienen (*Eucera nigrescens*) patrouillieren und trinken sehr gerne Nektar an Zaun-Wicken-Blüten (*Vicia sepium*) **(Abbildung 32)**. Diese häufige Art, aber auch andere Vertreter dieser Gattungen, nisten in selbst gegrabenen Nestern ca. 10–20 cm tief in der Erde.

Abbildung 32: Eine männliche Mai-Langhornbiene (*Eucera nigrescens*) an ihrer präferierten Nektarquelle

Während Langhornbienen auch in schütter bewachsenen Wiesenbereichen oder einer gemähten Fettwiese Nester anlegen, bevorzugen Pelzbienen sehr trockene Standorte und idealerweise Lößwände. Sie nisten aber auch in bröckeligen Mauerfugen von alten Häusern und in Trockenmauern. Auch in Insektenhäusern, die Lößelemente beinhalten, nisten z. B. die Frühlings-Pelzbienen (*Anthophora plumipes*). Die Brutzellen werden mit einem Sekret ausgekleidet, welches das umliegende Erdmaterial stark verfestigt **(Abbildung 33)**.

Lebenszyklus

Pelz- und Langhornbienenarten, die für die Nutzpflanzenbestäubung relevant sein können, sind Frühlingsbienen. Sie starten mit ihrem Lebenszyklus im März (Gattung *Anthophora*) und April (Gattung *Eucera*) und fliegen bis in den Juli hinein. Ihr Lebenszyklus wird von den Männchen, welche bis zu drei Wochen vor den Weibchen erscheinen, eingeleitet. Nach der Paarung legen die Weibchen von Langhornbienen ein tieferes Nest an, hingegen legen Weibchen der Pelzbienen mehrere nur sehr flache (5–15 cm tiefe) Nester mit ein bis fünf Brutzellen an. Beide bevorzugen hierbei den Standort ihrer eigenen Geburtsnester und können daher lose Aggregationen bilden. Die angelegten Brutzellen entwickeln sich in der Erde oder in Lehmwänden und die Tiere überdauern bis ins nächste Frühjahr hinein als Ruhelarve oder vollständig entwickelte Biene in den Brutzellen **(Abbildung 34)**.

Abbildung 33: Einzelne Brutzellen der Frühlings-Pelzbiene (*Anthophora plumipes*)

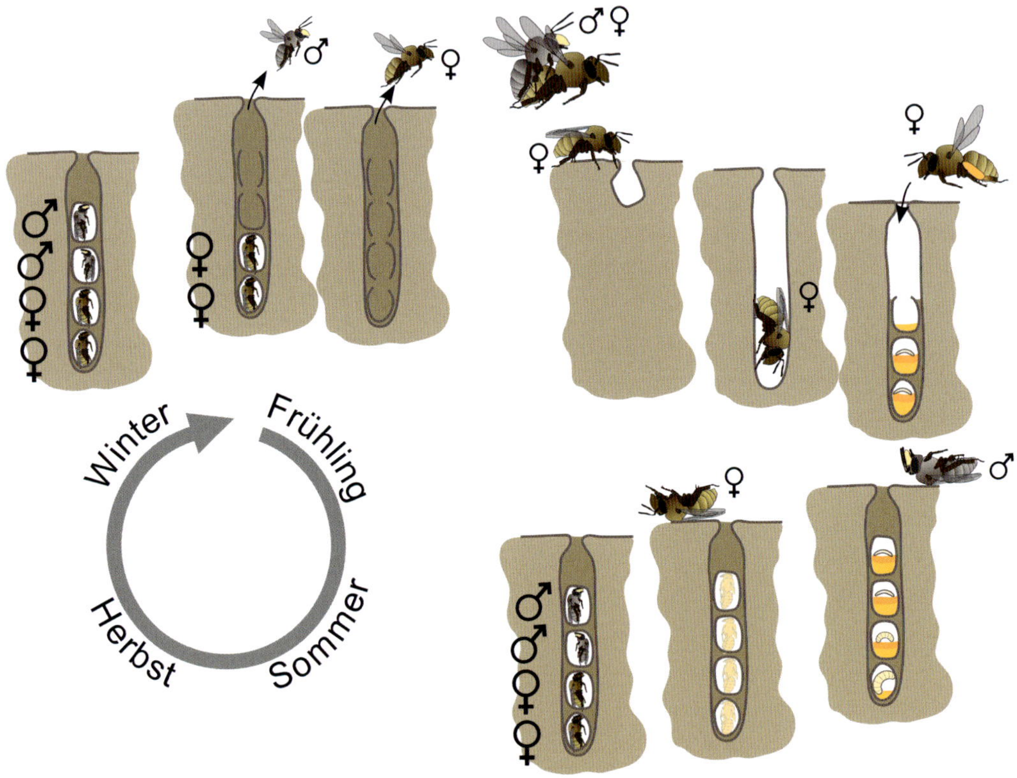

Abbildung 34: Lebenszyklus der Pelz- und Langhornbienen, am Beispiel einer Pelzbiene.

Nutzpflanzenbestäubung

Während Pelzbienen generell eher polylektisch sind, sind Langhornbienen immer auf eine Pflanzenfamilie spezialisiert. Durch ihre lange Zunge sind beide Gattungen in der Lage, an Blüten mit verstecktem Nektar Nahrung zu finden. Häufig werden Schmetterlings- und Lippenblütengewächse sowie Borretschgewächse wie der Gewöhnliche Beinwell (*Symphytum officinale*) angeflogen. An Nutzpflanzen beobachten wir nur ausgesprochene Generalisten wie die Frühlings-Pelzbiene (*Anthophora plumipes*) und die Mai-Langhornbiene (*Eucera nigrescens*) sowie vereinzelt Vertreter anderer Arten der beiden Gattungen **(Abbildung 35)**. Uns liegen keine Informationen darüber vor, dass Langhornbienen auf Nutzpflanzen in Deutschland, Österreich und der Schweiz Pollen sammeln. Wir gehen davon aus, dass Langhornbienen gelegentlich eine Rolle bei der Bestäubung von Nutzpflanzen, z.B. Erbsen, bei uns in Deutschland einnehmen. Allerdings haben Erbsen einen geringen Nektargehalt und sind dadurch nicht besonders attraktiv für Bienen. Andere Schmetterlingsblütengewächse wie frühe Bohnen, wären ebenfalls denkbar, sind bisher aber nicht als Nektar- und Pollenquellen für Langhornbienen in Deutschland belegt. Dennoch werden die häufigen Arten der Langhornbienen beim Nektarsammeln auf verschiedenen Nutzpflanzen beobachtet und es ist anzunehmen, dass sie durch ihr schnelles Flugverhalten und ihre dabei sehr vielen Blütenbesuche gute Bestäuber darstellen. Die Weibchen der Frühlings-Pelzbiene (*Anthophora plumipes*) im Speziellen sind hingegen als pollensammelnde Bestäuber auf verschiedenen Nutzpflanzen wie Apfel, Birne, Pflaume/Mirabelle und Raps belegt.

a

b

Abbildung 35a: Die Frühlings-Pelzbiene (*Anthophora plumipes*) und die **Abbildung 35b:** die Mai-Langhornbiene (*Eucera nigrescens*) sind regelmäßig an Nutzpflanzenblüten anzutreffen.

Wichtige Arten

Anthophora plumipes (**Frühlings-Pelzbiene**)	*Eucera nigrescens* (Mai-Langhornbiene)	*Eucera longicornis* (Juni-Langhornbiene)

Bildlegende nächste Doppelseite: Bildlegende nächste Doppelseite: linke Seite (von oben links nach unten rechts): Frühlings-Pelzbiene ♂ (*A. plumipes*) an Birne; Frühlings-Pelzbiene (*A. plumipes*) an Birne; Frühlings-Pelzbiene ♂ (*A. plumipes*) an Birne; Frühlings-Pelzbiene (*A plumipes*) an Birne. Rechte Seite (von oben links nach unten rechts): Frühlings-Pelzbiene (*A. plumipes*) an Birne; Frühlings-Pelzbiene ♂ (*A. plumipes*) an Birne; Frühlings-Pelzbiene (*A. plumipes*) an Raps; Frühlings-Pelzbiene (*A. plumipes*) an Birne.

Holz- und Keulhornbienen

(Gattungen: *Xylocopa, Ceratina*)

Allgemeines

Holzbienen (Gattung *Xylocopa*) und Keulhornbienen (Gattung *Ceratina*) gehören wie die Pelz- und Langhornbienen in die Familie der Echten Bienen (Apidae). Sie sind mit jeweils drei Arten in Deutschland vertreten und haben trotz ihrer sehr unterschiedlichen Körpergröße viele Gemeinsamkeiten. Unter den Holzbienen ist die Blauschwarze Holzbiene (*Xylocopa violacea*) am häufigsten und weit verbreitet. Unter den Keulhornbienen sind vor allem die Schwarze Keulhornbiene (*Ceratina cucurbitina*) und die Gewöhnliche Keulhornbiene (*C. cyanea*) an Nutzpflanzen zu finden. Die beiden Gattungen sammeln wie alle Echten Bienen ihren Pollen an den Hinterbeinen. Ihre Körperoberfläche ist wenig bis kaum behaart, schwarz oder metallisch-dunkelblau und glänzend. Während die Blauschwarze Holzbiene, mit bis zu 3 cm Körperlänge, die größte heimische Bienenart ist und einen sehr lauten tiefen Flugton produziert, sind Keulhornbienen kleiner als 1 cm, schlank und unauffällig. Erkennbar sind Keulhornbienen an dem oft vorhandenen gelben oder weißen Fleck im Gesicht und den keulenförmig zu den Enden hin breiter werdenden Fühlern. Beide nagen ihre Nester in totes Pflanzenmaterial wie Holz oder markhaltige Stängel und werden daher auch Schreinerbienen, aus dem Englischen «carpenter bees», genannt. Die Blauschwarze Holzbiene benötigt trockene Bereiche in stehendem Totholz, besiedelt aber auch abgestorbene Äste, Holzscheite

Abbildung 36: Metallische Keulhornbiene (*Ceratina chalybea*) am Nesteingang

Abbildung 37: Ein Holzbienenweibchen wirbelt beim Nestanflug Sägemehl aus seinem Nest auf.

und selbst dicke, markhaltige Pflanzenstängel. Keulhornbienen nisten in dünneren Zweigen, z. B. von Rose, Holunder und Brombeere, aber auch trockenen Brennnesselstängeln **(Abbildung 36)**. Die Stängel müssen stets markhaltig und trocken sein und dürfen bei Regen nicht mit Wasser volllaufen. Beide Gattungen verwenden Späne, die beim Nagen der Nester entstehen, als Baumaterial zur Abtrennung der einzelnen Brutzellen. Beim Anfliegen ihrer Nester kann es passieren, dass dieses Sägemehl aufgewirbelt wird **(Abbildung 37)**.

Lebenszyklus

Weibchen und Männchen überwintern gemeinsam, aber unverpaart. Holzbienen kommen selbst im Winter an wärmeren, sonnigen Tagen schon für einige Stunden zum Vorschein. Generell überdauern beide Gattungen den Winter und den Beginn des Frühjahrs in ihren Holzbohrgängen oder anderen Hohlräumen. Nach der Winterruhe tanken sie zunächst Energie an Frühblühern, wie hier am Hohlen Lerchensporn (*Corydalis cava*) das Männchen der Blauschwarzen Holzbiene. Die Männchen dieser Art können an den gelben Fühlersegmenten im Feld bestimmt werden **(Abbildung 38)**. Nach der Paarung im Frühjahr erstreckt sich die Versorgung der Brutzellen über den Sommer und endet mit dem Schlupf der nachfolgenden Generation. Die Nachkommen beider Geschlechter schlüpfen noch im gleichen Jahr, in dem sie als Larve gelebt haben **(Abbildung 39)**.

Abbildung 38: Eine Blauschwarze Holzbiene (*Xylocopa violacea*) trinkt Nektar aus dem Hohlen Lerchensporn (*Corydalis cava*).

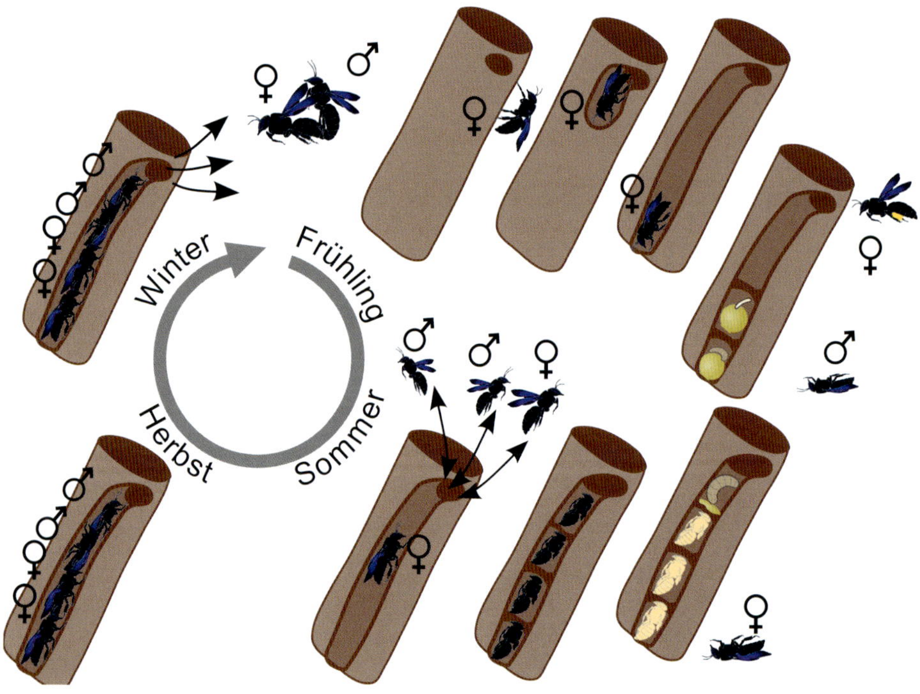

Abbildung 39: Lebenszyklus von Holz- und Keulhornbienen, am Beispiel einer Holzbiene.

Nutzpflanzenbestäubung

Holz- und Keulhornbienen sind ausgesprochen polylektisch, wobei Holzbienen komplexere Blüten mit verborgenem Nektar bevorzugen und deshalb gerne auch großblütige Schmetterlingsblütengewächse, aber auch Lippenblütengewächse, besuchen. Keulhornbienen besuchen die Blüten von verschiedenen Nutzpflanzen und lieben Natternkopf (*Echium vulgare*). Die Blauschwarze Holzbiene (*Xylocopa violacea*) ist auf vielen Obstgehölzen zu finden, besucht aber auch gerne verschiedene Bohnenarten und im Frühjahr Blaubeerblüten **(Abbildung 40a)**. *Ceratina cucurbitiana* und *C. cyanea* sind ebenfalls auf verschiedenen Nutzpflanzen wie Brombeere, Hagebutte, Kirsche und Melone zu finden **(Abbildung 40b)**. Diese Vielfalt an besuchten Blüten ist mit dem sehr langen Aktivitätszeitraum der Bienen zu erklären.

a

b

Abbildung 40a: Blauschwarze Holzbienen (*Xylocopa violacea*) bestäuben häufig Obstblüten.
Abbildung 40b: Gewöhnliche Keulhornbienen (*Ceratina cyanea*) lagern einen Teil des Pollens am Hinterbein und verschlucken die andere Hälfte zum Transport.

Wichtige Arten

Ceratina cucurbitina (**Schwarze Keulhornbiene**)

Ceratina cyanea (**Gewöhnliche Keulhornbiene**)

Xylocopa violacea (**Blauschwarze Holzbiene**)

Bildlegende nächste Doppelseite: Linke Seite (von oben links nach unten rechts): Blauschwarze Holzbiene (*X. violacea*) an Blaubeere; Gewöhnliche Keulhornbiene (*C. cyanea*) an Rose; Blauschwarze Holzbiene (*X. violacea*) an Gartenbohne; Blauschwarze Holzbiene (*X. violacea*) an Pfirsich; Blauschwarze Holzbiene (*X. violacea*) an Ackerbohne. Rechte Seite (von oben links nach unten rechts): Gewöhnliche Keulhornbiene (*C. cyanea*) an Raps; Blauschwarze Holzbiene (*X. violacea*) an Blaubeere; Blauschwarze Holzbiene (*X. violacea*) an Apfel; Blauschwarze Holzbiene (*X.≈violacea*) an Pflaume; Blauschwarze Holzbiene (*X. violacea*) an Ackerbohne.

Honigbiene

(Gattung: *Apis*)

Allgemeines

Weltweit gibt es mindestens neun Honigbienenarten, die heute noch vorkommen. Die meisten Honigbienenarten leben in Südostasien, darunter die Riesenhonigbiene (*Apis dorsata*), die größer ist als alle anderen Arten. Sie ist sowohl am Tage als auch in der Nacht aktiv und bestäubt Blüten. Die anderen asiatischen Honigbienen sind die Rote Honigbiene (*Apis koschevikovi*), die wild lebende Asiatische Honigbiene (*Apis nigrocincta*), die Asiatische Bergbiene (*Apis nuluensis*), die Zwerghonigbiene (*Apis florea*), die Buschhonigbiene (*Apis andreniformis*) und die in Südostasien wild vorkommende, aber auch häufig kommerziell gezüchtete Östliche Honigbiene (*Apis cerana*). Populationen der Östlichen Honigbiene unterscheiden sich je nach Region stark und es ist bis heute noch nicht geklärt, ob es sich um eine oder mehrere Arten handelt. Eine weitere Honigbienenart ist die Kliffhonigbiene (*Apis laboriosa*), die in Vietnam und im Himalaya vorkommt. Neben der kommerziell gezüchteten Östlichen Honigbiene hat nur die Westliche Honigbiene (*Apis mellifera*), die auch als Europäische Honigbiene bekannt ist, eine Bedeutung für die kommerzielle Honiggewinnung. Beide Arten werden für die Bestäubung von Nutzpflanzen oder für die Honiggewinnung gezüchtet.

Alle Honigbienenarten sind durch natürliche Barrieren wie Berge, große Seen und auch Meere natürlich in Unterarten evolviert. Allerdings kommt nur die Europäische Honigbiene (*Apis mellifera*) in Europa und damit in Deutschland, Österreich und der Schweiz vor. Sie wurde durch uns Menschen in weitere Unterarten («Rassen») gezüchtet. Die Unterarten der Honigbienen unterscheiden sich in verschiedenen Merkmalen wie beispielsweise der Aggressivität/dem Temperament, der Krankheitsresistenz, Schwarmneigung, Temperaturpräferenz und Phänologie, aber auch in der Eigenschaft des Produktionsverhältnisses von Honig zu Propolis. Als Propolis wird die harzartige Masse bezeichnet, deren harziger Bestandteil Honigbienen, aber auch Wildbienen, an Bäumen und Sträuchern sammeln. Honigbienen verwenden Propolis, um ihre Stöcke abzudichten. Propolis hat durch verschiedenste antibakterielle und antimykotische Inhaltsstoffe eine wichtige Bedeutung für die Gesundheit des Bienenvolkes. Häufige Europäische Honigbienenunterarten sind die Italienische-, Kaukasische-, Afrikanische-, Westliche- und die Krainer- (Carnica-Gruppe) Honigbiene. Eine in Deutschland regelmäßig genutzte Honigbienenrasse ist die Buckfastbiene. Diese Bienen werden von vielen Hobby-, aber auch Berufsimker:innen wegen ihres Sanftmuts und schwach ausgeprägten Schwarmtriebs geschätzt.

Lebenszyklus

Die Lebensweise der Europäischen Honigbiene ist geprägt durch ihre eindeutige Arbeitsteilung. In einem Bienenvolk leben eine Königin (Weisel), Arbeiterinnen und die männlichen Drohnen. Die Königin lebt länger als Drohnen und Arbeiterinnen und ist das einzige geschlechtsreife Weibchen in einem Volk. Sie legt täglich 2000–3000 Eier von Januar bis September. Die nicht geschlechtsreifen Arbeiterinnen machen mit ca. 70 000 Individuen pro Volk in der Hauptblüte den größten Anteil am Volk aus. Sie entstehen aus befruchteten Eiern und besitzen Pollenkörbchen an den Hinterbeinen, einen Stachel und Organe für die Brutpflege, Wachserzeugung und -verarbeitung. Die Aufgabe der Arbeiterinnen richtet sich nach ihrem Alter. Nach ihrem Schlupf übernehmen sie zunächst die Brutpflege und Arbeiten innerhalb des Volks wie den Wabenbau oder später als Wächterbiene und produzieren in dieser Zeit Wachs. Nur die älteren Arbeiterinnen fliegen aus, um Pollen, Nektar, Wasser und Pflanzenharze zu sammeln. Damit die Arbeiterinnen ausfliegen, muss die Außentemperatur mindestens 13 °C betragen und die Windgeschwindigkeit sollte 2,5 m/Sek. nicht überschreiten. Neben den Arbeiterinnen leben ca. 1000 männliche Drohnen, die aus unbefruchteten Eiern entstehen, im Volk. Sie besitzen keinen Stachel und auch keine Pollenkörbchen und können das Volk weder verteidigen noch ernähren. Ihre Aufgabe für das Volk besteht in der Begattung der Königinnen während der Schwarmzeit. Ein Honigbienenvolk überwintert und kann im Vergleich zu Hummelvölkern mehrere Jahre leben. Soziallebende Wildbienen, darunter auch die Hummeln, müssen sich ihre Nachkommen im Frühjahr erst aufziehen. Deshalb werden sehr früh blühende Kulturen wie Pfirsich, Mandel, Schwarze Johannisbeere und Amerikanische Blaubeere hauptsächlich von Honigbienen und Hummelköniginnen bestäubt.

Imkern

Als sich vor fünf Millionen Jahren der heutige Mensch entwickelte, gab es schon Honigbienenvölker. Dies und viele Informationen zur Evolution und den Verwandtschaftsverhältnissen wissen wir aus zahlreichen Bernsteinfunden mit eingeschlossenen Bienen und ihren Vorfahren, den Grabwespen. Durch Höhlenzeichnungen ist bekannt, dass Honig schon in der Steinzeit eine begehrte Energienahrung war, damals jedoch wurden noch wilde Bienenvölker ausgeraubt. Als Menschen von Jäger- und Sammlerkulturen zu Ackerbau und Viehzucht übergingen, nahmen sie auch Honigbienen zu ihren Wohnstätten. Schon aus dem Altertum sind Aufschriften und Bilder der Honigbienenhaltung bekannt und die Ägypter zeichneten im 4. Jahrtausend v. Chr. nicht nur die Bienenhaltung, sondern schrieben auch über ihre Bedeutung für die Reproduktion von Pflanzen. Auch in zahlreichen anderen Kulturen spielten und spielen Honigbienen eine wichtige Rolle für den Menschen. In Deutschland entwickelte sich eine wirtschaftliche Form der Bienenhaltung schon im Mittelalter; an Staat und Kirche mussten Honig- und Wachszins abgegeben werden. Bilder von Zeidlern (Waldimkern), die in Wäldern Honig ernteten, aber auch von Bienenhaltung in Strohkörben und Klotzbeuten als Wohnstätten für Bienen, zeigen die frühe Bedeutung von Honigbienen in Europa. Im 19. Jahrhundert wurden die herausnehmbaren Waben entwickelt und mit der Entwicklung der Honigschleuder konnten diese nach der Honigentnahme wieder genutzt werden **(Abbildung 41)**. Die Honiggewinnung wurde dadurch immer effizienter. Zu dieser Zeit gab es schon die Zuckerrübengewinnung und im 20. Jahrhundert nahm die industrielle Produktion von Kunstwachsen an Fahrt auf. Die Imkerei war damit nicht mehr zwingend nötig, aber wurde bis ins 21. Jahrhundert oft noch in großen kommerziellen Einheiten betrieben. Heute besitzen nur noch 3 % der deutschen Imker:innen mehr als 25 Völker und nur 1 % mehr als 50 Völker. Momentan verändert sich die Imkerei stark. Die Anzahl der Bienenvölker in Deutschland hat zwischen 1992 und 2008 stark abgenommen, seit 2008 nimmt die Völkerzahl wieder kontinuierlich zu. Auch nimmt die Anzahl der Imker:innen seit 2008 zu. Zu den Hobbyimker:innen, die lange vorwiegend Rentner:innen waren, gesellt sich eine neue Generation an jungen Imker:innen. Dies hat Vor- und Nachteile für die Bienenhaltung und Umwelt. Viele junge Hobbyimker:innen halten Honigbienen unter natürlicheren Bedingungen als früher. Sie stutzen zum Beispiel nicht mehr die Flügel der Königinnen und lassen das Schwärmen zu. Dies ist wichtig für die Bienen, um mit der Varroamilbe (*Varroa destructor*) zurechtzukommen. Viele dieser Imker:innen starten aber auch mit wenig Wissen und Erfahrung und verbreiten dadurch Bienenkrankheiten.

Nutzpflanzenbestäubung

Honigbienen sind besonders gute Bestäuber von großen Monokulturen. Durch ihre enorme Volksgröße sind sie sehr häufige Blütenbesucher. Während ihrer Sammelflüge besuchen sie immer nur eine Pflanzenart, solange diese ein ausreichendes Nahrungsangebot bietet. Dieses

Phänomen wird als «Blütenstetigkeit» bezeichnet und geht auf die hochentwickelte Kommunikation im Volk zurück. Wenn eine Arbeiterin eine große, ressourcenreiche Pflanze wie Raps gefunden hat, wird sie über den Rund- oder Schwänzeltanz den anderen Arbeiterinnen im Volk mitteilen, an welchem Ort sich Pollen und Nektar befinden. So können in einer kurzen Zeit zahlreiche Blüten besucht werden. Allerdings kann die Blütenstetigkeit auch zu unerwünschten Effekten führen. Dies möchten wir an einem Beispiel erläutern: Ein:e Bäuer:in hat Honigbienen für die Bestäubung ihrer/seiner Apfelkultur gemietet, ihre/sein Nachbar:in baut den attraktiven Raps an und beide Kulturen blühen gleichzeitig. Nun fliegen die Honigbienen immer nur in den Raps und der/die Nachbar:in profitiert durch die gemieteten Honigbienen, aber nicht die/der Bäuer:in, welche die Honigbienen für ihre Apfelanlage organisiert hat. Wenn in so einer Situation Wildbienen in der umgebenden Landschaft vorhanden sind, übernehmen diese die Apfelbestäubung. In Landschaften mit wenig Lebensräumen für Wildbienen ist dies nicht der Fall und der/die Bäuer:in muss mit Ertragsverlusten rechnen. Ähnlich ist es auch, wenn die Wetterbedingungen nicht zur Physiologie und Ökologie der Europäischen Honigbiene passen. Wildbienen übernehmen dann die Bestäubung, wenn ihr Lebensraum vorhanden ist oder der/die Bäuer:in neben den Honigbienen auch Hummeln einsetzt.

Bestäubungsimkerei und Bestäubungsindustrie

Manche Imker:innen fahren ihre Bienen für die Bestäubung in verschiedene landwirtschaftliche Anbausysteme. Auch in Deutschland entwickelt sich etwas Ähnliches wie die Bestäubungsindustrie, die wir aus der USA kennen. In den USA werden Honigbienen in großen Mengen nur für die Bestäubungsleistung, angefangen mit Mandeln in Kalifornien bis hin zur Sonnenblumenbestäubung, nachts über Hunderte von Kilometern transportiert. In dem Film «More than Honey» wird dies eindrücklich gezeigt. Bei uns gibt es seit einigen Jahren Bestrebungen, Imker:innen und Bäuer:innen zusammen zu bringen. Dies passiert auf sogenannten «Bienen-Imker-Dating Plattformen» mit zahlreichen Informationen über Bienen und deren Bestäubung. Wenn dies kommerziell angeboten wird, dann werden Bestäubungsprämien erhoben, die von Bäuer:innen an das Unternehmen für die Vermittlung und den Transport der Bienen gezahlt wird. Es werden auch Erdhummeln und Mauerbienen zur Bestäubung vermittelt und zusätzlich gibt es Beratungsangebote mit Informationen, wie Lebensräume für Wildbienen geschaffen werden können. Wir sehen die Entwicklung einer kommerziellen Vermarktung von Bestäubungsleistung zunehmend kritisch und plädieren dafür, Lebensräume für Wildbienen in der Agrarlandschaft zu schaffen, statt durch den Transport von Honigbienenvölkern Krankheiten zu fördern. Außerdem muss das Einbringen von Honigbienen sorgfältig durchdacht werden, damit sie Wildbienenpopulationen nicht schaden (siehe Konkurrenz zwischen Honig- und Wildbienen S. 161). Es ist weitreichend erforscht, dass strukturreiche Agrarlandschaften genug Wildbienen aufweisen, um die Bestäubungsleistung für Nutzpflanzen zu sichern, die stark von der Bienenbestäubung profitieren (z. B. Apfel). Anders ist dies bei großen Monokulturen wie Raps und bei der Bestäubung für Tunnelkulturen. Hier ist eine Bestäubung durch eingebrachte Honigbienen gegebenenfalls sinnvoll.

Die Europäische Honigbiene (*Apis mellifera*, **Abbildung 42**) wird schon sehr lange, vor allem in den USA, für Bestäubungsleistungen in der Landwirtschaft eingesetzt. Es gibt auch zahlreiche Empfehlungen, wie viele Völker pro Hektar für bestimmte Kulturen wie Obst am erfolgversprechendsten sind (Tabelle 2). Zudem gibt es Methoden, die dazu führen, dass Honigbienen eine bessere Bestäubungsleistung erzielen. Es wird z. B. gefrorener Pollen einer kompatiblen Spendersorte verkauft und dieser an den Fluglöchern eingehängt, sodass die Flugbienen beim Verlassen des Volks gleich den richtigen Pollen mitbringen. Es gibt auch zahlreiche Sprühapparaturen (Suspenser), um kompatiblen Pollen auf Blüten zu sprühen. Die wissenschaftlichen Ergebnisse dazu variieren stark und sind weit davon entfernt, an die Bestäubung von intakten

Wildbienenpopulationen heranzureichen. Eine andere Methode besteht darin, Brutpheromone einzusetzen, um mehr Arbeiterbienen dazu zu bringen, Pollen und Nektar zu sammeln. Eine Studie zeigt, dass in einem Honigbienenvolk nach Zugabe von einem Brutpheromon, äquivalent zu 2000 Larven, die Anzahl an mit Gurkenpollen beladenen Rückkehrerinnen um 50 % zunimmt. Der Einsatz von Pheromonen kann somit zunächst erfolgreich sein. Untersuchungen, wie sich dies längerfristig auf das Honigbienenvolk auswirkt, sind uns nicht bekannt. Bei Sonnenblumen und an Mandeln ist bekannt, dass Wildbienen die Honigbienen zu effektiveren Bestäubern machen. Wildbienen stören die Honigbienen beim Blütenbesuch, die aufgeschreckten Honigbienen wechseln daraufhin häufiger die besuchte Pflanze und erhöhen damit die Pollenübertragung zwischen verschiedenen Sorten und somit die Kreuzbestäubung. Es lohnt sich daher doppelt, Maßnahmen für Wildbienen anzulegen.

Abbildung 41: Ein Imker überprüft im Frühsommer die Waben auf Drohnenbrut. Diese würde er entfernen, um die Dichte der Varroamilbe zu reduzieren.

Abbildung 42: Die Europäische Honigbiene (*Apis mellifera*) kann einfach in großen Völkern gehalten werden und ist somit mit Abstand die häufigste Biene an den meisten Nutzpflanzen in unseren heutigen Nutzpflanzensystemen.

Nutzpflanze	Durchschnittliche Bienenvölkerzahl ha^{-1}
Apfel – extensiv	1–3
Apfel – intensiv	3–6
Birne	2,5–3
Quitte	1
Süßkirsche	3–5
Sauerkirsche	5–8
Pflaume	2,5–5
Aprikose	3
Pfirsich und Nektarine	0,5–1
Mandel	7–10

Tabelle 2: Empfohlene Honigbienendichten nach Benedek et al. 1990, zitiert in Kozma et al. 2003. Je nach Sorte, Standort, Wildbienendichte und vielen weiteren Faktoren können diese Werte schwanken und dienen somit nur als Beispiel.

Konkurrenz zwischen Honig- und Wildbienen

In den letzten zwölf Jahren haben sich viele wissenschaftliche Studien mit dem Thema Konkurrenz zwischen Honigbienen und Wildbienen beschäftigt. In einer Übersichtsstudie aus dem Jahr 2017 führen Wissenschaftler:innen um die Autorin Rachel Mallinger 146 Studien an, die sich mit der Konkurrenz zwischen Honigbienen und Wildbienen um Blüten- und Nistressourcen beschäftigen, aber auch mit weitreichenden Folgen für Pflanzengesellschaften. Auch schauten sie sich an, ob Honigbienen Krankheiten auf Wildbienen übertragen. Die Mehrzahl, aber nicht alle Studien, zeigen, dass Wildbienen von Blüten durch Honigbienen verdrängt werden und dies vor allem, wenn die Honigbienen außerhalb ihres natürlichen Verbreitungsgebietes vorkommen. Auch Pflanzengesellschaften verändern sich, wenn Honigbienen Wildbienen verdrängen. Außerdem berichten Rachel Mallinger und Kolleg:innen, dass die Mehrzahl der Studien negative Auswirkungen durch Honigbienen auf Wildbienen durch die Übertragung von Krankheiten zeigt. Nur wenige Studien untersuchen die Fitness, also z. B. Körpergröße, Immunsystem, Krankheitsbefall oder den Reproduktionserfolg von Wildbienen in Gebieten, in denen sie mit Honigbienen konkurrieren. Allerdings zeigt eine Studie um den Erstautor Twfeik Elbgami aus dem Jahr 2014, dass Hummelvölker in Anwesenheit von Honigbienen in direkter Umgebung eine verringerte Reproduktion aufweisen Im Jahr 2015 haben wir mit einer Doktorandin in einem Halbfreilandversuch in Flugkäfigen gezeigt, dass sich Mauerbienen bei einer hohen Dichte an Europäischen Honigbienen kaum noch vermehren können. In der Lüneburger Heide zeigten wir im Jahr 2013 mit unserer damaligen Doktorandin Anika Maneke (Geburtsname: Hudewenz) eine Verdrängung von Wildbienen durch Honigbienen an Heidekrautblüten, wobei die Reproduktion der Wildbienen nicht beeinflusst wurde. Zusammenfassend ist zu sagen, dass Honig- und Wildbienen sich in ihrer Bestäubungsleistung ergänzen und, solange die Honigbienendichten nicht zu groß werden, keine großen Nachteile für Wildbienen durch das Aufstellen von Honigbienenvölkern entstehen. Es ist allerdings schwierig abzuschätzen, mit wie vielen Völkern in einem Gebiet die Volksdichten zu hoch werden und Konkurrenz vorkommt, weil dies auch von Faktoren wie dem Blütenangebot und den Wetterbedingungen abhängt. Wildbienen leiden heute und auch in der Zukunft immer mehr durch die Klimaveränderungen und somit plädieren wir dafür, Schutzgebiete zu schaffen, in denen keine Völker der Europäischen Honigbiene aufgestellt werden.

Bildlegende nächste Doppelseite: linke Seite (von oben nach unten, von links nach rechts): Europäische Honigbiene (*A. mellifera*) an Ackerbohne; Europäische Honigbiene (*A. mellifera*) an Birne; Europäische Honigbiene (*A. mellifera*) an Blaubeere; Europäische Honigbiene (*A. mellifera*) an Brombeere; Europäische Honigbiene (*A. mellifera*) an Erdbeere; Europäische Honigbiene (*A. mellifera*) an Gurke. Rechte Seite (von oben nach unten, von links nach rechts): Europäische Honigbiene (*A. mellifera*) an Kirsche; Europäische Honigbiene (*A. mellifera*) an Sonnenblume; Europäische Honigbiene (*A. mellifera*) an Pfirsich; Europäische Honigbiene (*A. mellifera*) an Pflaume; Europäische Honigbiene (*A. mellifera*) an Melone; Europäische Honigbiene (*A. mellifera*) an Raps.

Naturschutz und Maßnahmen für Wildbienenbestäuber

Naturschutz und Maßnahmen für Wildbienenbestäuber

Naturschutz durch Wissen über die Blütenpflanzen-Bienen-Interaktionen

Wildbienen sind in nahezu allen Lebensräumen zu finden, doch sie sind auf heimische Blütenvielfalt und geeignete Nistplätze angewiesen. Manche Hummeln (Gattung *Bombus*) bevorzugen kühlere, höhere Lagen hingegen sind Holzbienen (Gattung *Xylocopa*) unsere Klimawandelgewinner und können gut mit Hitze umgehen. Trotz dieser bienengruppenspezifischen Unterschiede lieben alle Bienen ein sonniges Plätzchen und trockene Niststandorte. In Deutschland befindet sich die größte Artenvielfalt an Wildbienen an natürlichen Trockenstandorten wie dem Kaiserstuhl, den Binnendünen des Oberrheins und in Heidelandschaften. In Städten, als urbane Wärmeinseln, bieten vor allem große Ruderalflächen trockene und vegetationslichte Wildbienenhabitate. Der Schutz verschiedenster Habitattypen ist notwendig. Dabei müssen beide zentralen Teilhabitate von Bienen, also Nahrungs- und Nisthabitate, vernetzt sein. Neben Naturschutzgebieten, die großräumig ganze Ökosysteme und deren Vielfalt an Habitaten schützen, ist die großflächige Integration von wildpflanzenfördernden Maßnahmen in allen Offenlandbiotopen, von Agrarflächen über öffentliche Grünflächen bis hin zu Privatgärten, prädestiniert für den Wildbienenschutz. Dies ist der Fall, weil Offenlandbiotope durch ihre Vielfältigkeit und ihre Eignung für Bodennister im Gegensatz zu Wäldern besonders viele Wildbienenarten beherbergen können. Wildpflanzenschutz sollte sich keineswegs nur auf die Bestäuber von Nutzpflanzen beziehen. Dennoch, wenn wir die Vielfalt von Nutzpflanzenbestäubern schützen und nicht nur die Europäische Honigbiene (*Apis mellifera*) in die Gemüse- und Obstanlagen stellen, dann schützen wir auch die eine oder andere seltene Wildbienenart. Nebenbei stellen wir sicher, dass es immer Bienenarten gibt, die für die Nutzpflanzenbestäubung einspringen, wenn häufige Arten ausfallen. Nutzpflanzenbestäuber können somit als Schirmarten betrachtet werden. Sie erhalten Funktionen von Ökosystemen und tragen zum Schutz anderer Arten in den Ökosystemen bei. Wildbienen sind essenziell für die Reproduktion der heimischen Pflanzenvielfalt. Laut Paul Westrich sind 138 Wildbienenarten auf einzelne Pflanzenfamilien, Gattungen oder Arten spezialisiert und nicht spezialisierte Arten, die meisten unserer Nutzpflanzenbestäuber, profitieren von den gleichen Pflanzen. **Abbildung 43** zeigt alle spezialisierten Bienenarten Deutschlands sowie die Pflanzenfamilien, durch die verschiedene Bienengruppen gefördert werden können. Dieses Blütenpflanzen-Bienen-Interaktionsnetzwerk macht offensichtlich, dass Pflanzenfamilien wie die Schmetterlings-, Korb- und Kreuzblütengewächse sowie Weiden- und Glockenblumengewächse für besonders viele spezialisierte Wildbienen essenziell sind. Gleichzeitig sind die gleichen Pflanzenfamilien und deren Diversität auch für unsere generalistischen Nutzpflanzenbestäuber Der Versicherungseffekt einer diversen Blühmischung garantiert, dass beim Ausfall einzelner Pflanzenarten diese Nahrungsressourcen durch andere ersetzt werden können. Daher sollten diese Pflanzenfamilien gezielt in Maßnahmen integriert werden. Im Kapitel «Maßnahmen» nennen wir Pflanzenfamilien und -arten, die geeignete Blütenressourcen für die Nutzpflanzenbestäuber in den Bienensteckbriefen sind.

Abbildung 43: Pflanzenfamilien und ihre oligolektischen, also auf diese Pflanzen spezialisierten Bienenarten nach Paul Westrichs Buch von 2019. Jede Verbindung zeigt eine spezialisierte Interaktion zwischen einer Pflanzenfamilie mit ihrer/ihren Bienengruppe/n. Bienengruppen der Bienensteckbriefe sind fett gedruckt. Die Europäische Honigbiene (*A. mellifera*), die Furchenbienen (Gattung *Halictus*) und die Holz- (Gattung *Xylocopa*) und Keulhornbienen (Gattung *Ceratina*) haben in Deutschland keine Spezialisierungen auf bestimmte Pflanzenfamilien. Die Eichen-Sandbiene (*Andrena ferox*) hat sich laut P. Westrich auf Pollen von Gehölzen (Ahorn-, Buchen- und Rosengewächse) spezialisiert.

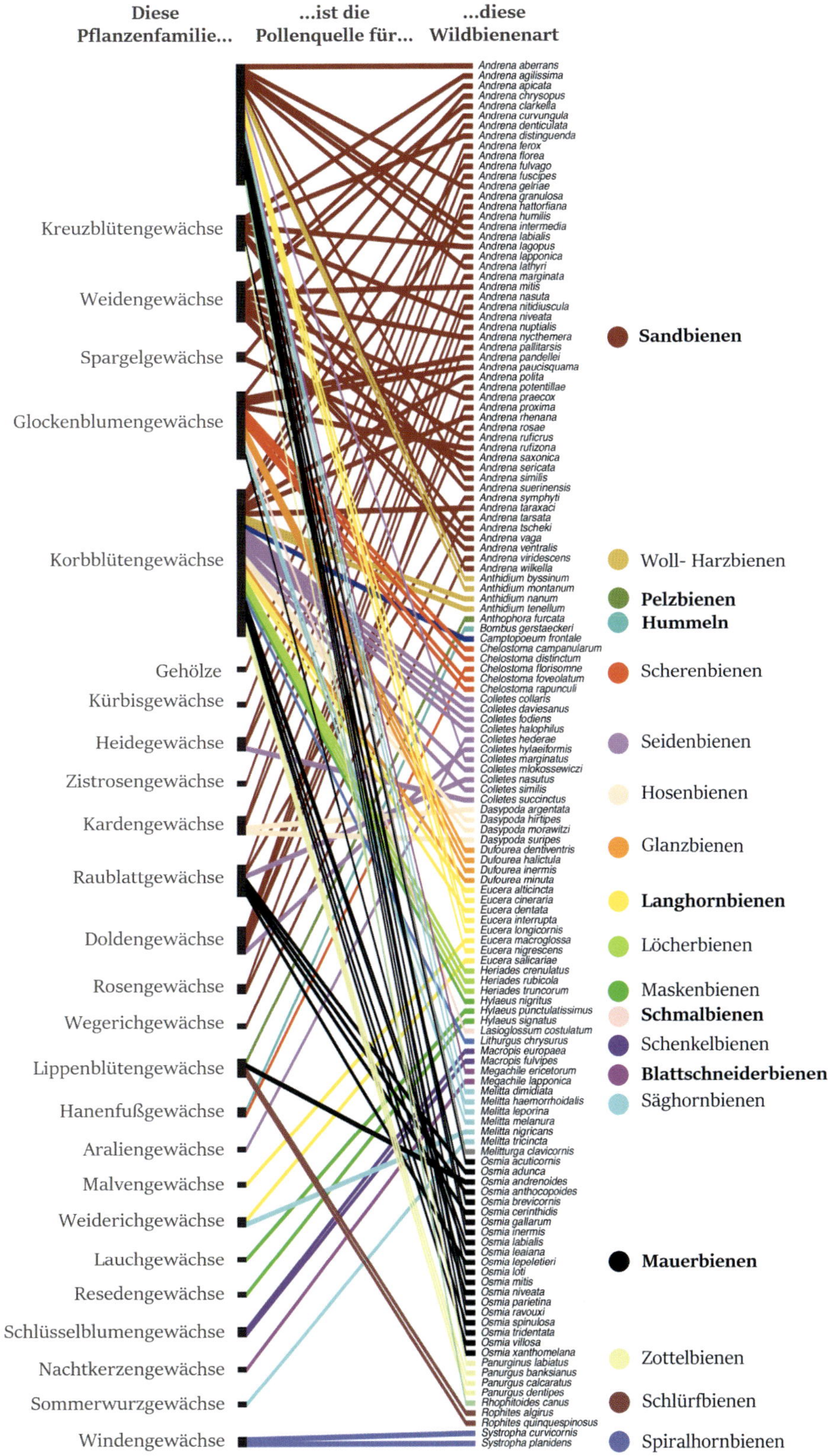

Diese Pflanzenfamilie...
...ist die Pollenquelle für...
...diese Wildbienenart
Kreuzblütengewächse
Weidengewächse
Spargelgewächse
Glockenblumengewächse
Korbblütengewächse
Gehölze
Kürbisgewächse
Heidegewächse
Zistrosengewächse
Kardengewächse
Raublattgewächse
Doldengewächse
Rosengewächse
Wegerichgewächse
Lippenblütengewächse
Hanenfußgewächse
Araliengewächse
Malvengewächse
Weiderichgewächse
Lauchgewächse
Resedengewächse
Schlüsselblumengewächse
Nachtkerzengewächse
Sommerwurzgewächse
Windengewächse
Andrena aberrans
Andrena agilissima
Andrena apicata
Andrena chrysopus
Andrena clarkella
Andrena curvungula
Andrena denticulata
Andrena distinguenda
Andrena ferox
Andrena florea
Andrena fulvago
Andrena fuscipes
Andrena gelriae
Andrena granulosa
Andrena hattorfiana
Andrena humilis
Andrena intermedia
Andrena labialis
Andrena lagopus
Andrena lapponica
Andrena lathyri
Andrena marginata
Andrena mitis
Andrena nasuta
Andrena nitidiuscula
Andrena niveata
Andrena nuptialis
Andrena nycthemera
Andrena pallitarsis
Andrena pandellei
Andrena paucisquama
Andrena polita
Andrena potentillae
Andrena praecox
Andrena proxima
Andrena rhenana
Andrena rosae
Andrena ruficrus
Andrena rufizona
Andrena saxonica
Andrena sericata
Andrena similis
Andrena suerinensis
Andrena symphyti
Andrena taraxaci
Andrena tarsata
Andrena tscheki
Andrena vaga
Andrena ventralis
Andrena viridescens
Andrena wilkella
Anthidium byssinum
Anthidium montanum
Anthidium nanum
Anthidium tenellum
Anthophora furcata
Bombus gerstaeckeri
Camptopoeum frontale
Chelostoma campanularum
Chelostoma distinctum
Chelostoma florisomne
Chelostoma foveolatum
Chelostoma rapunculi
Colletes collaris
Colletes daviesanus
Colletes fodiens
Colletes halophilus
Colletes hederae
Colletes hylaeiformis
Colletes marginatus
Colletes mlokossewiczi
Colletes nasutus
Colletes similis
Colletes succinctus
Dasypoda argentata
Dasypoda hirtipes
Dasypoda morawitzi
Dasypoda suripes
Dufourea dentiventris
Dufourea halictula
Dufourea inermis
Dufourea minuta
Eucera alticincta
Eucera cineraria
Eucera dentata
Eucera interrupta
Eucera longicornis
Eucera macroglossa
Eucera nigrescens
Eucera salicariae
Heriades crenulatus
Heriades rubicola
Heriades truncorum
Hylaeus nigritus
Hylaeus punctulatissimus
Hylaeus signatus
Lasioglossum costulatum
Lithurgus chrysurus
Macropis europaea
Macropis fulvipes
Megachile ericetorum
Megachile lapponica
Melitta dimidiata
Melitta haemorrhoidalis
Melitta leporina
Melitta melanura
Melitta nigricans
Melitta tricincta
Melitturga clavicornis
Osmia acuticornis
Osmia adunca
Osmia andrenoides
Osmia anthocopoides
Osmia brevicornis
Osmia cerinthidis
Osmia gallarum
Osmia inermis
Osmia labialis
Osmia leaiana
Osmia lepeletieri
Osmia loti
Osmia mitis
Osmia niveata
Osmia parietina
Osmia ravouxi
Osmia spinulosa
Osmia tridentata
Osmia villosa
Osmia xanthomelana
Panurginus labiatus
Panurgus banksianus
Panurgus calcaratus
Panurgus dentipes
Rhophitoides canus
Rophites algirus
Rophites quinquespinosus
Systropha curvicornis
Systropha planidens
Sandbienen
Woll- Harzbienen
Pelzbienen
Hummeln
Scherenbienen
Seidenbienen
Hosenbienen
Glanzbienen
Langhornbienen
Löcherbienen
Maskenbienen
Schmalbienen
Schenkelbienen
Blattschneiderbienen
Säghornbienen
Mauerbienen
Zottelbienen
Schlürfbienen
Spiralhornbienen

Nutzpflanzensynergien können für den Wildbienenschutz genutzt werden

Generalistische und spezialisierte Bienenarten haben artspezifische Flugzeiten (Phänologien), welche mit den Blühzeiträumen (Blütenphänologien) von spezifischen, oder einer Reihe von verschiedenen, Pflanzen synchronisiert sind. Im Gegensatz zu spezialisierten Wildbienen können generalistische Wildbienen Blütenressourcen verschiedener nacheinander blühender Pflanzenarten nutzen. Für viele ist dies essenziell, da jede Pflanzenart nur für einen limitierten Zeitraum von wenigen Tagen bis Wochen blüht, Wildbienen aber eine lange Phänologie zur Versorgung ihrer Nachkommen haben. Daher ist für die meisten nutzpflanzenbestäubenden Bienenarten eine Vielzahl an weiteren Pflanzenarten in der Umgebung wichtig, um ihre Nachkommen vor, während und nach der Nutzpflanzenblüte mit Nahrung und Pollen zu versorgen.

In **Abbildung 44** zeigen wir 20 Nutzpflanzen in einer Kreuztabelle. Die Zahlenwerte der jeweiligen Nutzpflanzenpaare geben an, wie viele Bienenarten insgesamt auf beiden der Pflanzenpartnern Pollen und Nektar sammeln. Zum Beispiel werden Rapsblüten (*Brassica napus*) von denselben 16 Bienenarten besucht, die auch Apfelblüten (*Malus domestica*) besuchen. Wenn beide Nutzpflanzen nebeneinander angebaut werden, fördern sie gemeinsam die Populationen dieser Bienenarten. Gleiches gilt beispielsweise für Brombeeren (*Rubus fructicosus* agg.) und Erdbeeren (*Fragaria vesca*), deren Blüten von denselben vier Bienenarten besucht werden. In Jahren, in denen Synergiepflanzen zur gleichen Zeit blühen, kann es durch große Blühflächen zu Konkurrenz zwischen den Kulturen um Bestäuber und somit zu einem Bestäuberdefizit kommen. Dies sollte bei großen Bestäuberpopulationen, wenn langfristig Nahrungs- und Nisthabitate für Wildbienen gefördert werden, schwächer ausfallen. Konkurrenz zwischen zwei Nutzpflanzen um die Bestäubung durch Honigbienen kann bei Apfel mit Kirsche und Raps und in manchen Jahren, je nach Wetterlage, auch mit Birne, Pflaume und Aprikose vorkommen. Generell nehmen wir aber an, dass positive Aspekte bei der Nutzung von Synergiepflanzen auf lange Sicht überwiegen. Dies ist vor allem der Fall, wenn wir in der Nutzpflanzenbestäubung auf eine nachhaltige, diverse Bienengemeinschaft setzen und nicht ausschließlich auf handelsübliche Zuchtbienen wie Europäische Honigbienen (*Apis mellifera*), Dunkle Erdhummeln (*Bombus terrestris*) und Rote Mauerbienen (*Osmia bicornis*). Bäuer:innen können zudem gezielt Nutzpflanzen auswählen, die von verschiedenen Wildbienenarten genutzt werden und sich über die Zeit hinweg ergänzen. So lässt sich durch einen kleinräumigen Nutzpflanzenanbau über das Jahr hinweg ein kontinuierliches Angebot an Blütenressourcen schaffen.

In **Abbildung 44** zeigt die Farbintensität die steigende Anzahl an verschiedenen Bienenarten auf den jeweiligen Pflanzenpaaren. Fett abgedruckt ist die Gesamtanzahl an Bienenarten für die jeweiligen Pflanzenarten hervorgehoben, z.B. bietet Raps (*B. napus*) 64, Brombeere (*Rubus fruticosus*) 27 und Apfel (*Malus domestica*) 18 Bienenarten eine Nahrungsressource. Die Artenzahlen sind sicherlich nicht vollständig, die Abbildung zeigt dennoch, welche Pflanzen viele Bienen gemeinsam anlocken und welche weniger (siehe S. 171–172 nächstes Kapitel: Magnetpflanzen).

Abbildung 45 zeigt, welche Bienen-Wildpflanzen sich bestäubende Bienenarten mit den jeweiligen 20 ausgewählten Nutzpflanzen teilen. Senf (*S. alba*) wird oft in kommerziellen Blühmischungen verwendet und ist somit in dieser Tabelle auch als Wildpflanze gelistet. Löwenzahn (Gattung *Taraxacum*) hat eine sehr lange Blühdauer und teilt sich damit 40 Bienenarten mit Raps (*B. napus*). Wenn Löwenzahn nach der Rapsblüte erhalten bleibt, kann dieser von den Bienen im Anschluss genutzt werden. Allerdings sollte Löwenzahn nie die einzige Blütenressource sein, weil Löwenzahnpollen eine essenzielle Aminosäure fehlt und manche Bienen alleine von Löwenzahn nicht leben können. Allerdings können Bienenpopulationen von Apfelbestäubern größere Populationen für die Blüte im folgenden Jahr aufbauen, wenn Raps (*B. napus*), Löwenzahn (Gattung *Taraxacum*) und Weiden (Gattung *Salix*) in der Nähe von Apfelanlagen vorkommen.

Anhand dieser beiden Tabellen kann nachgeschaut werden, welche Nutzpflanzen und welche Bienen-Wildpflanzen möglichst zusammen vorkommen sollten. Die Tabellen wurden nach eigenen und den Beobachtungen durch Paul Westrich zusammengestellt. In seinem einzigartigen Werk von 2019 zeigt er 3081 Einzelbeobachtungen von Bienen an Blüten und Pollenanalysen von 525 Pflanzenarten als Pollenquellen von 316 Wildbienenarten. Damit hat er nicht nur das Wissen über die Ökologie der Wildbienen beispiellos bereichert, sondern auch die Grundlage für den Wildbienenschutz geschaffen. Bei den Daten, die wir in **Abbildung 46** und **47** zusammengefasst haben, ist zu beachten, dass Hummeln (Gattung *Bombus*) in diesen Aufzeichnungen nicht erfasst wurden. Sie gelten im Allgemeinen als generalistisch und somit ist anzunehmen, dass sie, wenn sie vorkommen, an vielen der hier gelisteten Pflanzenarten Pollen sammeln und somit zu deren Bestäubung beitragen.

	Brassica napus	*Rubus fruticosus agg.*	*Brassica spp.*	*Prunus spinosa*	*Malus domestica*	*Prunus avium*	*Fragaria vesca*	*Pyrus communis*	*Rosa canina*	*Vaccinium myrtillus*	*Rubus idaeus*	*Raphanus raphanistrum*	*Vaccinium vitis-idaea*	*Prunus domestica*	*Ribes rubrum*	*Ribes uva-crispa*	*Prunus armeniaca*	*Ribes nigrum*	*Prunus cerasifera*	*Prunus persica*
Brassica napus	**64**	14	16	14	16	13	11	9	9	2	7	7		6	3	3		2	2	
Rubus fruticosus agg.	14	**27**	3	5	5	3	4	4	3	3	2		2							
Brassica spp.	20	5	**23**	6	3	4	6	3	4			4		3	2	2				
Prunus spinosa	14	5	6	**19**	4	9	2	**7**	6		2			6	3	2	2	2	2	
Malus domestica	16	5	3	4	**18**	6	4	8	2		2			2	2	2	2			
Prunus avium	13	3	4	9	6	**15**	**3**	5	4					5	3	3		2		
Fragaria vesca	11	4	4	2	4	3	**13**				2									
Pyrus communis	9	4	3	7	8	5		**12**	3		3			3			2			
Rosa canina	9	3	4	6	2	4		3	**10**		3			3						
Vaccinium myrtillus	2	3								**10**			6							
Rubus idaeus	7	2		2	2		2	3	3		**9**									
Raphanus raphanistrum	7		4									**7**								
Vaccinium vitis-idaea		2								6			**7**							
Prunus domestica	6		3	6	2	5		3	3					**6**	3	2		2		
Ribes rubrum	3		2	3	2	3								3	**4**	2				2
Ribes uva-crispa	3		2	2	2	3								2	2	**3**				
Prunus armeniaca				2	2			2									**3**			
Ribes nigrum	2			2		2								2				**2**		
Prunus cerasifera	2			2															**2**	
Prunus persica															2					**2**

Abbildung 44: Anzahl der gleichen Bienenarten, die jeweils zwei Nutzpflanzen bestäuben. Je dunkler die Zahl eingefärbt ist, desto mehr Bienenarten teilen sich die jeweiligen Nutzpflanzen. Zum Beispiel wird Raps (*Brassica napus*) von 64 Wildbienenarten besucht und teilt sich mit der Brombeere (*Rubus fruticosus* agg.) und der Schlehe (*Prunus spinosa*) jeweils 14 Arten.

	Brassica napus	*Rubus fruticosus agg.*	*Brassica spp.*	*Prunus spinosa*	*Malus domestica*	*Prunus avium*	*Fragaria vesca*	*Pyrus communis*	*Rosa canina*	*Vaccinium myrtillus*	*Rubus idaeus*	*Raphanus raphanistrum*	*Vaccinium vitis-idaea*	*Prunus domestica*	*Ribes rubrum*	*Ribes uva-crispa*	*Prunus armeniaca*	*Ribes nigrum*	*Prunus cerasifera*	*Prunus persica*
Sinapis arvensis	52	18	14	11	13	9	12	7	7	2	6	7		4	2	3				
Taraxacum officinale	40	15	7	13	14	12	9	8	7	2	3	2	2	5	3	2	2	2		2
Salix caprea	19	8	6	15	11	12	6	9	5	2	3		2	6	3	3	3	2	2	
Ranunculus acris	25	14	5	9	10	5	5	5	7	4	4		3	4	2	2		2		
Potentilla neumanniana	22	8	8	4	10	6	9	4	4		2			2		2				
Heracleum sphondylium	22	10	4	6	5	8	6	5	5		3			3		2				
Sinapis alba	25	8	9	3	6	5	3	5	5		4	2		2						
Veronica chamaedrys	20	9	5	4	7	7	6	4	5		2	2		3		2				
Acer campestre	14	3	4	8	5	10	2	5	5	2	3			4	2	3				
Stellaria holostea	14	8	2	7	6	5	4	5	2		3			3	2	2		2		
Anthriscus sylvestris	18	2	5	6	6	6	6	3	4		2			2	2	2				
Crataegus laevigata	12	3	6	9	3	8		3	4		3			5	3	3				
Ilex aquifolium	11		3	7	5	6		6	5		4			5	3	2		2	2	
Acer pseudoplatanus	10	3	4	8	6	7		6	3		2			3	3	2			2	
Isatis tinctoria	15	6	5	3	6	4	3	4	3		2	2				2				
Jasione montana	14	14	4	3	6	3	2	4	2											
Tussilago farfara	9	5	4	6	5	6	3	3	3					3	2	2				
Ranunculus ficaria	10	5	4	7	4	5		4	3					4	2	3				
Ranunculus bulbosus	13	3	4	7	3	6		5	6		2			2						
Potentilla reptans	17	9	2		9	3	5	3												
Cardamine pratensis	13	5	5	5	4	2	6	3	3					2						
Salix alba	10		2	5	6	5	3	3	2		2			2	2	2				
Trifolium repens	11	11		2	5	2	2	4		3	2		2							
Cardaria draba	14	2	8	2	4	2	6				2	3								
Achillea millefolium	14	8	3	3	5	3	4	2												
Barbarea vulgaris	11	4	7	3	2	3		2	3			2		2	2					
Helianth. nummularium	12	5	3	4		3		3	4	2	3		2							
Aegopodium podagraria	11	2	3	2	3	5	4	2	4					2		2				
Centaurea jacea	12	12	2	3	3	2	2	3												
Salix aurita	8	3	3	3	7	2		4	3		2			2						

Abbildung 45: Anzahl der gleichen Bienenarten, die jeweils eine Nutzpflanze und eine Wildpflanze bestäuben.

Magnetpflanzen sind essenziell, um Bienenvielfalt zu fördern

Einige Pflanzenarten kommen sehr vielen verschiedenen Wildbienenarten zugute. Sie locken die Wildbienendiversität wie ein Magnet an. Diese Magnetpflanzen bieten Ressourcen für Wildbienen, welche dann auch die Nutzpflanzen bestäuben **(Abbildung 45)**. Die größte Konkurrenz, aber auch die beste Unterstützung im Hinblick auf bestäubende Bienenarten einer Nutzpflanze sind weitere Nutzpflanzenindividuen der gleichen Art. Dies ist nicht grundsätzlich falsch, aber zu überdenken, weil nur durch unterschiedliche Pflanzenarten auch wirklich unterschiedliche Ressourcen für die «Nutzpflanzenbienen» und deren Populationen angeboten werden können.

An vorderster Stelle der Magnetpflanzen unter den Nutzpflanzen ist der Raps (*Brassica napus*) zu nennen. Er wird von über 60 verschiedenen Wildbienenarten besucht, darunter viele Nutzpflanzenbestäuber. Raps ist als Kreuzblütengewächs eine Pionierpflanze, welche neue Standorte wie offene Bodenstellen, Fugen und Ruderalstellen sehr schnell besiedelt. Diese Standorte sind häufig mit Austrocknung konfrontiert und daher ist eine zügige Bestäubung von großem Vorteil für die Pflanzen. Dies könnte erklären, warum auch Senf (*S. alba*) seine Blütenressourcen, also Pollen und Nektar, in großen Mengen und für Bienen jeglicher Größe und Gestalt anbietet. Nicht nur Raps und Senf, sondern auch weitere Kreuzblütengewächse wie alle Arten und Sorten von Rettichen, Kohl und Rauken sind ebenso bienenfreundlich. Dass viele Kreuzblütengewächse zu fast jeder Jahreszeit blühen können und winterhart sind, ist ein weiterer Vorteil, der sich aus der Anpassung von Kreuzblütengewächsen an diese zum Teil sehr veränderlichen Lebensräume ergibt. Eine pauschale Verbesserung des Nahrungsangebotes für eine große Vielfalt an Wildbienen ist daher die sequenzielle Ansaat von Raps (*B. napus*) in Abständen von zwei Wochen. Hierbei eignen sich schon 1 m^2 große Flächen, die nach dem Abblühen sofort wieder eingesät werden können. Zusätzlich können durchgeschossene Kohl- und Rettichpflanzen bis zum Abblühen stehen gelassen werden. Sollten diese überwintern, kommen sie schon sehr früh zur Blüte und unterstützen früh fliegende Wildbienen.

Weitere Magnetpflanzen sind der allgegenwärtige Gewöhnliche Löwenzahn (*Taraxacum officinalis*) und männliche Weiden (Gattung *Salix*). Beide sind fast ausschließlich für sehr früh im Jahr fliegende Bienenarten interessant. Sie locken bestäubende Wildbienen früh blühender Nutzpflanzen in die landwirtschaftlichen Nutzflächen und Gärten und fördern deren Populationen. Von diesen Magnetpflanzen profitieren zum Beispiel Rosengewächse wie Apfel (*M. domestica*), Birne (*P. communis*) und Erdbeere (*F.* x *ananassa*), aber auch Beerensträucher wie Johannisbeere (*R. nigrum, R. rubrum*) und Blaubeere (*V. corymbosum*). Während eine Weidenblüte für viele Tage reichhaltige Pollen spendet, öffnen sich Löwenzahnblüten nur für wenige Stunden am Tag und jede Blüte nur einmal. In den ersten Morgenstunden öffnen sich die Korbblütengewächse und reifen sequenziell von außen nach innen, wobei jede Einzelblüte im Tagesverlauf von der weiblichen zur männlichen Phase wechselt. Daher finden vor allem vormittags viele Bienenarten in den Röhrenblüten reichlich Nektar und Pollen, welcher schon beim Krabbeln auf der Blüte abgestreift wird. Sobald am Nachmittag Schatten auf die Blüten fällt oder sie ausreichend bestäubt wurden, schließen sich diese, aber am nächsten Morgen gehen schon die nächsten Blüten auf. Zur Förderung der Wildbienen ist daher eine Fülle an Korbblütengewächsen wie der frühblühende Huflattich (*Tussilago farfara*) zu begrüßen. Verschiedene groß- und kleinwüchsige Weidenarten und -züchtungen eignen sich für die Agrarlandschaft und Gärten, wobei erst eine große Weide am Feldrand oder in der Ecke eines Gartens ihre wahre Magnetwirkung auf Wildbienen entfaltet.

Nach den Frühblühern treten Lippenblütengewächse, z. B. die Taubnesseln (Gattung *Lamium*), und Schmetterlingsblütengewächse, z. B. der Kriechende Klee (*Trifolium repens*), als attraktive Blütenpflanzen auf den Plan. An ihnen laben sich nicht nur eine Reihe solitärer Wildbienen, sondern auch die in der Tabelle nicht erwähnten Hummeln, welche ebenfalls sehr wichtige Bestäuber von Nutzpflanzen sind. Hinzu kommen die Hahnenfußgewächse mit dem Kriechenden Hahnenfuß

(*Ranunculus repens*), Scharfen Hahnenfuß (*R. acris*) und Knolligen Hahnenfuß (*R. bulbosus*) oder die Winterkresse (*Barbarea vulgaris*). Diese, im Viehfutter häufig als störend empfundenen Pflanzen sind auch als Butterblumen bekannt und nicht nur als duftender Blumenstrauß sehr schön anzusehen, sondern auch für viele im späteren Frühling aktive Wildbienen wichtig.

Im Laufe des Sommers werden verschiedene Stauden wie Blutweiderich (*Lythrum salicaria*), Schafgarbe (*Achillea millefolium*) oder Glockenblumen (Familie: Campanulaceae) und eine Vielzahl an krautigen Pflanzen wie Klee/Schneckenklee (Gattungen *Trifolium* und *Medicago*), Natternkopf (*Echium vulgare*) und Wiesen-Flockenblume (*Centaurea jacea*) relevant. Von diesen profitieren nicht nur spezialisierte Wildbienen, sondern sie bestimmen maßgeblich, wie viele Geschlechtstiere für die nächste Generation, z. B. von Hummeln (Gattung *Bombus*) und Schmalbienen (Gattung *Lasioglossum*) produziert werden können.

Für alle im Folgenden vorgestellten Maßnahmen ist konstantes menschliches Einwirken nötig, um positive Auswirkungen auf Wildbienen zu ermöglichen. Daher können diese Maßnahmen keine alleinige Alternative zum langfristigen und nachhaltigen Schutz von Wildbienen in der Landschaft darstellen. Unsere vorgestellten Maßnahmen sind auf generalistische Bienenbestäuber ausgerichtet. Wie aber schon oben erwähnt, können wir bei einer guten Zusammenstellung der Pflanzen in z. B. mehrjährigen Blühstreifen und Hecken auch andere, spezialisierte und seltene Wildbienen fördern, wenn auch bei Weitem nicht alle Arten. Dafür sind streng geschützte Naturschutzgebiete unabdingbar. Langfristiger Schutz kann nur durch den Erhalt und die Wiederherstellung von großflächigen, natürlichen und vor allem sich selbst erhaltenden Lebensräumen gelingen. Dennoch eignen sich die hier vorgestellten Maßnahmen, um Wildbienenbestände am jeweiligen Ort und im Umkreis von bis zu einem Kilometer zu fördern. Grundvoraussetzung ist, dass natürliche Populationen von Wildbienen in der näheren Umgebung vorhanden sind, welche die durch die Maßnahmen bereitgestellten Nist- und Nahrungsressourcen (beides muss vorhanden sein!) besiedeln oder nutzen können.

Maßnahmen zur Förderung der Bienenvielfalt

Wie schon erwähnt, braucht es zur Förderung von Bienenvielfalt Maßnahmen, die genügend und vielfältige Nahrung bereitstellen (Nahrungshabitate) und Maßnahmen, die genügend und vielfältige Nistplätze (Nisthabitate) für die Bienen bereitstellen. Zusätzlich müssen Baumaterialien für die Bienennester zur Verfügung stehen. Im Folgenden stellen wir zunächst Maßnahmen, die auf die Herstellung von Nahrungshabitaten zielen, vor. In dem darauffolgenden Teil stellen wir Maßnahmen vor, die auf die Herstellung von Nisthabitaten zielen. Die Maßnahmen sind auf Agrarlandschaften zugeschnitten, manche können aber auch in Bauerngärten und Privatgärten Wildbienen erfolgreich fördern, wenn auch zum Teil in leicht abgewandelter Form. In diesem Fall finden Sie entsprechende Zusatzinformationen in gesondert gekennzeichneten Boxen. Die hier vorgestellten Maßnahmen sind nicht vollständig und wir haben sie danach ausgewählt, ob sie prinzipiell praktikabel für (Garten-)Bäuer:innen sind. Die Wirkung der verschiedenen Maßnahmen ist von der Nutzpflanze, der Nutzungsgeschichte, dem Landschaftskontext, der Samenbank, den alternativ angewendeten Praktiken und vielen weiteren Faktoren abhängig. Allgemein sollten aber alle hier vorgestellten Maßnahmen eine Steigerung des Nahrungs- und Nistangebotes bringen.

Wie wir vorgegangen sind, um Maßnahmen für Nutzpflanzenbestäuber vorzuschlagen

Um erfolgreiche Maßnahmen auszuwählen, haben wir uns die empfohlenen Maßnahmen angeschaut, die Frank Gottwald und Karin Stein-Bachinger in einem Handbuch von 2016 im Rahmen des Projektes

«Landwirtschaft für Artenvielfalt» zusammen mit dem WWF Deutschland übersichtlich zusammengestellt haben. Wir haben uns dafür die 3. Auflage angeschaut und Maßnahmen herausgesucht, die Wildbienen fördern und die nicht auf den ökologischen Landbau begrenzt sind. Die Maßnahmen haben wir in Nahrungs- und Nisthabitate unterteilt. Dabei haben wir Doppelungen vermieden. Nur das Anlegen und Pflegen von Hecken, Feldgehölzen und Streuobstbäumen ist sowohl als Nahrungs- als auch als Nisthabitat gelistet. Dies, weil diese Gehölzstrukturen wichtig als Teilhabitat für Nahrung und Nistplätze für sehr viele Bienenarten sind. Die ausgewählten Maßnahmen haben wir mit weiteren praktikablen Maßnahmen, wie dem Aufstellen von Nisthilfen/Bienen-/Insektenhäusern, ergänzt. Wir haben dann kategorische Wertigkeiten für jede Bienengruppe aus den Bienensteckbriefen in Zahlen (Skala 0 = keinen Wert, 1 = geringen Wert, 2 = mittlerer Wert, 3 = hoher Wert) vergeben (Tabelle 3, Seite 174). Diese Wertigkeiten basieren auf unseren Erfahrungen und Ergebnissen aus wissenschaftlichen Publikationen, in denen Maßnahmen mit Kontrollen, also Anbauflächen ohne Maßnahmen, verglichen wurden. Leider gibt es solche Studien bisher nur für wenige Maßnahmen. Zu manchen Maßnahmen gibt es mehrere Studien, so z. B. Studien zu Wildbienenvorkommen in Anbauflächen mit und ohne Hecken oder mit und ohne einjährige oder mehrjährige Blühstreifen. Solche Studien gibt es allerdings nur für wenige Nutzpflanzensysteme. Allgemein gibt es für den Apfelanbau wesentlich mehr Studien zu Wildbienenvorkommen und ihrer Bestäubungsleistung als für andere Nutzpflanzen. Die Wertigkeiten pro Maßnahme für jeden Nutzpflanzensteckbrief haben wir über die Wertigkeit der wichtigsten bestäubenden Bienengruppen abgeleitet. Somit basieren die Wertigkeiten stark auf unseren Beobachtungen und Annahmen durch unser biologisch-ökologisches Wissen über die Bienen in den Bienensteckbriefen. Wir haben die drei wichtigsten Maßnahmen für Nahrungshabitate und für Nisthabitate in der Box «Maßnahmen für Wildbienen» festgehalten. Die Europäische Honigbiene (*A. mellifera*) profitiert von allen Nahrungs-, aber nicht von den Nistmaßnahmen, weil sie ihren Nistplatz von dem/der Imker:in bekommt. Wir möchten an dieser Stelle noch betonen, dass die mehrjährigen Blühmischungen und Hecken, Feldgehölze und Streuobstbäume die beiden Maßnahmen sind, die bei unserer Auswahl in den Nutzpflanzensteckbriefen am häufigsten auftauchen. Hierbei sollte beachtet werden, dass diese Maßnahmen zwar für die Nutzpflanzenbestäuber in einem Anbausystem nachweislich eine große Wirkung haben, aber ein geringes Potenzial, auf einer großen Fläche umgesetzt zu werden. Dies liegt daran, dass sie ausschließlich für den Biodiversitätsschutz und nicht für die landwirtschaftliche Nutzung angelegt werden. Große Flächen, die für Bestäuber attraktiv sind, können wir jedoch nur mit Maßnahmen, die Schutz und Nutzung integrieren, erzielen. Hierbei möchten wir betonen, dass jede:r Bäuer:in zwischen den Anteilen von Nutzung und Schutz in der Agrarlandschaft abwägen wird und muss. Integrierte Maßnahmen (Schutz und Nutzung auf derselben Flächeneinheit) sind weniger effizient als segregierte Maßnahmen (nur Schutz, während die Nutzung auf einer anderen Flächeneinheit stattfindet). Dies bedeutet, dass integrierte Maßnahmen bzw. Managementveränderungen wie Verzicht auf (oder Reduktion von) Pflanzenschutzmitteln oder grubbern anstelle von pflügen (die Tiefe der Bodenbearbeitung) auf der gleichen Flächeneinheit weniger effektiv für den Schutz sind als z. B. das Anlegen und Pflegen von mehrjährigen Blühmischungen. Hingegen haben integrierte Maßnahmen (Schutz und Nutzung auf der gleichen Flächeneinheit) ein höheres Potenzial, auf größeren Flächen umgesetzt zu werden und damit eine große Bedeutung für den Schutz von Wildbienen. Allerdings könnten Hecken, Feldgehölze und Streuobstbäume und langfristig angelegte Blühwiesen generell an Bedeutung gewinnen, wenn wir sie integrativ für uns Menschen nutzen würden, z. B. für die Energie- oder Futtergewinnung. Für diese beiden Maßnahmen wird der Naturschutzwert durch die Nutzung nicht zwingend reduziert. Dies, weil die Nutzung zur Energiegewinnung mit der benötigten Pflege der Maßnahmen einhergeht.

Wenn Ihnen so viel Fläche für Maßnahmen zur Verfügung steht, versuchen Sie, sich nicht streng an unsere vorgeschlagenen Maßnahmen pro Nutzpflanzensystem zu halten, sondern versuchen Sie, so viele verschiedene Maßnahmen wie möglich, je nach Praktikabilität, umzusetzen. Unsere Empfehlungen dienen als Leitlinien, die Spielräume haben.

Kürzel	Maßnahme	Hummeln	Sandbienen	Mauer- und Blattschneiderbienen	Schmal- und Furchenbienen	Pelz- u. Langhornbienen	Holz- und Keulhornbienen	Europäische Honigbiene	Anzahl Bienengruppen	Summe Bienenwertigkeit
	Nahrungshabitat									
F01	Ackerwildkrautschutz	3	2	2	2	2	2	2	7	15
F02	Einjährige Blühmischung	3	2	3	2	1	2	3	9	16
F03	Mehrjährige Blühmischung	3	3	3	3	3	3	3	9	21
F04	Hecken, Feldgehölze und Streuobstbäume	3	3	2	3	1	3	2	9	17
F05	Mosaiknutzung im Kleegras und Grünland	2	2	2	2	2	2	1	9	13
F06	Säume und Wegränder	2	3	3	3	2	2	2	9	13
F07	Schutzstreifen im Umfeld von Gewässern	2	2	3	3	1	3	2	9	16
F08	Umwandlung von Acker in Grünland	3	3	3	3	3	2	2	9	19
F09	Verzicht auf Pflanzenschutzmittel in der Vegetationszeit	2	3	3	3	2	2	2	9	13
F10	Verzicht auf Mähaufbereiter und frühe Mahd	3	3	1	3	1	2	2	9	15
	Nisthabitat									
N01	Abbruchkante	2	3	2	3	2			5	12
N02	Alt- und Totbäume	1		2			3		3	6
N03	Mehrjärhige Blühflächen ausmagern	1	3	3	3	2			5	12
N04	Erd- und Feldwege		1	2	3	1			4	7
N05	Grubbern statt pflügen		1	1	1				3	3
N06	Hecken, Feldgehölze und Streuobstbäume	3	1	2	2	1	2		6	11
N07	Lesesteinhaufen, Steinriegel und Trockenmauern	3	1	2	2				4	8
N08	Nisthilfen für Insekten			3					1	3
N09	Oberbodenabtragung		3	1	3	2			4	9
N10	Sandlinse		3	2	2	1			4	8
N11	Säume und Fahrgassen	1	2	2	2	1			5	8
N12	Liegendes Totholz	3		1			3		3	7

Tabelle 3: Übersicht über die Maßnahmen und deren angenommene Wertigkeit (Skala 0–1) für die entsprechenden Wildbienengruppen, sowie die Anzahl der Bienengruppen, die von einer Maßnahme profitieren und die Gesamtwertigkeit (Summe) über alle Bienengruppen pro Maßnahme. Die Anzahl der profitierenden Bienengruppen und die Gesamtwertigkeit muss für die Nahrungs- und Nisthabitate getrennt betrachtet werden.

Erläuterungen zu den Maßnahmensteckbriefen

Jede Maßnahme hat einen Namen z. B. «Ackerwildkrautschutz» und eine Buchstaben-Nummern-Kombination, z. B. «F01». Das F steht für Nahrungshabitat und das N für Nisthabitat. Für Nahrungshabitat verwenden wir orange und für Nisthabitat blau, sowohl in den Nutzpflanzen- als auch in den Maßnahmensteckbriefen. In den Maßnahmensteckbriefen beschreiben wir in aller Kürze zunächst die Maßnahme im Hinblick auf ihre Bedeutung für Wildbienen, gefolgt von einer Liste der Bienengruppen, die vorwiegend von dieser Maßnahme profitieren in der Rubrik «Diese Bienen profitieren». In der Rubrik «Diese weiteren Tiere und Pflanzen profitieren» geben wir weitere Tier- und Pflanzengruppen an, die vorwiegend von der jeweiligen Maßnahme profitieren. Nicht jede Maßnahme ist für jeden Anbautyp wichtig; dies geben wir bei «Besonders hohes Potenzial» an, damit die Maßnahmen nicht jedes Mal in allen Nutzpflanzensteckbriefen gesucht werden müssen. Wir geben auch an, wie ein:e Bäuer:in oder Landschaftspfleger:in aktiv werden kann (Rubrik «Aktiv werden») und beschreiben kurz, welche Wirkung die jeweilige Maßnahme auf Wildbienen hat (Rubrik «Wirkung auf Wildbienen»). Am Ende von jedem Maßnahmensteckbrief führen wir weitere Informationen, die uns wichtig erscheinen in der Rubrik «Zusatzinformationen» auf, und wo es sinnvoll ist, werden Maßnahmen zur Umsetzung im Garten in der Rubrik «Garten-Tipp» erwähnt. Unsere Maßnahmen sind prinzipiell für jede Agrarlandschaft geeignet. Für eine optimale Umsetzung müssen natürlich die Standortbedingungen wie Lage und Bodenbeschaffenheit beachtet werden.

Informationen zu den Fotos der Maßnahmensteckbriefe

Für jede Maßnahme, die sowohl ein Nahrungshabitat als auch ein Nisthabitat fördert, zeigen wir ein Beispielbild der jeweiligen Maßnahme sowie eine Bienenart, die von der jeweiligen Maßnahme profitiert. Wenn wir Garten-Tipps geben, zeigen wir auch für diese ein Bild einer Maßnahme für den Garten oder ein Bild einer Biene aus einer Gartenmaßnahme.

Maßnahmen-steckbriefe

Nahrungshabitate

Die Aktivitätszeit von Wildbienen beginnt mit einigen Ausnahmen im März und endet im Oktober. Das in dieser Zeit benötigte konstante Blühangebot sollte vorrangig von einheimischen Wildpflanzen gestellt werden. Dies liegt daran, dass sich Wildbienen an die natürlicherweise in ihrer Umgebung vorkommenden Pflanzenarten angepasst haben und viele darauf spezialisiert sind. Deshalb fördern Wildpflanzen die größte Vielfalt von Wildbienen. Man bedenke, dass Bienen nur dann an einem Ort dauerhaft leben können, wenn dort ein dauerhafter Nahrungs- und Niststandort und somit eine Überwinterungsmöglichkeit in der Nähe von Nahrungshabitaten vorzufinden ist.

Disteln bieten viel Nektar und Pollen, wie hier für eine Europäische Honigbiene (*Apis mellifera*), Keulhornbiene (*Ceratina* sp.) und die Gelbbindige Furchenbiene (*Halictus scabiosae*).

F01 Ackerwildkrautschutz

Die stark gefährdete Segetalflora umfasst ca. 150 Arten, welche fast alle von Wildbienen als Nahrungsquelle genutzt werden. Selbst die bekanntesten Vertreter wie die Acker-Kratzdistel (*Cirsium arvense*), der Steinklee (*Melilotus albus, M. officinalis*), die Kornblume (*Centaurea cyanus*), der Mohn (*Papaver dubium, P. rhoeas*) und die ursprünglich aus dem Mittelmeerraum stammende Jungfer im Grünen (*Nigella damascena*) bieten generalistischen wie auch spezialisierten Wildbienen Pollen und Nektar.

Diese Bienen profitieren: Schmal- und Furchenbienen, Hummeln, Sandbienen, Mauerbienen

Diese weiteren Tiere und Pflanzen profitieren: Insekten

Besonders hohes Potenzial: In Ackerkulturen, in extensiv bewirtschafteten Feldern

Aktiv werden

- Drill-/Saatlücken einplanen
- Aussaat von standortüblicher Segetalflora in Drilllücken/Saatlücken
- Ertragsschwache Äcker >3 Jahre stilllegen

Wirkung auf Wildbienen: Die Segetalflora umfasst sehr viele Blühpflanzen. Sie dienen den Bienen vom zeitigen Frühjahr bis zum Sommer als Nahrungshabitate.

Zusatzinformationen: Es ist eine gewisse Erfahrung und Flächenkenntnis erforderlich, um Bereiche auszuwählen, in denen Drilllücken/Saatlücken nicht nur reine Quellen für problematische Beikräuter sind, sondern auch eine vielfältige Ackerbegleitflora zulassen. Besonders eignen sich Sonder- oder Ertragsgrenzstandorte.

1. Ein extensiv bewirtschaftetes Feld mit Ackerbegleitflora bietet Nahrung und Schlafplätze für Wildbienen in Klatschmohnblüten (*Papaver rhoeas*).

2. Die Weißbinden-Schmalbiene (*Lasioglossum leucozonium*) profitiert stark vom Schutz der Ackerbegleitflora.

F02 Einjährige Blühmischung

Einjährige Blühflächen bieten mittel- bis spätfliegenden Wildbienen ein reichhaltiges Nahrungsangebot. Die meisten einjährigen Blühmischungen enthalten heimische und nicht-heimische Arten. Vor allem heimische Arten, aber später im Jahr auch nicht-heimische Blütenpflanzen wie Sonnenblumen stärken Bienenpopulationen vor allem für das kommende Jahr und können immer dann genutzt werden, wenn keine Fläche für mehrere Jahre zur Verfügung steht.

Diese Bienen profitieren: Holz- und Keulhornbienen, Honigbienen, Hummeln, Langhorn- und Pelzbienen, Mauer- und Blattschneiderbienen, Sandbienen, Schmal- und Furchenbienen

Diese weiteren Tiere und Pflanzen profitieren: Blütenbesuchende Insekten, Vögel

Besonders hohes Potenzial: In strukturarmen Landschaften, in Ackerkulturen, zur Habitatvernetzung

Aktiv werden

- Möglichst frühe Aussaat von biodiversitätsfördernden Blühmischungen, flächig oder in Streifen
- Bevorzugt viele Einzelflächen von 0,01–0,1 ha flächig über den Betrieb verteilen
- Bei Neuanlage im Folgejahr auf der gleichen Fläche oder in direkter Nähe dazu bleiben
- Saatgut mit möglichst großer Artenvielfalt verwenden, üblich sind mindestens 24 Arten
- Einjährige Mischungen als Habitatbrücken zur Vernetzung von naturnahen Bereichen nutzen

Wirkung auf Wildbienen: Die Blühmischungen enthalten schnell auflaufende und viel Nektar und Pollen produzierende Pflanzenarten. Ein großes Angebot von Nektar versorgt die adulten/erwachsenen Bienen für ihre Aktivitäten. Ein großes Pollenangebot bietet generalistischen Bienen Nahrung für ihre Larven.

Zusatzinformation: Bienen nisten nicht in frischen Pflanzenstängeln. Somit können oberirdisch nistende Bienen in dieser Maßnahme keinen Lebensraum finden. Bodennistende Bienen können nur überleben, wenn nach dem Jahr der Maßnahme keine tiefe Bodenbearbeitung wie das Pflügen stattfindet.

1. Von Juni bis August entfalten die meisten einjährigen Blühmischungen ihr volles Blütenangebot.

2. Die Dunkle Erdhummel (*Bombus terrestris*) und viele andere Bienen nutzen gerne den Pollen und Nektar des aus Amerika stammenden Bienenfreunds (*Phacelia tanacetifolia*).

F03 Mehrjährige Blühmischung

Mehrjährige Blühflächen bieten Wildbienen das ganze Jahr über Nahrungsquellen. Auch schon im Frühjahr sind entscheidende Nahrungsangebote vorhanden, welche Wildbienen zum Nisten in direkter Umgebung animieren. Mehrjährige Blühmischungen sind einjährigen Blühmischungen immer vorzuziehen, weil sie eine wesentlich größere Wirkung auf das Populationswachstum von Wildbienen haben.

Diese Bienen profitieren: Holz- und Keulhornbienen, Honigbienen, Hummeln, Langhorn- und Pelzbienen, Mauer- und Blattschneiderbienen, Sandbienen, Schmal- und Furchenbienen

Diese weiteren Tiere und Pflanzen profitieren: Blütenkäfer, Fliegen, Schmetterlinge, Vögel, Feldhase

Besonders hohes Potenzial: In strukturarmen Landschaften, in Ackerkulturen, in Obstanlagen

Aktiv werden

- Aussaat von einheimischen, regionalen Wildpflanzenmischungen, flächig oder in Streifen
- Bevorzugt viele Einzelflächen von 0,01–0,1 ha, flächig über den Betrieb verteilt anlegen, statt wenige große Flächen
- Auf Staudenvielfalt achten, z. B. Glockenblumen, Reseden, Natternkopf und Wicken sowie einjährige Arten wie Mohn, Kornblume und Senf

Wirkung auf Wildbienen: Die Blühmischungen enthalten einjährige sowie überdauernde Pflanzenarten; hohes Angebot von Nektar versorgt die adulten Bienen für ihre Aktivitäten; das Pollenangebot von heimischen Wildpflanzen ist optimal geeignet, um selbst spezialisierten und seltenen Wildbienenarten Nahrung für ihre Larven zu bieten; durch den mehrjährigen Charakter können die Bienenpopulationen wachsen.

Zusatzinformation: Mosaikmahd erlaubt einen frühen Blütenaspekt sowie die Überwinterung von Insekten und Spinnen an den Pflanzenstängeln. Der unbearbeitete Boden ist Lebensraum für Bienenlarven. Hummelköniginnen benötigen Blüten schon ab März und gründen in deren Nähe ihr über den Sommer wachsendes Volk. Konstantes Blütenangebot ist essenziell für diese Arten.

1. Mehrjähriger Blühstreifen «Blühende Landschaft» aus regionalem Saatgut im zweiten Jahr neben einer Apfelanlage.

2. Die Malven-Langhornbiene (*Tetralonia malvae*) ist auf Malven (z. B. die einheimische Moschusmalve (*Malva moschata*)) spezialisiert, die in keiner mehrjährigen Blühmischungen fehlen sollte.

Garten-Tipp: Blumenwiese statt englischem Rasen

Rasen sind als Gras-Monokultur mit intensiver Pflege sehr artenarme Bereiche in einem ansonsten eher vielfältigen Gartenmosaik. Dies muss nicht so sein, da frühblühende Beikräuter in einem Rasen sehr gute Futterquellen für viele Bienenarten sind und farbliche Aspekte in das monotone Grün bringen. Man denke an die Schlüsselblumen (Gattung *Primula*), Schneeglöckchen (Gattung *Galanthus*) und Traubenhyazinthen (Gattung *Muscari*) in Großmutters Rasen. Ein Rasen kann zur gepflegten Frühjahrsblumenwiese werden, wenn dort zusätzlich Gundermann (*Glechoma hederacea*) und Braunelle (*Prunella vulgaris*), Lerchensporn (Gattung *Corydalis*), Scharbockskraut (*Ficaria verna*), Krokus (Gattung *Crocus*), Traubenhyazinthe (Gattung *Muscari*) und Primel (Gattung *Primula*) wachsen dürfen. Nach diesen ersten Frühlingsboten können dort Löwenzahn (Gattung *Taraxacum*) und Wiesenschaumkraut (*Cardamine pratensis*) blühen, sowie im weiteren Jahresverlauf eine ganze Bandbreite an niederlegenden oder kleinwüchsigen, trittresistenten Pflanzenarten wie Thymian (*Thymus vulgaris*), Wegwarte (*Cichorium intybus*), Fingerkräuter (Gattung *Potentilla*) und Pfennigkraut (*Lysimachia nummularia*). Diese sind, mit Ausnahme der Blüten, ebenfalls grasgrün, bieten aber geeignete Nahrung für Wildbienen und gleichzeitig Futter für eine ganze Reihe an weiteren einheimischen Insektenarten. An schattigen Plätzen sollte das Gefleckte Lungenkraut (*Pulmonaria officinalis*) nicht fehlen.

Frühblüher färben eine Rasenfläche bunt, viele attraktive Blütenpflanzen etablieren sich bei entsprechender Pflege sowohl zwischen den Zeilen in Obstanlagen als auch in Privatgärten.

Um dies zu erreichen, ist die einfachste Maßnahme das Unterlassen der intensiven Rasenpflege; also nicht düngen, alle blühenden Wildpflanzen gewähren lassen und selten mähen. Von selbst stellen sich Gänseblümchen (*Bellis perennis*), Löwenzahn (Gattung *Taraxacum*), Ehrenpreis (Gattung *Veronica*), Fingerkraut (Gattung *Potentilla*) und einige weitere wichtige Futterpflanzen für Wildbienen ein. Im Idealfall führt das Rasenmanagement zur Förderung von Wildblumen und Kräutern, einer Unterdrückung von Gräsern und einem Ausmagern der Rasenfläche.

In wenigen Schritten zum Blumenrasen

1. Verzicht auf (häufiges) motorbetriebenes Mähen, die Rotoren töten Insekten
2. Nicht düngen
3. Blumen aussamen lassen
4. Aussäen von trittresistenten, niederwüchsigen Pflanzenarten

F04 Hecken, Feldgehölze und Streuobstbäume

Hecken entlang von Wegrändern und zwischen Feldern dienen als effektiver Wind- und Erosionsschutz. Dabei können über 40 verschiedene heimische Gehölzarten, entweder als Einzelbaum oder in Hecken, gepflanzt werden, von denen nahezu alle als Pollenquelle für Wildbienen dienen. Überraschenderweise ist die Kornelkirsche (*Cornus mas*) bei Wildbienen eher unbeliebt, während windbestäubte Eichen (*Quercus petraea, Q. robur*) hingegen häufig besucht werden.

Diese Bienen profitieren: Hummeln, Sandbienen, Schmal- und Furchenbienen, Pelzbienen, Keulen- und Holzbienen, Mauerbienen

Diese weiteren Tiere und Pflanzen profitieren: Insekten, Vögel, Niederwild

Besonders hohes Potenzial: In strukturarmen Landschaften, in Ackerkulturen, an Obstanlagen

Aktiv werden

- Feldgehölze erhalten und anpflanzen
- Auf möglichst große Vielfalt an heimischen Gehölzen achten
- Fehlende Arten in Feldgehölze und Saumpflanzen für die schattige und sonnige Seite einbringen
- Abschnittsweise auf den Stock setzen

Wirkung auf Wildbienen: Von Weide (Gattung *Salix*) im März bis Efeu (*Hedera helix*) im Spätsommer bieten Gehölze ein sehr langes Blütenangebot. Die gut zugänglichen Blüten werden von sehr vielen Bienenarten besucht. Auch immergrüne Gewächse wie Liguster (*Ligustrum vulgare*) und Schneebälle (*Virburnum lantana, V. opulus*) werden von verschiedenen Wildbienenarten als Nahrungsquelle genutzt.

Zusatzinformation: In einer Hecke sollten diese Pflanzen nicht fehlen: Männliche Weiden (Gattung *Salix*), Rosengewächse wie Schlehe, Kirschpflaume (*Prunus cerasifera*), Vogelkirsche (*Prunus avium*), Weißdorn (Gattung *Crataegus*) und Heckenrose (*Rosa canina*) sowie Linde (Gattung *Tilia*) und Efeu (Gattung *Hedera*). Der Schattige Saum sollte Frühjahrsblüher wie Hohler Lerchensporn (*Corydalis cava*) und später blühende Arten wie Waldziest (*Stachys sylvatia*) und Knoblauchsrauke (*Alliaria petiolata*) beheimaten. Für die Sonnenseite gibt es kommerzielle Samenmischungen. Brombeeren sind für Wildbienen sehr attraktiv, benötigen aber intensive Pflege, um eine ungewollte Ausbreitung zu verhindern.

1. Feldgehölze bieten vor allem im Frühjahr reichhaltige Nahrungsressourcen für Wild- und Honigbienen.

2. Frühblühende männliche Weidenkätzchen sind essenzielle Pollenressourcen für Wildbienen wie die Rotschopfige Sandbiene (*Andrena haemorrhoa*); sie sollten in keiner Hecke fehlen.

F05 Mosaiknutzung im Kleegras und Grünland

Als Mosaiknutzung wird die abschnittsweise Mahd innerhalb einer Fläche bezeichnet.

Diese Bienen profitieren: Hummeln, Mauer- und Blattschneiderbienen, Sandbienen

Diese weiteren Tiere und Pflanzen profitieren: Insekten, Niederwild

Besonders hohes Potenzial: Im Grünland, in Obstanlagen

Aktiv werden

- Flächen in Abschnitte unterteilen, diese mit mindestens 3 Wochen Versatz innerhalb jeder Mähperiode mähen
- Unterschiedliche Mahdhäufigkeit auf die Abschnitte anwenden
- Altgrasstreifen ohne jegliche Mahd für ein Jahr stehen lassen, diesen im darauffolgenden Jahr gegebenenfalls verlegen

Wirkung auf Wildbienen: Durch versetzte Mahd entstehen verschiedene Altersklassen in der Vegetation, wodurch das Blütenangebot zeitlich verlängert wird. Unterschiedliche Mahdhäufigkeiten führen zu unterschiedlichen Blütenzusammensetzungen. Völlig ungemähte Altgrasstreifen weisen zusätzlich eine andere Pflanzengemeinschaft auf und dienen als Rückzugsräume für Insekten zu jeder Jahreszeit.

Zusatzinformation: Kleegrasmischungen vor allem mit Rotklee (*Trifolium pratense*), Luzerne (*Medicago sativa*) oder dem Gewöhnlichen Hornklee (*Lotus* corniculatus) bieten besonders langrüsseligen und an Schmetterlingsblütengewächse angepassten Bienenarten wie vielen Hummeln (Gattung *Bombus*) und Blattschneiderbienen (Gattung *Megachile*) eine gute Nahrungsgrundlage. Um sie maximal zu nutzen, sollten die Blühphasen möglichst lange ungemäht bleiben.

Maßnahmen

1. Bei hoher Blütendichte helfen selbst sehr schmale ungemähte Streifen, die Nahrungslücke zu überbrücken.

2. Die Mai-Langhornbiene (*Eucera nigrescens*) profitiert von Kleegras mit Rotklee (*Trifolium pratensis*).

F06 Säume und Wegränder

Säume von 1–10 m Breite entlang von Gehölzen, Wegen und Straßen sowie Fahrgassen sind häufig die einzigen nicht bewirtschafteten Bereiche und somit die letzten Flecken für die Natur. Aber auch Säume haben in der Regel ein verbesserungswürdiges Blütenangebot.

Diese Bienen profitieren: Holz- und Keulhornbienen, Honigbienen, Hummeln, Langhorn- und Pelzbienen, Mauer- und Blattschneiderbienen, Sandbienen, Schmal- und Furchenbienen

Diese weiteren Tiere und Pflanzen profitieren: Insekten, Kleinsäuger, Vögel

Besonders hohes Potenzial: In Ackerkulturen, in Obstanlagen, zur Habitatvernetzung

Aktiv werden

- Säume und Fahrgassen extensiv mähen, um Gräser zu reduzieren sowie die Wildblumen und die Segetalflora zu fördern
- Nicht in der Hauptblüte mähen oder mulchen
- Sehr grasreiche Flächen anritzen (Schlitzsaat) und mit heimischen Blühmischungen die Pflanzenvielfalt erhöhen

Wirkung auf Wildbienen: Gewöhnliche, eher unbeachtete Pflanzen wie Löwenzahn (Gattung *Taraxacum*), Taubnessel (Gattung *Lamium*), Hahnenfuß (Gattung *Ranunculus*), Zaunwinde (*Calystegia sepium*), Barbarakraut (*Barbarea vulgaris*) und Gewöhnliches Hirtentäschel (*Capsella bursa-pastoris*) bieten vielen Bienenarten Nahrung. Gut gepflegte Säume und Fahrgassen in Obstanlagen wie im Weinbau können sehr artenreich werden und das ganze Jahr über Nahrung bieten.

Zusatzinformation: Im Gegensatz zu Buntbrachen und Fahrgassen zwischen den Nutzpflanzen können Säume durch zweimalige Mahd/Schnitt mit Abtragung ausgemagert werden. Das fördert die Blütenvielfalt. Außerdem sollten in Säumen und Fahrgassen standortspezifische Pflanzenarten vorkommen, welche bei geeigneter Pflege sehr gute Nahrungsquellen für Wildbienen sind.

1. Das Management entscheidet, ob Wegränder, wie diese Böschung an einem Wegrand, am Tuniberg blütenreich werden.

2. An Weizen-Ackerrändern, die an Wege grenzen, blühen im Sommer Zaunwinden (*Calystegia sepium*), die Nahrung für häufige Nutzpflanzenbestäuber wie die Dunkle Erdhummel (*Bombus terrestris*) bieten.

F07 Schutzstreifen im Umfeld von Gewässern

Feuchte Standorte bieten eine besondere Pflanzenzusammensetzung mit vielen blütenreichen Stauden, besonders in trockenen Monaten sind sie für Wildbienen essenziell.

Diese Bienen profitieren: Alle Bienen

Diese weiteren Tiere und Pflanzen profitieren: Spinnen, Insekten, Amphibien, Vögel

Besonders hohes Potenzial: In strukturarmen Landschaften, in Ackerkulturen, in Obstanlagen

Aktiv werden

- Schutzstreifen von mindestens 10 m Breite an Feuchtgebietsrändern einrichten
- Etablierung von standortangepassten Pflanzenarten
- Staudenfördernde Pflege, Unterlassung der Mahd/Schnitt zwischen Juni und September

Wirkung auf Wildbienen: Stauden wie Blutweiderich (*Lythrum salicaria*), Gilbweiderich (Gattung *Lysimachia*), Weidenröschen (Gattung *Epilobium*), Echtes Mädesüß (*Filipendula ulmaria*), Doldengewächse (Familie Apiaceae) und Beinwell (Gattung: *Symphytum*) sind sehr gute Nektar- und Pollenlieferanten. Durch die gute Wasserversorgung blühen sie besonders lange, auch wenn Trockenheit herrscht.

Zusatzinformation: Gilb- und Blutweiderich alleine haben vier oligolektische Bienenarten, von denen einige stark gefährdet sind.

Garten-Tipp: Gartenteich

Den Gartenteich mit heimischen Stauden für seltene Bienen fit machen. Sobald 1 m² Gilb- oder Blutweiderich darin stehen, werden häufig Raritäten wie Schenkel- (Gattung *Marcropis*) und Sägehornbienen (Gattung *Melitta*) und weitere Wildbienen angezogen. Die Frühlings-Pelzbiene (*Anthophora plumipes*) sowie verschiedenste Hummelarten (z. B. *Bombus sylvarum*) stehen auf Blüten des Echten Beinwells (*Symphytum officinale*), der prima an Gartenteichen wächst.

1. Dieses Gewässer wird vom prachtvollen Blutweiderich begleitet.

2. Blutweiderich (*Lythrum salicaria*) fördert Nutzpflanzenbestäuber, wie die Blauschwarze Holzbiene (*Xylocopa violacea*), aber auch die spezialisierte Blutweiderich-Sägehornbiene (*Melitta nigricans*).

Maßnahmen

F08 Umwandlung von Acker in Grünland

Diese Bienen profitieren: Alle Bienen

Diese weiteren Tiere und Pflanzen profitieren: Bodenlebewesen, Insekten wie Schmetterlinge und Käfer, Spinnentiere

Besonders hohes Potenzial: In strukturarmen Landschaften, in Ackerkulturen

Aktiv werden

- Umwandlung von Acker- und Sonderkulturen (Obst- und Weinanbau) in artenreiches Grünland, idealerweise in extensive Weiden oder Mähwiesen
- Saatgut sollte Blütenwiesenpflanzen wie z. B. Espersetten (Gattung *Onobrychis*), Klee (Gattung *Trifolium*), Luzerne (Gattung *Medicago*), Pippau (Gattung *Crepis*)
- und Lichtnelken (Gattung *Silene*) enthalten.

Wirkung auf Wildbienen: Agrarland wird bestenfalls mit blühenden Nutzpflanzen wie Raps oder Senf bestellt, im Gegensatz dazu bietet Grünland eine Sukzession an verschiedenen Blüten und stellt Bienen somit das ganze Jahr über Nahrungsressourcen bereit. Je nach Intensität der Nutzung fällt das Blütenangebot mager bis sehr reichlich aus und damit auch die Wirkung auf die Wildbienen.

Zusatzinformation: Eine temporäre Umwandlung oder Stilllegung von bis zu fünf Jahren ist sehr einflussreich. Allerdings wird eine Umwandlung ohne anschließende Pflege diesen Mehrwert stark verringern. Ein- bis zweimalige Mahd ab Mitte Juli schützt vor Sukzession und Verfilzung der Vegetation und erhält somit den für Wildbienen nötigen offenen Charakter der Fläche. Durch Abtragen des Mahdguts können diese Bereiche potenziell ausgemagert werden und durch die so durchgeführte Benachteiligung von Gräsern blütenreiche Bereiche mit offenen Bodenstellen entstehen, sodass Wildbienen hier auch nisten können.

1. Ein blütenreiches Grünland bietet rund ums Jahr für verschiedenste Bienenarten ein Nahrungshabitat.

2. Die Gelbbindige Furchenbiene (*Halictus scabiosae*) wird durch Tauben-Skabiosen (*Skabiosa columbaria*) und Wiesen-Witwenblumen (*Knautia arvensis*) im artenreichen Grünland gefördert.

F09 Verzicht auf Pflanzenschutzmittel in der Vegetationszeit

Ob Herbizid, Fungizid oder Insektizid, jede Reduktion in deren Anwendungshäufigkeit reduziert die Exposition von Wild- und Honigbienen mit potenziell schädlichen Stoffen. In aller Regel werden nur die Wirkstoffe auf Umweltverträglichkeit geprüft, nicht aber der Cocktail aus verschiedenen Mitteln und deren Lösungsmitteln. Wenn Pflanzenschutzmittel eingesetzt werden, kann dies die Bienen weniger beeinflussen, wenn sie in der Nähe artenreiche Blühressourcen haben. Dies zeigen wir unter anderem in einem Halbfreilandversuch mit der Dunklen Erdhummel (*Bombus terrestris*). Die Bienen werden durch die vielfältige Nahrung gestärkt und können sich in diversen Blütenlebensräumen aufhalten.

Diese Bienen profitieren: Sandbienen, Mauer- und Blattschneiderbienen, Holz- und Keulhornbienen, Langhorn- und Pelzbienen, Hummeln, Honigbienen, Schmal- und Furchenbienen

Diese weiteren Tiere und Pflanzen profitieren: Insektenarten, Spinnen, Ackerwildkräuter

Besonders hohes Potenzial: In Ackerkulturen, in Obstanlagen

Aktiv werden
- Verzicht auf Pflanzenschutzmittel während der Vegetationszeit
- Pflanzenschutzmittel nur einsetzen, wenn vielfältiges und attraktives Blühangebot in der Nähe vorkommt und im besten Fall vor Abdrift geschützt ist

Wirkung auf Wildbienen: Blütenbesuchende, auf der Vegetation ruhende oder schlafende Bienen kommen nicht in Kontakt mit potenziell schädlichen Substanzen.

Zusatzinformation: Die Männchen vieler Bienenarten schlafen frei in der Vegetation oder in Blütenköpfen. Auch machen viele Bienen Ruhe- oder Reinigungspausen auf der Vegetation oder auf besonnten Bereichen und Gegenständen. Auch bienenunschädliche Pflanzenschutzmittel werden in Tensiden und anderen Lösungsmitteln gelöst ausgebracht. Diese können, wie im Falle von Tensiden, die z. B. als Lösungsmittel von Glyphosat eingesetzt werden, bei direktem Körperkontakt schädlich wirken.

1. Ohne Pestizideinsatz vermehren sich auch Nützlinge sehr schnell, wie hier zu sehen an den vielen gelben Marienkäfereiern, die direkt über den Blattläusen abgelegt wurden.

2. Die Rainfarn-Maskenbiene (*Hylaeus nigritus*) hat sich auf Korbblütengewächse wie die Wiesen-Schafgarbe (*Achillea millefolium*) spezialisiert, die sich in Obstanlagen und an Ackerrändern ohne Herbizideinsatz hervorragend ausbreitet.

F10 Verzicht auf Mähaufbereiter und frühe Mahd

Mähaufbereiter und Trommelmäher zerschlagen oder quetschen das Mahdgut und somit auch die daran sitzenden Insekten. Balkenmäher sollen insektenfreundlicher als Trommelmäher sein, aber dies zeigen Daten der Universität Hohenheim nach Auskunft von Johannes Steidle nicht. Mähaufbereiter sind schädlich und sollten weggelassen werden. Wichtig ist auch der Mahdzeitpunkt, der für Wildbienen am Tage erfolgen sollte und nicht vor Mitte Juni.

Diese Bienen profitieren: Sandbienen, Mauer- und Blattschneiderbienen, Schmal- und Furchenbienen

Diese weiteren Tiere und Pflanzen profitieren: Sehr viele Insektengruppen wie Schmetterlinge und Nachtfalter, Käfer, Heuschrecken, Spinnen

Besonders hohes Potenzial: Im Grünland, auf Brachen und Kleegras

Aktiv werden

- Nutzung von Balkenmähern
- Verzicht auf Mähaufbereiter
- Wenn Nutzung, dann nach Erwärmen der Vegetation, im Frühsommer ab ca. 10 Uhr

Wirkung auf Wildbienen: Auf der Vegetation ruhende oder schlafende Bienen können fliehen.

Zusatzinformation: Die Männchen vieler Bienenarten schlafen frei in der Vegetation oder in Blütenköpfen. Mähaufbereiter töten sehr viele auf der Vegetation sitzende Insekten, nur flugfähige Arten und Stadien können während ihrer Aktivitätsphase zum Teil fliehen. Viele flugfähige Arten, wie Heupferde und Schmalbienen, fliehen im Zweifelsfall nach unten und werden dann erfasst.

1. Balkenmähwerke werden als die Insekten-schonendste Methode der Mahd in der Landwirtschaft angesehen. Es besteht allerdings noch Forschungsbedarf zum schonenden Mähen für Insekten. Für kleine Flächen empfehlen wir die Sense.

2. Butterblumen (Gattung *Ranunculus*) bieten vielen Nutzpflanzenbestäubern wie hier der Glänzenden Düstersandbiene (*Andrena nitida*) nach der Obstblüte Nahrung. Eine späte Mahd schont diese Blüten und viele andere blühende Arten. Auch die spezialisierte Hahnenfuß-Scherenbiene (*Chelostoma florisomne*) benötigt Butterblumen für ihre Nachkommen.

Nisthabitate

Wildbienen nisten an verschiedenen Orten in unserer Landschaft. Die meisten im Boden, wenige in oberirdischen Hohlräumen wie Schilfstängeln und Totholz. Einzig die Hummeln nisten in versteckten Hohlräumen wie verlassenen Mäusenestern oder anderen bodennahen, geschützten Strukturen. Die meisten Arten bilden nur eine Generation pro Jahr aus, daher ist der Nistplatz auch gleichzeitig der Überwinterungsplatz, an dem die Bienen ca. ein ganzes Jahr verweilen. Im Folgenden werden Maßnahmen, die das Nistangebot in der Landschaft verbessern können, vorgestellt. Einige von ihnen erhöhen auch gleichzeitig das Blütenangebot und haben daher einen doppelten Nutzen für Wildbienen und andere Insekten.

Einblicke in drei Nestgänge der Gehörnten Mauerbiene (*Osmia bicornis*). Die gleichen drei Nestgänge sind in einem Abstand von etwa drei Wochen dargestellt. In dieser Zeit entwickeln sich die Bienen in den Brutzellen vom Ei (links) über die Larve (Mitte) bis zum Kokon, in dem sie für ein Jahr überdauern (rechts).

N01 Abbruchkante

Abbruchkannten in Lößgebieten, Flussauen und Sandgruben sind ein Wohnraum-Eldorado für grabende Wildbienen, weil sie stets frei von Staunässe sind und horizontale Nestgänge ermöglichen. Jede steile und vegetationsfreie Böschung mit Südausrichtung kann Ähnliches leisten.

Geförderte Bienen: Sandbienen, Langhorn- und Pelzbienen, Schmal- und Furchenbienen

Diese weiteren Tiere und Pflanzen profitieren: Grab- und Wegwespen, Eidechsen, Bienenfresser (*Merops apiaster*)

Besonders geeignet für: Obstgehölze, Erd-, Johannis- und Himbeeren

Aktiv werden

- Böschungen ab 1 m Höhenversatz in Gräben, an Wegrändern oder zwischen Feldern steil abgraben
- Vorhandene Böschungen ausmagern um Aufwuchs zu verringern
- Gehölze entfernen, um Beschattung zu vermeiden

Wirkung auf Wildbienen: Vertikale, sonnige Bodenstellen bieten sehr attraktive Niststandorte für viele Wildbienenarten. Einige Wildbienenarten nisten ausschließlich in Steilwänden.

Zusatzinformation: Abbruchkanten nicht in bodenfeuchten Bereichen anlegen und Belastung oberhalb der Abbruchkante vermeiden. An steilen Hängen können schon durch Vertritt und Erosion Vegetationslücken und somit geeignete Niststätten entstehen.

1. und 2. Ein Entwässerungsgraben mit Abbruchkante (oben) und eine Lößwand mit Nisteingängen (unten) bieten bei Sonnenexposition hervorragende Nistplätze für zahlreiche boden-nistende Arten.

3. Eine Frühlings-Pelzbiene (*Anthophora plumipes*) kommt aus ihrem Lößnistloch.

N02 Alt- und Totbäume

Freistehende, abgestorbene Bäume oder Äste sind essenzieller Lebensraum für viele Insekten, z. B. Holzbienen (Gattung *Xylocopa*), für viele weitere Arten bieten sie Teilhabitate und Trittsteine.

Diese Bienen profitieren: Mauer- und Blattschneiderbienen, Holzbienen, Pelzbienen

Diese weiteren Tiere und Pflanzen profitieren: Insekten, Vögel

Besonders geeignet für: Obstgehölze, Schmetterlingsblütengewächse

Aktiv werden

- Auf lange Sicht Hecken, Gehölzstreifen und Streuobstwiesen etablieren
- Alles überarmdickes Totholz erhalten
- Zur Gefahrenbegrenzung sollten abbruchgefährdete Äste von toten Bäumen gekürzt werden, als *ultima ratio* zumindest den toten Stamm erhalten
- Umsturzgefährdete Stämme in 1–1,5 m Höhe abfällen und so zu liegendem Totholz an Ort und Stelle umwandeln
- Bei der Heckenpflege durch «auf den Stock» setzen die ältesten Stämme konsequent erhalten, diese potenziell durch Ringeln in Totholz überführen
- Stehendes Totholz durch Freischneiden vor Beschattung schützen

Wirkung auf Wildbienen: Die Besiedelung durch Totholzkäfer- und Schmetterlingslarven hinterlässt Insektenfraßgänge im Totholz, diese sind Nistgelegenheiten für sekundärbewohnende Bienenarten. Nagende Bienenarten benötigen totes bis morsches Holz zum Schreinern ihrer Brutkammern. Verlassene Vogelnester in Baumhöhlen werden von Baumhummeln (*Bombus hypnorum*) bewohnt. Hohe Totholzbäume dienen als Sitzwarten für Vögel und Sonnenplätze für Bienen.

Garten-Tipp: Vogelnistkästen

Manche Naturschützer:innen warten nicht auf Baumhöhlen, die in Totholz entstehen, sondern hängen Vogelnistkästen auf. Wird deren winterliche Reinigung ausgesetzt, z. B. nur jeder zweite oder dritte Kasten geleert, können sich in den verlassenen Vogelnestern Baumhummeln ansiedeln.

Verlassene Vogelnistkästen werden gerne von Hummeln bezogen.

1. Stehender Totbaum mit Nisteingängen verschiedener Wildbienenarten.

2. Eine Wald-Pelzbiene (*Anthophora furcata*) baut an ihrem Nest im Totholz.

Maßnahmen

N03 Mehrjährige Blühflächen ausmagern

Mehrjährige Blühflächen bieten Wildbienen ungestörte Erdbereiche, die bei lockerer Einsaat besonnte Stellen aufweisen. Hierin können sich jedes Jahr größer werdende Populationen ansiedeln, wenn die Blühfläche ausgemagert wird, also die Vegetation möglichst locker steht. Dies ist vor allem auf trockenen Standorten wie Hängen gut umzusetzen.

Diese Bienen profitieren: Sandbienen, Langhorn- und Pelzbienen, Hummeln, Schmal- und Furchenbienen

Diese weiteren Tiere und Pflanzen profitieren: Sehr viele Insektenarten, Vögel, Feldhase

Besonders geeignet für: Obst- und Beerenanlagen, Ölsaaten

Aktiv werden

- Aussaat von einheimischen, wärmeliebenden Wildpflanzenmischungen auf mageren, sonnigen Standorten, flächig oder in Streifen
- Regionales, artenreiches Saatgut verwenden
- Pflege der Vegetation
- Geringe Saatstärke bis hin zu Unterbrechungen verwenden

Wirkung auf Wildbienen: Über 50 % der Wildbienen nisten und überwintern im Boden. Schütterer Bewuchs erlaubt sonnige Bodenstellen, welche Niststandorte für viele Wildbienenarten sind.

Zusatzinformation: Mosaikmahd verhindert ein Verfilzen der Vegetation. In einer verfilzten Vegetation vermehren sich Bienenpopulationen sehr langsam, weil sie ihre Bodennester schwer finden und nur wenige blühende Pflanzen vorhanden sind. In abgemagerten Blühflächen gibt es oft verlassene Mauselöcher, die von verschiedenen Hummelarten besiedelt werden können.

Garten-Tipp: Rasen ausmagern

Mähen, nicht düngen und selten wässern, führt zu schütteren Stellen im Rasen, diese sind optimale Niststandorte.

Schütterer Rasen in einem Park mit Nestern von Sand-, Seiden-, Langhorn-, Schmal- und Furchenbienen.

1. Bei schütterem Bewuchs einer mehrjährigen Blühfläche können sich Wildbienen wie hier die Gewöhnliche Bindensandbiene (*Andrena flavipes*) ansiedeln, häufig bleiben die Nester unbemerkt.

2. Frühlings-Seidenbienen (*Colletes cunicularius*) bei der Paarung und dem Nestbau.

N04 Erd- und Feldwege

Unbefestigte, nicht betonierte oder stark geschotterte Feldwege nehmen in der Agrarlandschaft insgesamt viel Fläche ein und können bedeutende Lebensräume für bodennistende Wildbienen bieten. Einige bodennistende Wildbienen bevorzugen zum Nisten einen verdichteten Boden, weshalb gelegentlicher Tritt und Verkehr förderlich sind. Zudem können diese Wege das ganze Jahr über blühende Pflanzen beherbergen und zusätzliche Nahrungsquellen bieten.

Geförderte Bienen: Schmal- und Furchenbienen, Sandbienen

Diese weiteren Tiere und Pflanzen profitieren: Weg- und Grabwespen

Besonders geeignet für: In und am Rande von allen Nutzpflanzensystemen

Aktiv werden

- Unbefestigte Feldwege erhalten, diese nicht schottern
- Feldwege regelmäßig befahren
- Eintrag von Düngung und bienenschädlichen Pestiziden vermeiden. Eine Pufferfläche von mindestens 6 m ist optimal
- Ein- bis zweimaliges, langsames Mähen, falls die Vegetation zu hoch und dicht wird

1. Ein Feldweg, auf dem Hunderte von Nestern der Feldweg-Schmalbiene (*Lasioglossum malachurum*) gebaut wurden.

2. Eine Leuchtende Schmalbiene (*Lasioglossum lucidulum*) kommt aus ihrem Nest an einem Feldweg.

Wirkung auf Wildbienen: Manche Bienenarten bevorzugen eine verfestigte oberste Bodenschicht. Durch Nutzung wird die Vegetation verdrängt und Offenboden entsteht. Am Rande der Fahrspuren siedeln sich die meisten Bienen an.

Zusatzinformation: Die häufigen Wildbienenarten Feldweg-Schmalbiene (*Lasioglossum malachurum*) und Acker-Schmalbiene (*Lasioglossum pauxillum*) nisten in Feldwegen. Senken, in denen sich das Wasser sammelt oder sich Pfützen bilden, können geschottert werden, da der nasse Bodengrund ungeeignet für Bienennester ist.

Garten-Tipp: Spielplatz und Trampelpfad zum Bienenschutz

Auch in Privatgärten können Trampelpfade statt Trittsteine eine kostenneutrale Möglichkeit bieten, um den Lebensraum von Schmal- und Furchenbienen zu erhalten oder zu fördern. Trittschäden und vegetationsfreie Bereiche, wie sie sich unter einer Schaukel oder am Rand von Strukturen wie Sandkästen, Mauern, Steinen oder auch um den Gartenzwerg herum einstellen, sind willkommene Niststandorte für Wildbienen.

Spielplätze mit unbefestigten Sandkästen bieten ideale Nisthabitate für harmlose Schmal- und Sandbienen.

Maßnahmen

N05 Grubbern statt pflügen

Bienenlarven bodennistender Arten überdauern in einer Tiefe von mehr als 15 cm für etwa zwölf Monate im Boden. Mechanische Störungen in tieferen Erdschichten können zu jeder Jahreszeit die empflindlichen Ruhestadien beeinträchtigen. Mit dem Grubbern wird der Boden nur oberflächlich bearbeitet und die im Boden nistende Wildbienenlarven weniger gestört.

Geförderte Bienen: Sand-, Schmal-, Furchen- und Seidenbienen

Diese weiteren Tiere und Pflanzen profitieren: Bodenlebewesen wie Käfer- und Fliegenlarven und Regenwürmer

Besonders geeignet für: Gemüse, Ölsaaten

Aktiv werden

- Nicht-wendende Bodenbearbeitung über mehrere Jahre
- Die Bodenbearbeitung möglichst flach halten

Wirkung auf Wildbienen: Durch die Erhaltung der Bodenhorizonte und eine geringere Beschädigung der Brutzellen können mehr bodennistende Wildbienen überleben. Dadurch bleibt der Großteil der im Boden angelegten Wildbienennester erhalten.

Zusatzinformation: Die Maßnahme ist am effektivsten, wenn sie über viele Jahre hinweg konsequent angewendet wird. Die in Nordamerika auf Kürbispflanzen spezialisierte bodennistende Kürbisbiene (*Peponapis pruinosa*) profitiert besonders vom Verzicht auf das Pflügen der Felder. In Deutschland finden sich vor allem Schmal- (Gattung *Lasiglossum*), Furchen- (Gattung *Halictus*), Sand- (Gattung *Andrena*) und Seidenbienenennester (Gattung *Colletes*) in Feldern bei entsprechender Bodenbearbeitung.

1. Dieses Feld wurde nach der Getreideernte im Sommer für die nächste Frucht gegrubbert.

2. Die pergamentpapierartige Seidenhülle ist die einzige Schutzschicht dieser Bienenlarve in der Erde, jede Störung kann hier das Ende für die nächste Bienengeneration bedeuten.

N06 Hecken, Feldgehölze und Streuobstbäume

Hecken mit trockenen, markhaltigen Stängeln und mit Stängeln von Brombeeren und Hagebutten, die regelmäßig geschnitten werden, bieten Nisthölen für einige Wildbienenarten. Die Stämme von Feldgehölzen und Streuobstbäumen werden allerdings nur als Niststätte genutzt, wenn sie sehr alt sind. Ein gepflegter, sonnenexponierter Heckensaum kann ebenfalls geeignete Niststätten für bodennistende Wildbienen bieten.

Geförderte Bienen: Mauer- und Blattschneiderbienen, Holzbienen, Hummeln, Keulhornbienen

Diese weiteren Tiere und Pflanzen profitieren: Sehr viele Insekten, Vögel, Niederwild

Besonders geeignet für: Ölsaaten, Leguminosen, Gemüse, Obst- und Beerenanlagen

Aktiv werden

- Gehölze erhalten
- Heimische Gehölze pflanzen und altern lassen
- Junge Triebe stutzen und alte Stämme erhalten
- Gehölzkanten von Hecken sukzessive zurückschneiden

Wirkung auf Wildbienen: Die Maßnahme fördert besonders totholznistende Wildbienen, z. B. Holzbienen (Gattung *Xylocopa*) und alle Bienenarten, die in trockenen, geschnittenen Zweigen nisten, wie Keulhornbienen (Gattung *Ceratina*). Hummeln (Gattung *Bombus*) nutzen verlassene Mäusenester in unbearbeiteten Bodenbereichen an den Hecken und Bäumen.

Zusatzinformation: Viele Heckenpflanzen wie Rosen (Gattung *Rosa*), Brom- und Himbeere (Gattung *Rubus*), Holunder (Gattung *Sambucus*) und die Rote Heckenkirsche (*Lonicera xylosteum*) haben hohle oder markhaltige Stängel und bieten damit einigen Mauerbienen und Keulhornbienen einen Nistplatz. Da nur angeschnittene Stängelenden mit ihrem weichen Mark als Eintrittspforte dienen, sollten diese regelmäßig geschnitten werden. Im Bodenbereich von Hecken sammelt sich häufig eine große Menge absterbender Pflanzenreste. Diese bieten Hummelköniginnen, neben verlassenen Mäuselöchern, einen geeigneten Platz zur Überwinterung.

1. Angeschnittene Stängel in einer Hecke bieten Nistplätze für Wildbienen.

2. Eine Gewöhnliche Keulhornbiene (*Ceratina cyanea*) schaut aus ihrem Nesteingang in einer Hecke.

N07 Lesesteinhaufen, Steinriegel und Trockenmauern

Lesesteinhaufen, Steinriegel und Trockenmauern kennt man heute fast nur noch aus Bilderbüchern vergangener Tage. Dabei sind gerade diese Strukturen wichtige Rückzugsorte für Tiere und Pflanzen in Agrarlandschaften. Auch Wildbienen nutzen sie für ihre Nestanlage, als Sitzwarte und Sonnenplatz.

Geförderte Bienen: Mauer- und Blattschneiderbienen, Pelzbienen

Diese weiteren Tiere und Pflanzen profitieren: Kleinsäuger, Reptilien, Insekten, Spinnen

Besonders geeignet für: Ölsaaten, Leguminosen, Gemüse, Obst- und Beerenanlagen

Aktiv werden

- Lesesteinhaufen, Steinriegel und Trockenmauern erhalten und wieder in die Landschaft bringen

Wirkung auf Wildbienen: In den Spalten, Ritzen und Fugen nisten Wildbienen. Die Steine dienen als Sitzwarten und Sonnenplätze. Der sporadische Bewuchs zwischen den Steinen bietet zusätzliche trockene Nistplätze und Nahrung.

Zusatzinformation: Diese sehr aufwendigen Maßnahmen können zum Teil als Landschaftspflegemaßnahme geltend gemacht werden.

Garten-Tipp: Kräuterspirale

Eine Kräuterspirale im Garten wirkt wie eine «aufgedrehte» Trockenmauer im Kleinformat. Wird diese mit einem Erd-Sand-Gemisch befüllt und mit trockenheitsbeständigen Kräutern wie Thymian, Rosmarin, Salbei, Bohnenkraut und Lavendel bepflanzt, lockt sie Wildbienen zum Nisten an und bietet zugleich attraktive Blüten.

Garten-Tipp: Steingärten

Steingärten mit staudenreichen Beeten mit einzelnen kleinen und großen Steinen an trockenen, süd-exponierten Hängen sind ausgezeichnete Niststandorte für Wildbienen. Diese sind klar von den neuartigen Schottergärten zu trennen, welche wegen der Verwendung von Folien und Schotter als Bodensubstrat jegliche Besiedelung durch Wildbienen verhindern.

In diesem Kräuterbeet mit Steinen als Begrenzung nisten ca. 15 Schmalbienenstaaten.

1. Lesesteinhaufen werden von verschiedensten Wildbienen zum Nisten und Sonnen genutzt.

2. Eine Gewöhnliche Schmalbiene (*Lasioglossum calceatum*) nistet an einer Mauer.

Nisthabitate

N08 Nisthilfen für Insekten

Insektenhäuser, auch Bienenhotels und Nisthilfen genannt, kompensieren den Wohnraummangel für hohlraumnistende, solitär lebende Wildbienen, die normalerweise in Totholz leben. Dabei sollte abgelagertes Hartholz wie von der Gemeinen Esche (*Fraxinus excelsior*), verwendet werden, und die Bohrungen sollten entlang der Holzfasern gesetzt werden.

Geförderte Bienen: Mauer- und Blattschneiderbienen, Keulhornbienen

Diese weiteren Tiere und Pflanzen profitieren: Grab- und Wegwespen

Besonders geeignet für: Obstgehölze, Frühjahrs-Ölsaaten, Schmetterlingsblütengewächse

Aktiv werden

- Linienförmige Hohlräume von 5–20 cm Tiefe und 1–18 mm Durchmesser regengeschützt als Insektenhäuser aufstellen und pflegen
- Nutzpflanzenbestäubende Mauer- (Gattung *Osmia*) und Blattschneiderbienenarten (Gattung *Megachile*) nutzen besonders Durchmesser von 5–7 mm
- Zur Abwehr von Vögeln kann ein Netz mit einer Maschenweite vonr 3 x 3 cm, 20 cm vor der Nisthilfe gespannt werden
- Egal, ob große oder kleine Nisthilfen, aus Holz oder Schilf, möglichst viele und als Trittsteine über die Landschaft verteilen

Wirkung auf Wildbienen: Holraumnistende Wildbienenpopulationen können sich durch das Aufstellen von Insektenhäusern jährlich verfünffachen. Während Holzlöcher attraktiver sind, schaffen Schilfstängel mehr Wohnraum auf gleichem Platz und sind leichter zu Warten.

Zusatzinformation: Die im Obstanbau verwendeten gestapelten Nistbretter sind nur geeignet, wenn sie von einem Dienstleister betreut werden. Wer Geld sparen möchte und mehr für die Biodiversität leisten möchte, sollte lieber schilfhalmbasierte Nisthilfen aufstellen und im Dreijahresrhythmus erneuern. Nur bei kontinuierlicher Erneuerung der Schilfhalme kann diese Maßnahme die Dauerhaftigkeit der Bienenpopulationen unterstützen. Eindrücklich ist diese Maßnahme vor allem ab dem dritten Jahr, wenn die Populationen herangewachsen sind.

Garten-Tipp: Weitere nützliche Bewohner im Garten

Auch Raupen- und Blattlaus-fressende Wespen siedeln sich in den Schilfhalmen an und tragen so zur Schädlingskontrolle bei.

Blattlauswespe (Gattung *Passaloecus*) die Hunderte von Blattläusen in ihre Brutzellen als Nahrung für ihre Larven einträgt.

1. Ein sehr großes Insektenhaus bietet Tausenden von Wildbienen ein Zuhause.

Aktivität:	Installation	in Box	auf Kompost
Zeitpunkt:	Winter	Winter	Winter
Verbleib:	3 Jahre	1 Jahr	∞
1. Jahr	A: Schilf 1		
2. Jahr	B: Schilf 2		
3. Jahr	C: Schilf 3		
4. Jahr	A: Schilf 4	Schilf 1	
5. Jahr	B: Schilf 5	Schilf 2	Schilf 1
6. Jahr	C: Schilf 6	Schilf 3	Schilf 2
7. Jahr	A: Schilf 7	Schilf 4	Schilf 3
usw.			

2. Zeitschema für die optimale Pflege einer Nisthilfe bzw. eines Insektenhauses aus Schilfhalmen: Drei Jahre nach der Installation wird jährlich ein Schilfbündel erneuert. Das alte Material lagert für eine Vegetationsperiode in einer trockenen Schlupfbox mit kleinem Ausgangsloch, damit verbliebene Insekten ungehindert schlüpfen können. Anschließend kann das alte Schilf auf dem Kompost entsorgt werden.

N09 Oberbodenabtragung

Bereiche, die nur wenige Jahre existieren und schütter bewachsen sind, bieten bodennistenden Bienen einen geeigneten Niststandort, wenn sie möglichst trocken und sonnig sind. Aufgrund ihrer Kurzlebigkeit müssen solche Flächen immer wieder neu geschaffen werden.

Diese Bienen profitieren: Sandbienen, Schmal- und Furchenbienen, Seidenbienen, Langhornbienen

Diese weiteren Tiere und Pflanzen profitieren: Weg- und Grabwespen, Pionierpflanzen

Besonders geeignet für: Ölsaaten, Gemüse, Obst- und Beerenanlagen

Aktiv werden

- Mindestens einen 3 x 3 m Bereich auswählen, z. B. Feld- und Wegränder, Wendebereiche, tote Winkel. Wenn verfügbar, trockene, magere und geneigte Bereiche bevorzugen
- Oberboden 10 cm tief abtragen um Vegetationsschicht und einen Großteil der Samenbank zu entfernen
- Abgetragenes Material entfernen oder in der Nähe anhäufen, dies bietet weiteren Lebensraum
- Jedes oder jedes zweite Jahr weitere solche Flächen im Umkreis von 10–200 m anlegen. Die geschaffenen Bodenbereiche werden je nach Situation in 2–5 Jahren von der Vegetation zurückerobert und somit unbrauchbar als Offenbodenhabitat.

Wirkung auf Wildbienen: Sonnige, vegetationsarme Bodenbereiche sind optimale Niststandorte für bodennistende Wildbienen.

1. Die Grasnarbe wird mit einem Bagger oberflächennah entfernt, der offene Boden animiert Wildbienen zum Nisten.

2. Eine Braunfühler-Schmalbiene (*Lasioglossum fulvicorne*) schaut aus ihrem Nest, welches sie nach der Abtragung des Oberbodens angelegt hat.

N10 Sandlinse

Eine Sandlinse, auch als Sandarium bezeichnet, ist eine offene, sandige Bodenfläche. Diese schütter bewachsenen, trockenen, sonnigen und nährstoffarmen Bereiche bieten bodennistenden Wildbienen einen dauerhaften Niststandort. Zudem etablieren sich dort seltene, aber wertvolle und blütenreiche Pflanzenarten, wie das Sommer-Adonisröschen (*Adonis aestivalis*).

Diese Bienen profitieren: Sandbienen, Schmal- und Furchenbienen, Langhornbienen

Diese weiteren Tiere und Pflanzen profitieren: Weg- und Grabwespen, Pflanzen magerer Standorte, Eidechsen

Besonders geeignet für: Ölsaaten, Gemüse, Obst- und Beerenanlagen

Aktiv werden

- Eine flächige bis linienförmige 6–30 m^2 große Fläche (im Garten eignen sich auch kleinere Flächen und sogar Blumentöpfe werden besiedelt)
- Erdmaterial 70 cm tief ausheben; der Aushub kann in der Nähe als Haufen ein weiteres Bienenhabitat bilden
- Ausgehobenen Bereich mit Sand mit Lehmanteil oder Erd-Sand-Gemisch auffüllen. Idealerweise zu einem 1 m hohen Hügel aufschütten
- Keinen reinen Schwemmsand verwenden, diesen zu 50 % mit samenfreier möglichst magerer Erde aus den tieferen Lagen des Aushubs mischen

Wirkung auf Wildbienen: Wasserdurchlässige, sonnige, vegetationsarme Bodenbereiche sind optimale Niststandorte für bodennistende Wildbienen

Zusatzinformation: Die Populationen bauen sich in den ersten 2–4 Jahren auf und verschwinden bei intensiver Pflanzenbedeckung. Da es sich bei solchen Flächen um Sukzessionsflächen handelt, die im Laufe der Jahre an Qualität für Wildbienenester verlieren, können sie in Intervallen von ein bis mehreren Jahren an anderen Stellen neu angelegt werden. So stehen immer verschiedene Sukzessionsstadien und geeignete Habitate zur Verfügung.

1. Eine Sandlinse aus einem Umsiedelungsversuch an der Universität Freiburg.

2. Auf einer vier Jahre alten Sandlinse mit hohem Lößanteil befinden sich Hunderte von Auswurfhaufen nistender Schmalbienen.

N11 Säume und Fahrgassen

Säume und Fahrgassen in Obstanlagen oder Weinbergen, die Morgen- oder Mittagssonneneinstrahlung erhalten, sind Bereiche, in denen bodennistende Wildbienen häufig ihre Nester anlegen. Dies geschieht vor allem, wenn diese Flächen möglichst nährstoffarm gehalten werden.

Geförderte Bienen: Sandbienen, Schmal- und Furchenbienen, Seidenbienen, Langhornbienen

Diese weiteren Tiere und Pflanzen profitieren: Insekten, Ackerwildkräuter

Besonders geeignet für: Ölsaaten, Gemüse, Obst- und Beerenanlagen

Aktiv werden

- Alle Säume möglichst erhalten und verbreitern
- Fahrgassen nicht pflügen
- Vegetation ein- bis zweimal im Jahr mähen
- Säume und Fahrgassen nicht düngen

Wirkung auf Wildbienen: Ungestörter Boden bietet Wildbienen ein sicheres Nisthabitat. Mahd fördert Wildkräuter und schafft sonnenbeschienene Bodenbereiche

Zusatzinformation: Waldränder sind häufig wenig intensiv genutzte Bereiche, die an Agrarflächen angrenzen. Sie sind gegenwärtig Rückzugsstätten von Sandbienen (Gattung *Andrena*). Von hier aus schwärmen die Männchen einige Meter in die Feldkulturen und die Weibchen bis über 200 m, um dort z. B. an Raps Pollen zu sammeln. Die Pflege von Waldrändern und der Erhalt der Saumvegetation leisten einen wertvollen Beitrag für die Bienenpopulationen.
Randstreifen von Feldern und Fahrwegen sind hingegen intensiverer Nutzung ausgesetzt. Auf ihnen wird häufig mit großen Maschinen gewendet und ihre Lage in direkter Nachbarschaft zu Feldkulturen führt unausweichlich zu Belastungen mit Pflanzenschutz- und Düngemitteln. Da dies häufig die einzigen nicht jährlich umgebrochenen Bodenbereiche in Agrarlandschaften sind, könnten diese trotz dieser negativen Grundvoraussetzungen zu Nistlebensräumen werden.

1. In dieser Fahrgasse haben sich Schmalbienen (Gattung *Lasioglossum*) angesiedelt.

2. Eine Große Zottelbiene (*Panurgus banksianus*) auf einer Fahrgasse. Sie kommt nur in höheren Lagen vor.

N12 Liegendes Totholz

Liegende Riesenstämme, wie sie von morschen Pappeln stammen, oder aufgehäufte, dicke Äste sind natürliche Niststandorte für viele totholznistende Wildbienen. Das Totholz wird jedoch nur effektiv genutzt, wenn es sonnenexponiert liegt.

Geförderte Bienen: Mauer- und Blattschneiderbienen, Holzbienen, Hummeln

Diese weiteren Tiere und Pflanzen profitieren: Insekten, Reptilien, Amphibien, Kleinsäuger

Besonders geeignet für: Ölsaaten, Schmetterlingsblütengewächse, Gemüse, Obst- und Beerenanlagen

Aktiv werden

- Wenn Gehölze und Solitärbäume nicht als stehendes Totholz erhalten werden können, sollten sie an Feldrändern liegen gelassen werden
- Mehrere Meter lange und über armdicke Stämme, idealerweise morsches, «wertloses» Holz von Bäumen, sollten sonnig und durch Übereinanderstapeln trocken platziert werden
- Geäst zu separaten Haufen aufschütten

Wirkung auf Wildbienen: Totholz bietet Holzbienen (Gattung *Xylocopa*), aber auch Mauer- (Gattung *Osmia*) und Blattschneiderbienen (Gattung *Megachile*) Hohlräume zum Nisten in Geäst-Stapeln. Von Kleinsäugern ausgehöhlte Stämme sind Rückzugsstätten für nistende und überwinternde Hummeln.

Zusatzinformation: Altes Brennholz oder auch dickere Äste, vor allem von Laubholz, können zu Haufen oder Stapeln geschichtet werden und ein geeignetes Habitat bieten. Dafür sollte das Holz im Idealfall auf wasserdurchlässigem Untergrund liegen und von oben vor Nässe geschützt sein. Dies kann entweder durch einen Überstand oder durch genügende Mächtigkeit des Haufens gegeben sein.

Garten-Tipp: Mäuselöcher

Für Obstbäume und Gemüse der Familie der Schmetterlingsblütengewächse (Fabaceae) sind Hummeln besonders wichtig. Diese nisten in verlassenen Mäusenestern und in Nestern anderer Kleinsäuger. Erdhummeln findet man auch in Heu- und Strohlagern wie in Scheunen. Steinhummeln (*Bombus lapidarius*) suchen Spalten in lockeren Steinmauern auf, während Baumhummeln (*Bombus hypnorum*) in Aushöhlungen von Bäumen nisten.

Im Hausgarten fallen im Herbst große Mengen an Laub an, und auf Wiesen werden teilweise große Mengen nicht verwertbares Gras geschnitten. Diese können an einer möglichst trockenen, windgeschützten und sonnigen Stelle abgelegt gute Überwinterungs- und Nistgelegenheiten für Hummelköniginnen bieten.

1. In diesem Holzhaufen nisten seit vielen Jahren mehrere Holzbienenweibchen (Gattung *Xylocopa*).

2. Alle Holzbienen (Gattung *Xylocopa*) werden durch den Klimawandel und das Vorhandensein von liegendem und stehendem Totholz gefördert.

Nisthabitate

Anhang

Glossar

Abdomen: Das dritte Segment des Bienenkörpers. Es befindet sich hinter dem Kopf und Thorax und wird auch Hinterleib genannt. Hier befinden sich alle wichtigen Organe der Bienen.

Allogamie: Siehe Fremdbestäubung.

Autogamie: Siehe Selbstbestäubung.

Autonome Selbstbestäubung: Die Fähigkeit der Pflanze, sich selbst, ohne die Hilfe von Schwerkraft, Insekten, Wind oder dem Menschen, zu bestäuben. Synonym: Passive Selbstbestäubung. Das Gegenteil ist die aktive Selbstbestäubung.

Befruchtungssystem: Beschreibt das sexuelle System, durch das eine Pflanze erfolgreich bestäubt werden kann. Hierzu zählen die Selbstbestäubung/-befruchtung, Nachbar- und Fremdbestäubung/-befruchtung sowie die Parthenokarpie. Bei vielen Pflanzen liegt ein gemischtes Befruchtungssystem vor, das eine Kombination aus diesen Bestäubungssystemen erlaubt.

Begleitflora: Pflanzen, die in einer Kulturfläche vorkommen, aber nicht kultiviert werden, sondern in der Regel zufällig dort auftreten.

Bestäuber: Ein Tier, in der Regel ein Insekt, das kompatiblen Pollen auf die Narbe einer Blüte überträgt und damit zur Bestäubung beiträgt. Die wenigsten Bestäubungsstudien unterscheiden zwischen Bestäuber und Blütenbesucher, da es sehr wahrscheinlich ist, dass ein Blütenbesucher auch ein Bestäuber ist.

Bestäubung: Die Übertragung von fruchtbaren/kompatiblen Pollenkörnern aus den männlichen Reproduktionsorganen (Staubblätter) auf die weiblichen Reproduktionsorgane (Narbe).

Blütenbesucher: Ein Tier, das auf einer Blüte landet. Nicht alle Blütenbesucher sind auch Bestäuber, weil sie nicht zwingend mit den Reproduktionsorganen der Blüte in Berührung kommen oder Pollen übertragen (z.B. beim Nektarraub). Da es sehr aufwendig ist, Bestäuber eindeutig zu identifizieren, und die meisten Blütenbesucher auf ihrer Körperoberfläche behaart sind, wodurch sie leicht Pollen übertragen können, nehmen wir in diesem Buch jedoch an, dass Blütenbesucher grundsätzlich auch Bestäuber sind.

Blütenboden: Abschnitt der Sprossachse, der die Organe der Blüte trägt.

Blütenhülle (Perianth): Gesamtheit der sterilen Blattorgane einer Blüte.

Blütenressourcen (Blühressourcen): Blüten, die Pollen und Nektar für blütenbesuchende Insekten/Tiere anbieten.

Blütenstand: Ein verzweigter, zusammenhängender Teil der Sprossachse, der aus mehreren Blüten zusammengesetzt ist.

Blütenstiel (Stiel): Die Verbindung zwischen Spross und Blütenboden.

Eusozial: Siehe Sozialverhalten.

Extraflorale Nektarien: Strukturen, die Nektar absondern und außerhalb der Blüte liegen.

Feld: Acker oder Schlag, landwirtschaftlich genutzte Fläche.

Filament: Staubfaden und somit der Abschnitt des Staubblattes, der den Staubbeutel mit der Blüte verbindet.

Fremdbestäubung (Allogamie): Die Bestäubung findet mit Pollen einer anderen Blüte des gleichen Individuums (Geitonogamie, Nachbarbestäubung) oder eines genetisch fremden Individuums der gleichen Art (Xenogamie, Kreuzbestäubung) statt.

Fruchtblatt: Das weibliche Blütenorgan der Bedecktsamer, das die Samenanlage trägt.

Gegenspieler (natürliche): Antagonisten wie z. B. Räuber und Feinde von Wildbienen. Dazu zählen Kuckucksbienen, Schlupf- und Erzwespen, aber auch viele weitere Organismen, von Bakterien und Schimmelpilzen über Milben bis hin zu insektenfressenden Vögeln.

Geitonogamie: Siehe Nachbarbestäubung.

Gynodiözisch: Eine Pflanze, die weibliche und zwittrige Blüten hat.

Habitatbrücke: Ein bienenfreundlicher Bereich oder eine Maßnahme, die zwei nicht verbundene, naturnahe Bereiche miteinander verbinden. Z. B. wird ein Waldrand mit einer Weide verbunden, indem auf dem dazwischenliegenden Feld ein Blühstreifen angelegt wird.

Heimisch: Nutzpflanzen definieren wir als heimisch, wenn die Wildform aus Mitteleuropa stammt. Auch bei anderen Pflanzen, wie Gehölzen, Ackerbegleitflora sowie Pflanzen aus Blühmischungen und Säumen, beziehen wir «heimisch» auf Mitteleuropa. Bienen definieren wir als heimisch, wenn sie ursprünglich aus Deutschland kommen. Dies trifft auf alle in diesem Buch vorgestellten Arten zu.

Hermaphroditische Blüte: Blüten mit männlichen und weiblichen Geschlechtsorganen.

Hermaphroditische Pflanze: Männliche und weibliche Blüten befinden sich auf demselben Pflanzenindividuum, aber auf unterschiedlichen Blüten.

Heterostylie: Pflanzen, die sowohl Blüten mit langen Griffeln und kurzen Staubblättern als auch Blüten mit kurzen Griffeln und langen Staubblättern bilden, um Selbstbestäubung zu verhindern.

Insektenbestäubung: Der in der Regel klebrige Pollen wird ausschließlich von Insekten übertragen.

Kelchblatt: Ein morphologisch umgestaltetes Blatt, das Teil der äußeren Blütenhülle ist.

Kleistogamie: Selbstbestäubung findet vor dem Öffnen der Blüte statt. Das Wort kommt aus dem Griechischen und bedeutet im übertragenden Sinne «geschlossene Hochzeit». Pflanzen mit kleistogamen Blüten bilden in der Regel auch sich öffnende (chasmogame) Blüten aus, die von außen bestäubt werden können.

Komplementär: Sich gegenseitig ergänzen: Hummeln fliegen beispielsweise bei kühleren Temperaturen als Honigbienen und ergänzen diese somit in ihrer Bestäubungsleistung. Das Gegenteil ist redundant (überflüssig, sich doppelnd).

Kreuzbestäubung (Xenogamie): Die Bestäubung findet mit Pollen eines genetisch fremden Individuums der gleichen Art statt. Der Pollentransport erfolgt abiotisch durch Wind oder Wasser oder biotisch durch Tiere.

Kronblatt: Ein zur Anlockung von Bestäubern morphologisch umgestaltetes Blatt, das Teil der inneren Blütenhülle ist. Die Gesamtheit der Kronblätter wird als Krone bezeichnet.

Kurzrüsselig: Siehe langrüsselig.

Langrüsselig: Bienen mit langen Zungen, die auch Langzungenbienen genannt werden. Fast alle Vertreter der Langrüsselbienen (Apidae, Megachilidae) haben sehr lange Zungen. Diese stehen im Gegensatz zu kurzrüsseligen Bienen, von denen alle Vertreter kurze Zungen haben (Colletidae, Andrenidae, Melittidae, Halictidae).

Monözie: Auch Einhäusigkeit genannt. Beschreibt das Vorkommen von rein männlichen (staminaten) oder rein weiblichen (pistillaten) Blüten auf der gleichen Pflanze.

Morphologie: Form, also das Aussehen einer Pflanze oder Biene.

Nachbarbestäubung (Geitonogamie): Bei dieser Form der Bestäubung wird der fruchtbare Pollen von einer anderen Blüte des gleichen Pflanzenindividuums (Genotyp) übertragen.

Nahrungsressource (von Blütenbesuchern): Fast alle Blütenbesucher nutzen Nektar (Kohlenhydrate) als Nahrungsressource. Vor allem Bienen nutzen zusätzlich Pollen als Protein (Eiweiß)- und Lipid (Fett)-Quelle als Futter für ihre Nachkommen. Manche Blütenbesucher wie Käfer besuchen die Blüten nur, um Pollen zu fressen.

Narbe: Das häufig klebrige Ende des Fruchtblattes, auf dem bei der Ablage von Pollenkörnern diese keimen und durch die Narbe als Pollenschläuche bis zum Fruchtknoten wachsen, und somit zur Befruchtung führen.

Nistressource: Die Lebensraumstruktur (Boden, Hohlraum, Lehmwand), in der Bestäuber, vor allem Bienen, ihr Nest anlegen, sowie die Materialien, die sie für den Nestbau benötigen.

Obstanlage: Landwirtschaftlich genutzte Fläche, die auf die Produktion einer Obstkultur ausgerichtet ist. Dies geschieht in der Regel als dauerhafte Monokultur.

Parthenokarpie (Jungfernfrüchtigkeit): Früchte entwickeln sich ohne Bestäubung der Blüte und tragen daher auch keine Samen.

Passive Selbstbestäubung: Die Bestäubung findet ohne äußere Einflüsse statt, z. B. indem Narbe und Pollensack aufeinanderliegen. Siehe Kleistogamie.

Perianth: Siehe Blütenhülle.

Phänologie: Erscheinungen und Vorkommen einer Pflanze oder Biene nach der Jahreszeit.

Pollen: Auch Blütenstaub genannt. Eine staubige oder verklebte Masse aus vielen Pollenkörnern.

Pollenspender: Pflanzenart oder Sorte, die ausreichende Mengen an kompatiblen und fruchtbaren Pollen bereitstellt.

Pollenkorn: Aus wenigen Zellen bestehende Einheit zum Transport des haploiden Chromosomensatzes einer Pflanze. Ein Pollenkorn enthält verschiedene Reservestoffe wie Proteine, Lipide, Kohlenhydrate, Vitamine und Mineralstoffe.

Polylektisch: Eine Bienenart, die Pollen von verschiedenen Pflanzenarten für ihre Nachkommen sammelt.

Ringeln: Ringförmiges, den kompletten Stamm umgebendes Entfernen der Baumrinde und des Phloems, um das Absterben des Baumstamms hervorzurufen.

Scheinbestäubung (Pseudogamie): Die Pollenübertragung auf die Narbe regt die asexuelle Bildung von Samen und Früchten an, ohne dass die übertragenen Pollen die Fruchtknoten befruchten. Scheinbestäubung ist ein Sonderfall der Parthenokarpie.

Segetalflora: Ackerbegleitflora. Pflanzenarten, die sich als Begleitpflanzen in Feldkulturen erhalten und häufig nur dort ihre Standortansprüche finden.

Selbstbestäubung (Autogamie): Eine Blüte bildet Samen nach der Bestäubung durch den eigenen Pollen. Die Pollenübertragung kann passiv, ohne äußere Einflüsse, oder aktiv, durch Einwirkung äußerer Faktoren wie einen Bestäuber, geschehen.

Selbstinkompatibilität: Der eigene Pollen einer Pflanze führt nicht zur Befruchtung der eigenen Fruchtblätter. Der Pollen eines weiteren Pflanzenindividuums der gleichen oder einer ähnlichen Art/Sorte (Kreuzbestäubung) wird für die Befruchtung und somit den Fruchtansatz benötigt. Ein Synonym dafür ist die Selbststerilität.

Selbstkompatibilität: Die Eigenschaft einer Pflanze/eines Pflanzenindividuums, sich selbst bestäuben und befruchten zu können.

Solitär (Lebensweise): Die meisten Bienenarten leben solitär, das heißt, ein Weibchen versorgt allein seine Nachkommen. Es gibt keine Arbeitsteilung oder Kastenbildung.

Sozial (Lebensweise): Einige Vertreter der Echten Bienen und der Furchenbienen zeigen verschiedene Ausprägungen von sozialem Nistverhalten. Honigbienen sind die prominentesten Vertreter der eusozialen Bienen und als einzige hoch-eusozial mit mehrjährigen Völkern, klarer Aufgabentrennung zwischen Königin und Arbeiterin und einer nicht alleine überlebensfähigen Königin. Hummeln zeigen eine ähnliche Struktur, jedoch mit nur einjährigen Völkern und Königinnen, die auf Nahrungssuche gehen. Sie werden daher als eusozial bezeichnet. Verschiedene Stufen von Sozialverhalten und Zeitintervallen von bis zu 6 Jahren sind bei Furchenbienen zu beobachten. Alle Vertreter von *Halictus* (Furchenbienen) und einige Arten der Gattung *Lasioglossum* (Schmalbienen) sind ebenfalls eusozial. Andere Arten dieser Gattungen sind primitiv-eusozial, wobei nur zwei Generationen (Mutter-Tochter-Gesellschaften) gebildet werden, die auch aus mehreren solcher bestehen können.

Schirmarten: Arten, die hohe bzw. spezifische Ansprüche an ihren Lebensraum stellen. Wenn sie vorkommen, dann ist mit weiteren Arten im selben Lebensraum zu rechnen.

Staubbeutel: Der Pollen produzierende Teil des Staubblattes.

Staubblatt: Das männliche Blütenorgan besteht aus einem oder mehreren Filamenten, also Staubfäden, die an ihren Enden Staubbeutel tragen.

Stempel: Blütenorgan, das aus einem Fruchtblatt oder mehreren zu einem Fruchtknoten verwachsenen Fruchtblättern besteht.

Streuobstwiese: Traditionelle Form des Obstanbaus, die Dauergrünland mit Obstgehölzen kombiniert.

Vibrationsbestäubung: Der staubartige Pollen, z. B. von Tomaten, wird durch eine Vibration aus den Pollensäcken geschleudert und dabei direkt oder indirekt auf die Narbe übertragen. Vibration zum Sammeln von Pollen wird vor allem von Echten Bienen (Apidae) wie Hummeln und Holzbienen genutzt, die hierfür ihren Thorax über die Flugmuskulatur in hohe Schwingungen versetzen. Andere mechanische Erschütterungen können ebenfalls eine Vibrationsbestäubung auslösen.

Teilhabitate: Lebensräume, die nach ihrer Funktion für die adressierten Tiere, in diesem Fall Bienen, aufgeteilt werden. In diesem Buch sind dies Lebensräume für die Nahrungsaufnahme, also Blühhabitate, und Lebensräume zum Nisten, also Nisthabitate.

Thorax: Das zweite Segment des Bienenkörpers, welches zwischen Kopf und Abdomen (Hinterleib) liegt. Das Segment wird auch Brust genannt und beinhaltet vor allem die Muskelmasse der Bienen.

Trittsteine: Landschaftselemente und Maßnahmen zur Förderung des Biotopverbunds.

Überbestäubung: Wenn zu viele Blüten einer Pflanze bestäubt werden, kann dies während der Fruchtentwickung zu einer Nährstoffkonkurrenz führen. Infolgedessen bleiben die Früchte klein oder fallen vorzeitig ab.

Windbestäubung: Der feine, teils mit Luftsäcken ausgestattete Pollen wird vom Wind verbreitet und gelangt so auf die Narben anderer Blüten.

Xenogamie: Siehe Kreuzbestäubung.

Zweihäusigkeit (Diözie): Die Getrenntgeschlechtlichkeit, bei der männliche und weibliche Blüten auf unterschiedlichen Pflanzenindividuen vorkommen, ist eine Fortpflanzungsform, bei der eine obligate Fremdbestäubung nur bei Vorhandensein beider Geschlechter möglich ist.

Zygomorph: Die Blüte ist bilateral symmetrisch. Dies bedeutet, dass die Blüte nur eine Symmetrieebene aufweist. Dies ist beispielsweise charakteristisch für die Pflanzenfamilie der Lippenblütengewächse.

Weiterführende Bestäuberlisten

Vollständige Listen der Wildbienen mit dem Rote Liste Status (Stand 02/2011), die an den jeweiligen Nutzpflanzen als Blütenbesucher beobachtet wurden. Bewertungsklassen der Roten Liste: 0 – Ausgestorben oder verschollen, 1 – Vom Aussterben bedroht, 2 – Stark gefährdet, 3 – Gefährdet, * – Ungefährdet, D – Daten unzureichend, G – Gefährdung unbekannten Ausmaßes, R – Extrem selten, V – Vorwarnliste; # = Die Anzahl der Studien aus denen die Informationen kommen.

Nutzpflanze	#	Wiss. Name	Deutscher Name	RL
Ackerbohne	10	*Apis mellifera*	Europäische Honigbiene	*
Ackerbohne	7	*Bombus terrestris*	Dunkle Erdhummel	*
Ackerbohne	3	*Bombus pascuorum*	Ackerhummel	*
Ackerbohne	2	*Bombus hortorum*	Gartenhummel	*
Ackerbohne	2	*Bombus lapidarius*	Steinhummel	*
Ackerbohne	1	*Bombus lucorum*	Helle Erdhummel	*
Apfel	60	*Apis mellifera*	Europäische Honigbiene	*
Apfel	5	*Osmia bicornis*	Rote Mauerbiene	*
Apfel	4	*Osmia cornuta*	Gehörnte Mauerbiene	*
Apfel	3	*Andrena haemorrhoa*	Rotschopfige Sandbiene	*
Apfel	3	*Andrena scotica*	Schottische Erdbiene	*
Apfel	3	*Bombus lapidarius*	Steinhummel	*
Apfel	3	*Bombus pascuorum*	Ackerhummel	*
Apfel	3	*Bombus pratorum*	Wiesenhummel	*
Apfel	3	*Bombus terrestris*	Dunkle Erdhummel	*
Apfel	2	*Andrena chrysosceles*	Gelbbeinige Kielsandbiene	*
Apfel	2	*Andrena coitana*	Bergwald-Sandbiene	3
Apfel	2	*Andrena minutula*	Gewöhnliche Zwergsandbiene	*
Apfel	2	*Andrena varians*	Veränderliche Lockensandb.	*
Apfel	2	*Andrena wilkella*	Grobpunktierte Kleesandb.	*
Apfel	2	*Anthophora plumipes*	Frühlings-Pelzbiene	*
Apfel	2	*Bombus vestalis*	Gefleckte Kuckuckshummel	*
Apfel	2	*Colletes cunicularius*	Frühlings-Seidenbiene	*
Apfel	2	*Halictus tumulorum*	Gewöhnliche Goldfurchenbiene	*
Apfel	2	*Lasioglossum calceatum*	Gewöhnliche Schmalbiene	*
Apfel	2	*Lasioglossum fulvicorne*	Braunfühler-Schmalbiene	*
Apfel	1	*Andrena cineraria*	Grauschwarze Düstersandbiene	*
Apfel	1	*Andrena dorsata*	Rotbeinige Körbchensandbiene	*

Nutzpflanze	#	Wiss. Name	Deutscher Name	RL
Apfel	1	*Andrena flavipes*	Gewöhnliche Bindensandbiene	*
Apfel	1	*Andrena bicolor*	Zweifarbige Sandbiene	*
Apfel	1	*Andrena haemorrhoa*	Rotschopfige Sandbiene	*
Apfel	1	*Andrena minutuloides*	Glanzrücken-Zwergsandbiene	*
Apfel	1	*Andrena nitida*	Glänzende Düstersandbiene	*
Apfel	1	*Andrena ovatula*	Ovale Kleesandbiene	*
Apfel	1	*Andrena tibialis*	Rotbeinige Rippensandbiene	*
Apfel	1	*Bombus hortorum*	Gartenhummel	*
Apfel	1	*Bombus sylvarum*	Bunte Hummel	V
Apfel	1	*Eucera longicornis*	Juni-Langhornbiene	V
Apfel	1	*Eucera nigrescens*	Mai-Langhornbiene	*
Apfel	1	*Halictus rubicundus*	Rotbeinige Furchenbiene	*
Apfel	1	*Lasioglossum laticeps*	Breitkopf-Schmalbiene	*
Apfel	1	*Lasioglossum lativentre*	Breitbauch-Schmalbiene	V
Apfel	1	*Lasioglossum morio*	Dunkelgrüne Schmalbiene	*
Apfel	1	*Lasioglossum politum*	Polierte Schmalbiene	*
Apfel	1	*Lasioglossum sexstrigatum*	Sechsstreifige Schmalbiene	*
Apfel	1	*Lasioglossum zonulum*	Breitbindige Schmalbiene	*
Apfel	1	*Megachile alpicola*	Kleine Blattschneiderbiene	*
Apfel	1	*Megachile centuncularis*	Rosen-Blattschneiderbiene	V
Apfel	1	*Megachile ligniseca*	Holz-Blattschneiderbiene	2
Apfel	1	*Megachile versicolor*	Bunte Blattschneiderbiene	*
Apfel	1	*Nomada fucata*	Gewöhnliche Wespenbiene	*
Apfel	1	*Osmia aurulenta*	Goldene Schneckenhausbiene	*
Apfel	1	*Osmia bicolor*	Zweifarbige Schneckenhausbiene	*
Apfel	1	*Xylocopa violacea*	Blauschwarze Holzbiene	*
Aprikose	5	*Apis mellifera*	Europäische Honigbiene	*
Aprikose	1	*Andrena gravida*	Weiße Bindensandbiene	*
Aprikose	1	*Lasioglossum sexstrigatum*	Sechsstreifige Schmalbiene	*
Aprikose	1	*Osmia cornuta*	Gehörnte Mauerbiene	*
Aubergine	1	*Apis mellifera*	Europäische Honigbiene	*
Aubergine	1	*Bombus terrestris*	Dunkle Erdhummel	*
Birne	6	*Apis mellifera*	Europäische Honigbiene	*
Birne	3	*Bombus terrestris*	Dunkle Erdhummel	*

Nutzpflanze	#	Wiss. Name	Deutscher Name	RL
Birne	3	*Osmia cornuta*	Gehörnte Mauerbiene	*
Birne	2	*Andrena dorsata*	Rotbeinige Körbchensandbiene	*
Birne	2	*Andrena flavipes*	Gewöhnliche Bindensandbiene	*
Birne	2	*Andrena haemorrhoa*	Rotschopfige Sandbiene	*
Birne	2	*Andrena nitida*	Glänzende Düstersandbiene	*
Birne	2	*Andrena scotica*	Schottische Erdbiene	*
Birne	1	*Andrena thoracica*	Rothaarige Düstersandbiene	2
Birne	1	*Anthophora plumipes*	Frühlings-Pelzbiene	*
Birne	1	*Colletes cunicularius*	Frühlings-Seidenbiene	*
Birne	1	*Halictus rubicundus*	Rotbeinige Furchenbiene	*
Birne	1	*Lasioglossum sexstrigatum*	Sechsstreifige Schmalbiene	*
Birne	1	*Osmia bicornis*	Rote Mauerbiene	*
Birne	1	*Andrena cineraria*	Grauschwarze Düstersandbiene	*
Birne	1	*Andrena bicolor*	Zweifarbige Sandbiene	*
Birne	1	*Andrena chrysosceles*	Gelbbeinige Kielsandbiene	*
Birne	1	*Andrena fulva*	Fuchsrote Lockensandbiene	*
Birne	1	*Andrena labialis*	Rotklee-Sandbiene	V
Birne	1	*Andrena minutula*	Gewöhnliche Zwergsandbiene	*
Birne	1	*Andrena nigroaenea*	Erzfarbene Düstersandbiene	*
Birne	1	*Andrena synadelpha*	Breitrandige Lockensandbiene	*
Birne	1	*Bombus pratorum*	Wiesenhummel	*
Birne	1	*Bombus hortorum*	Gartenhummel	*
Birne	1	*Bombus hypnorum*	Baumhummel	*
Birne	1	*Bombus lapidarius*	Steinhummel	*
Birne	1	*Bombus pascuorum*	Ackerhummel	*
Birne	1	*Lasioglossum calceatum*	Gewöhnliche Schmalbiene	*
Blaubeere	7	*Bombus lucorum*	Helle Erdhummel	*
Blaubeere	7	*Bombus pratorum*	Wiesenhummel	*
Blaubeere	5	*Lasioglossum rufitarse*	Rotfuß-Schmalbiene	*
Blaubeere	4	*Bombus bohemicus*	Böhmische Kuckuckshummel	*
Blaubeere	3	*Apis mellifera*	Europäische Honigbiene	*
Blaubeere	3	*Bombus cryptarum*	Heide-Erdhummel	D
Blaubeere	3	*Bombus hypnorum*	Baumhummel	*
Blaubeere	3	*Bombus pascuorum*	Ackerhummel	*

Nutzpflanze	#	Wiss. Name	Deutscher Name	RL
Blaubeere	2	*Bombus lapidarius*	Steinhummel	*
Blaubeere	2	*Bombus sylvestris*	Wald-Kuckuckshummel	*
Blaubeere	1	*Andrena scotica*	Schottische Erdbiene	*
Blaubeere	1	*Andrena cineraria*	Grauschwarze Düstersandbiene	*
Blaubeere	1	*Andrena haemorrhoa*	Rotschopfige Sandbiene	*
Blaubeere	1	*Andrena lapponica*	Heidelbeer-Lockensandbiene	V
Blaubeere	1	*Andrena nigroaenea*	Erzfarbene Düstersandbiene	*
Blaubeere	1	*Andrena nitida*	Glänzende Düstersandbiene	*
Blaubeere	1	*Bombus sylvarum*	Bunte Hummel	V
Blaubeere	1	*Bombus magnus*	Große Erdhummel	D
Blaubeere	1	*Bombus alpinus*	Alpenhummel	0
Blaubeere	1	*Bombus hortorum*	Gartenhummel	*
Blaubeere	1	*Bombus jonellus*	Heidehummel	3
Blaubeere	1	*Halictus rubicundus*	Rotbeinige Furchenbiene	*
Blaubeere	1	*Lasioglossum sexnotatum*	Spargel-Schmalbiene	3
Blaubeere	1	*Nomada panzeri*	Panzers Wespenbiene	*
Blaubeere	1	*Nomada succincta*	Gegürtete Wespenbiene	*
Blaubeere	1	*Nomada lathburiana*	Rothaarige Wespenbiene	*
Blaubeere	1	*Nomada ruficornis*	Rotfühler-Wespenbiene	*
Blaubeere	1	*Sphecodes albilabris*	Riesen Blutbiene	*
Blaubeere	1	*Sphecodes ephippus*	Gewöhnliche Blutbiene	#N/A
Blaubeere	1	*Xylocopa violacea*	Blauschwarze Holzbiene	*
Brombeere	2	*Apis mellifera*	Europäische Honigbiene	*
Brombeere	2	*Bombus pascuorum*	Ackerhummel	*
Brombeere	2	*Bombus pratorum*	Wiesenhummel	*
Brombeere	2	*Bombus lucorum-K.*	Helle Erdhummel K.	*
Brombeere	2	*Osmia bicornis*	Rote Mauerbiene	*
Brombeere	1	*Bombus hypnorum*	Baumhummel	*
Brombeere	1	*Bombus lapidarius*	Steinhummel	*
Brombeere	1	*Bombus vestalis*	Gefleckte Kuckuckshummel	*
Brombeere	1	*Osmia cornuta*	Gehörnte Mauerbiene	*
Brombeere	1	*Andrena bicolor*	Zweifarbige Sandbiene	*
Brombeere	1	*Andrena bimaculata*	Schwarzbeinige Rippensandb.	V
Brombeere	1	*Andrena flavipes*	Gewöhnliche Bindensandbiene	*
Brombeere	1	*Andrena fucata*	Wald-Lockersandbiene	*

Nutzpflanze	#	Wiss. Name	Deutscher Name	RL
Brombeere	1	*Andrena minutula*	Kleine Sandbiene	*
Brombeere	1	*Andrena nigriceps*	Schwarzköpfige Herbstsandb.	2
Brombeere	1	*Andrena pilipes*	Schwarze Köhlersandbiene	3
Brombeere	1	*Andrena thoracica*	Rothaarige Düstersandb.	2
Brombeere	1	*Ceratina chalybea*	Metallische Keulhornb.	3
Brombeere	1	*Ceratina cucurbitina*	Schwarze Keulhornbiene	*
Brombeere	1	*Halictus confusus*	Verkannte Goldfurchenbiene	*
Brombeere	1	*Halictus maculatus*	Dickkopf-Furchenbiene	*
Brombeere	1	*Halictus rubicundus*	Rotbeinige Furchenbiene	*
Brombeere	1	*Halictus tumulorum*	Gewöhnliche Goldfurchenbiene	*
Brombeere	1	*Halictus subauratus*	Dichtpunkt. Goldfurchenb.	*
Brombeere	1	*Hylaeus difformis*	Beulen-Maskenbiene	*
Brombeere	1	*Lasioglossum calceatum*	Gewöhnliche Schmalbiene	*
Brombeere	1	*Lasioglossum laevigatum*	Bezahnte Schmalbiene	3
Brombeere	1	*Lasioglossum leucozonium*	Weißbinden-Schmalbiene	*
Brombeere	1	*Lasioglossum malachurum*	Feldweg-Schmalbiene	*
Brombeere	1	*Lasioglossum punctatissimum*	Punktierte Schmalbiene	*
Brombeere	1	*Lasioglossum rufitarse*	Rotfuß-Schmalbiene	*
Brombeere	1	*Lasioglossum sexnotatum*	Spargel-Schmalbiene	3
Brombeere	1	*Nomioides minutissimus*	Dünen-Steppenbiene	2
Brombeere	1	*Osmia claviventris*	Gelbspornige Stängelb.	*
Brombeere	1	*Osmia leucomelana*	Schwarzspornige Stängelb.	*
Brombeere	1	*Osmia uncinata*	Rinden-Mauerbiene	G
Erdbeere	24	*Apis mellifera*	Europäische Honigbiene	*
Erdbeere	18	*Andrena chrysosceles*	Goldbeinige Sandbiene	*
Erdbeere	18	*Andrena flavipes*	Gewöhnliche Bindensandbiene	*
Erdbeere	18	*Andrena gravida*	Weiße Bindensandbiene	*
Erdbeere	18	*Bombus hypnorum*	Baumhummel	*
Erdbeere	18	*Bombus lapidarius*	Steinhummel	*
Erdbeere	18	*Bombus lucorum*	Helle Erdhummel	*
Erdbeere	18	*Bombus pascuorum*	Ackerhummel	*
Erdbeere	18	*Bombus pratorum*	Wiesenhummel	*
Erdbeere	18	*Bombus terrestris*	Dunkle Erdhummel	*

Nutzpflanze	#	Wiss. Name	Deutscher Name	RL
Erdbeere	18	*Osmia bicornis*	Rote Mauerbiene	*
Gartenbohne	3	*Apis mellifera*	Europäische Honigbiene	*
Gartenbohne	1	*Bombus hortorum*	Gartenhummel	*
Gartenbohne	1	*Bombus lucorum*	Helle Erdhummel	*
Gartenbohne	1	*Bombus pascuorum*	Ackerhummel	*
Gartenbohne	1	*Bombus terrestris*	Dunkle Erdhummel	*
Gartenbohne	1	*Xylocopa violacea*	Blauschwarze Holzbiene	*
Gurke	7	*Apis mellifera*	Europäische Honigbiene	*
Gurke	2	*Bombus terrestris*	Dunkle Erdhummel	*
Gurke	1	*Bombus pascuorum*	Ackerhummel	*
Gurke	1	*Halictus simplex*	Gewöhnliche Furchenbiene	*
Gurke	1	*Halictus scabiosae*	Gelbbindige Furchenbiene	*
Hagebutte	1	*Apis mellifera*	Europäische Honigbiene	*
Hagebutte	2	*Osmia bicornis*	Rote Mauerbiene	*
Hagebutte	1	*Ceratina cyanea*	Gewöhnliche Keulhornb.	*
Hagebutte	1	*Bombus pascuorum*	Ackerhummel	*
Hagebutte	2	*Bombus pratorum*	Wiesenhummel	*
Hagebutte	2	*Bombus terrestris*	Dunkle Erdhummel	*
Hagebutte	1	*Andrena fulvago*	Pippau-Sandbiene	3
Hagebutte	1	*Andrena barbilabris*	Bärtige Sandbiene	V
Hagebutte	1	*Andrena bicolor*	Zweifarbige Sandbiene	*
Hagebutte	1	*Andrena chrysosceles*	Gelbbeinige Kielsandbiene	*
Hagebutte	1	*Andrena cineraria*	Grauschwarze Düstersandbiene	*
Hagebutte	1	*Andrena fucata*	Wald-Lockensandbiene	*
Hagebutte	1	*Andrena haemorrhoa*	Rotschopfige Sandbiene	*
Hagebutte	1	*Andrena scotica*	Schottische Erdbiene	*
Hagebutte	1	*Megachile circumcincta*	Gebänd. Blattschneiderb.	V
Hagebutte	1	*Osmia bicolor*	Zweifarbige Schneckenhausbiene	*
Himbeere	7	*Apis mellifera*	Europäische Honigbiene	*
Himbeere	5	*Bombus lapidarius*	Steinhummel	*
Himbeere	5	*Bombus pratorum*	Wiesenhummel	*
Himbeere	5	*Bombus terrestris*	Dunkle Erdhummel	*
Himbeere	4	*Bombus lucorum*	Helle Erdhummel	*
Himbeere	1	*Bombus bohemicus*	Angebundene Kuckucksh.	*
Himbeere	1	*Bombus hortorum*	Gartenhummel	*

Nutzpflanze	#	Wiss. Name	Deutscher Name	RL
Himbeere	1	*Bombus monticola*	Nordische Hummel	*
Himbeere	1	*Bombus pascuorum*	Ackerhummel	*
Himbeere	1	*Andrena dorsata*	Rotbeinige Körbchen-Sandb.	*
Himbeere	1	*Andrena fucata*	Wald-Lockensandbiene	*
Himbeere	1	*Andrena fulvida*	Waldrand-Sandbiene	3
Himbeere	1	*Andrena nigroaenea*	Erzfarbene Düstersandb.	*
Himbeere	1	*Andrena scotica*	Schottische Erdbiene	*
Himbeere	1	*Andrena subopaca*	Glanzlose Zwergsandbiene	*
Himbeere	1	*Andrena synadelpha*	Breitrandige Lockensandb.	*
Himbeere	1	*Hylaeus pectoralis*	Schilfgallen-Maskenbiene	3
Himbeere	1	*Osmia bicornis*	Rote Mauerbiene	*
Himbeere	1	*Anthophora plumipes*	Frühlings-Pelzbiene	*
Holunder	1	*Colletes cunicularius*	Frühlings-Seidenbiene	*
Kaki	1	*Bombus pascuorum*	Ackerhummel	*
Kirsche	9	*Apis mellifera*	Europäische Honigbiene	*
Kirsche	4	*Bombus terrestris*	Dunkle Erdhummel	*
Kirsche	1	*Andrena bicolor*	Zweifarbige Sandbiene	*
Kirsche	1	*Andrena chrysosceles*	Gelbbeinige Kielsandbiene	*
Kirsche	1	*Andrena cineraria*	Grauschwarze Düstersandbiene	*
Kirsche	1	*Andrena dorsata*	Rotbeinige Körbchen-Sandb.	*
Kirsche	2	*Andrena stragulata*	kein Trivialname	3
Kirsche	1	*Andrena flavipes*	Gewöhnliche Bindensandbiene	*
Kirsche	1	*Andrena fucata*	Wald-Lockensandbiene	*
Kirsche	1	*Andrena fulvata*	Östliche Zangensandbiene	*
Kirsche	1	*Andrena gravida*	Weiße Bindensandbiene	*
Kirsche	2	*Andrena haemorrhoa*	Rotschopfige Sandbiene	*
Kirsche	2	*Andrena scotica*	Schottische Erdbiene	*
Kirsche	1	*Andrena lepida*	Sieb-Körbchensandbiene	0
Kirsche	2	*Andrena minutula*	Gewöhnliche Zwergsandbiene	*
Kirsche	1	*Andrena nigriceps*	Schwarzköpfige Herbstsandb.	2
Kirsche	1	*Andrena nigroaenea*	Erzfarbige Düstersandb.	*
Kirsche	2	*Andrena nitida*	Glänzende Düstersandbiene	*
Kirsche	1	*Andrena pilipes*	Schwarze Köhlersandbiene	3
Kirsche	1	*Andrena praecox*	Frühe Lockensandbiene	*
Kirsche	1	*Andrena subopaca*	Glanzlose Zwergsandbiene	*

Nutzpflanze	#	Wiss. Name	Deutscher Name	RL
Kirsche	1	*Andrena synadelpha*	Breitrandige Lockensandb.	*
Kirsche	2	*Andrena tibialis*	Rotbeinige Rippensandb.	*
Kirsche	2	*Andrena varians*	Veränderliche Lockensandb.	*
Kirsche	1	*Andrena ventralis*	Rotbauch-Sandbiene	*
Kirsche	1	*Andrena barbilabris*	Bärtige Sandbiene	V
Kirsche	1	*Andrena bucephala*	Weißdorn-Sandbiene	3
Kirsche	1	*Andrena fulva*	Fuchsrote Lockensandb.	*
Kirsche	1	*Andrena minutuloides*	Glanzrücken-Zwergsandb.	*
Kirsche	1	*Andrena stragulata*	kein Trivialname	3
Kirsche	1	*Anthophora plumipes*	Frühlings-Pelzbiene	*
Kirsche	1	*Bombus bohemicus*	Angebundene Kuckucksh.	*
Kirsche	1	*Bombus lapidarius*	Steinhummel	*
Kirsche	1	*Bombus pascuorum*	Ackerhummel	*
Kirsche	1	*Bombus pratorum*	Wiesenhummel	*
Kirsche	1	*Bombus sylvestris*	Wald-Kuckuckshummel	*
Kirsche	1	*Bombus vestalis*	Gefleckte Kuckuckshummel	*
Kirsche	1	*Ceratina cucurbitina*	Schwarze Keulhornbiene	*
Kirsche	1	*Colletes cunicularius*	Frühlings-Seidenbiene	*
Kirsche	1	*Halictus scabiosae*	Gelbbindige Furchenbiene	*
Kirsche	1	*Halictus tumulorum*	Gewöhnliche Goldfurchenbiene	*
Kirsche	1	*Halictus maculatus*	Dickkopf-Furchenbiene	*
Kirsche	1	*Lasioglossum calceatum*	Gewöhnliche Schmalbiene	*
Kirsche	1	*Lasioglossum glabriusculum*	Dickkopf-Schmalbiene	*
Kirsche	1	*Lasioglossum laticeps*	Breitkopf-Schmalbiene	*
Kirsche	1	*Lasioglossum lineare*	Schornstein Schmalbiene	3
Kirsche	1	*Lasioglossum malachurum*	Feldweg-Schmalbiene	*
Kirsche	1	*Lasioglossum minutissimum*	Winzige Schmalbiene	*
Kirsche	1	*Lasioglossum minutulum*	Kleine Schmalbiene	3
Kirsche	1	*Lasioglossum morio*	Dunkelgrüne Schmalb.	*
Kirsche	1	*Lasioglossum parvulum*	Dunkle Schmalbiene	V
Kirsche	1	*Lasioglossum pauperatum*	Unscheinbare Schmalb.	2
Kirsche	1	*Lasioglossum pauxillum*	Acker-Schmalbiene	*
Kirsche	1	*Lasioglossum politum*	Polierte Schmalbiene	*

Nutzpflanze	#	Wiss. Name	Deutscher Name	RL
Kirsche	1	*Lasioglossum punctatissimum*	Punktierte Schmalbiene	*
Kirsche	1	*Lasioglossum puncticolle*	Runzelwangige Schmalb.	3
Kirsche	1	*Lasioglossum pygmaeum*	Pygmäen-Schmalbiene	G
Kirsche	1	*Lasioglossum subhirtum*	Struppige Schmalbiene	3
Kirsche	1	*Lasioglossum xanthopus*	Große Salbei-Schmalbiene	*
Kirsche	1	*Macropis fulvipes*	Wald-Schenkelbiene	*
Kirsche	1	*Nomada bifasciata*	Rotbäuchige Wespenbiene	*
Kirsche	1	*Nomada castellana*	Kastilische Wespenbiene	*
Kirsche	1	*Nomada fabriciana*	Rotschwarze Wespenbiene	*
Kirsche	1	*Nomada facilis*	Waldrand-Wespenbiene	G
Kirsche	1	*Nomada ferruginata*	Rötliche Wespenbiene	*
Kirsche	1	*Nomada flava*	Gelbe Wespenbiene	*
Kirsche	1	*Nomada flavoguttata*	Gelbfleckige Wespenbiene	*
Kirsche	1	*Nomada lathburiana*	Rothaarige Wespenbiene	*
Kirsche	1	*Nomada marshamella*	Wiesen-Wespenbiene	*
Kirsche	1	*Nomada ochrostoma*	nicht in DE	#N/A
Kirsche	1	*Nomada ruficornis*	Rotfühler-Wespenbiene	*
Kirsche	1	*Nomada sheppardana*	Sheppards-Wespenbiene	*
Kirsche	1	*Nomada signata*	Stachelbeer-Wespenbiene	*
Kirsche	1	*Nomada zonata*	Binden-Wespenbiene	V
Kirsche	1	*Osmia aurulenta*	Goldene Schneckenhausb.	*
Kirsche	2	*Osmia bicolor*	Zweifarbige Schneckenhausb.	*
Kirsche	1	*Osmia bicornis*	Rote Mauerbiene	*
Kirsche	2	*Osmia cornuta*	Gehörnte Mauerbiene	*
Kirsche	1	*Osmia gallarum*	Gallen-Mauerbiene	V
Kirsche	1	*Sphecodes longulus*	Längliche Blutbiene	*
Kirsche	1	*Sphecodes majalis*	Mai-Blutbiene	*
Kirsche	1	*Sphecodes monilicornis*	Dickkopf-Blutbiene	*
Kirsche	1	*Sphecodes niger*	Schwarze Blutbiene	*
Kiwi	1	*Apis mellifera*	Europäische Honigbiene	*
Kiwi	1	*Halictus subauratus*	Dichtpunkt. Goldfurchenb.	*
Kiwi	12	*Apis mellifera*	Europäische Honigbiene	*
Kiwi	2	*Bombus terrestris*	Dunkle Erdhummel	*
Kiwi	1	*Andrena minutula*	Gewöhnliche Zwergsandbiene	*

Nutzpflanze	#	Wiss. Name	Deutscher Name	RL
Kiwi	1	*Lasioglossum interruptum*	Schwarzrote Schmalbiene	3
Kiwi	1	*Halictus subauratus*	Dichtpunkt. Goldfurchenb.	*
Klee	6	*Bombus hortorum*	Gartenhummel	*
Klee	6	*Bombus lapidarius*	Steinhummel	*
Klee	6	*Bombus pascuorum*	Ackerhummel	*
Klee	6	*Bombus terrestris*	Dunkle Erdhummel	*
Kürbis	1	*Apis mellifera*	Europäische Honigbiene	*
Kürbis	1	*Bombus terrestris*	Dunkle Erdhummel	*
Kürbis	1	*Bombus lapidarius*	Steinhummel	*
Mandel	3	*Osmia cornuta*	Gehörnte Mauerbiene	*
Mandel	2	*Apis mellifera*	Europäische Honigbiene	*
Melone	2	*Apis mellifera*	Europäische Honigbiene	*
Melone	1	*Ceratina cucurbitina*	Schwarze Keulhornbiene	*
Melone	1	*Halictus pollinosus*	Große Filzfurchenbiene	*
Melone	1	*Halictus submediterraneus*	Südliche Goldfurchenbiene	3
Melone	1	*Lasioglossum brevicorne*	Kurzfühler-Schmalbiene	3
Melone	1	*Lasioglossum griseolum*	Graue Schmalbiene	G
Melone	1	*Lasioglossum leucozonium*	Weißbinden-Schmalbiene	*
Melone	1	*Lasioglossum malachurum*	Feldweg-Schmalbiene	*
Melone	1	*Lasioglossum marginatum*	Langlebige Schmalbiene	R
Melone	1	*Lasioglossum pauperatum*	Unscheinbare Schmalbiene	2
Melone	1	*Lasioglossum pauxillum*	Acker-Schmalbiene	*
Melone	1	*Lasioglossum puncticolle*	Runzelwangige Schmalbiene	3
Melone	1	*Lasioglossum villosulum*	Zottige Schmalbiene	*
Melone	1	*Nomioides minutissimus*	Dünen-Steppenbiene	2
Melone	1	*Panurgus calcaratus*	Stumpfzähnige Zottelbiene	*
Paprika	6	*Bombus terrestris*	Dunkle Erdhummel	*
Paprika	1	*Apis mellifera*	Europäische Honigbiene	*
Pfirsich	2	*Apis mellifera*	Europäische Honigbiene	*
Pfirsich	1	*Osmia cornuta*	Gehörnte Mauerbiene	*
Pfirsich	1	*Bombus terrestris*	Dunkle Erdhummel	*

Nutzpflanze	#	Wiss. Name	Deutscher Name	RL
Pfirsich	1	*Colletes cunicularius*	Frühlings-Seidenbiene	*
Pfirsich	1	*Andrena haemorrhoa*	Rotschopfige Sandbiene	*
Pfirsich	1	*Andrena helvola*	Schlehen-Lockensandbiene	*
Physalis	1	*Bombus terrestris*	Dunkle Erdhummel	*
Physalis	1	*Lasioglossum nitidulum*	Grünglanz-Schmalbiene	*
Physalis	1	*Halictus tumulorum*	Gewöhnliche Goldfurchenbiene	*
Quitte	1	*Apis mellifera*	Europäische Honigbiene	*
Quitte	1	*Bombus terrestris*	Dunkle Erdhummel	*
Quitte	1	*Osmia cornuta*	Gehörnte Mauerbiene	*
Quitte	1	*Osmia bicornis*	Rote Mauerbiene	*
Raps	102	*Apis mellifera*	Europäische Honigbiene	*
Raps	5	*Bombus lapidarius*	Steinhummel	*
Raps	5	*Bombus terrestris*	Dunkle Erdhummel	*
Raps	4	*Osmia bicornis*	Rote Mauerbiene	*
Raps	3	*Bombus pascuorum*	Ackerhummel	*
Raps	2	*Bombus hortorum*	Gartenhummel	*
Raps	2	*Bombus lucorum*	Helle Erdhummel	*
Raps	2	*Osmia cornuta*	Gehörnte Mauerbiene	*
Raps	1	*Andrena cineraria*	Grauschwarze Düstersandbiene	*
Raps	1	*Andrena flavipes*	Gewöhnliche Bindensandbiene	*
Raps	1	*Andrena gravida*	Weiße Bindensandbiene	*
Raps	1	*Andrena haemorrhoa*	Rotschopfige Sandbiene	*
Raps	1	*Andrena lepida*	Sieb-Körbchensandbiene	0
Raps	1	*Andrena nigroaenea*	Erzfarbene Düstersandbiene	*
Raps	1	*Andrena nitida*	Glänzende Düstersandbiene	*
Raps	1	*Andrena strohmella*	Leisten-Zwergsandbiene	*
Raps	1	*Andrena subopaca*	Glanzlose Zwergsandbiene	*
Raps	1	*Anthophora plumipes*	Frühlings-Pelzbiene	*
Raps	1	*Bombus hypnorum*	Baumhummel	*
Raps	1	*Bombus pratorum*	Wiesenhummel	*
Raps	1	*Lasioglossum calceatum*	Gewöhnliche Schmalbiene	*
Raps	1	*Lasioglossum malachurum*	Feldweg-Schmalbiene	*
Raps	1	*Lasioglossum xanthopus*	Große Salbei-Schmalbiene	*
Raps	1	*Nomada flavoguttata*	Gelbfleckige Wespenbiene	*
Raps	1	*Sphecodes ruficrus*	Schwarzhaarige Blutbiene	*

Nutzpflanze	#	Wiss. Name	Deutscher Name	RL
Raps	1	*Xylocopa violacea*	Blauschwarze Holzbiene	*
Raps	1	*Andrena agilissima*	Senf-Blauschillersandbiene	3
Raps	1	*Andrena distinguenda*	Glanzlose Riefensandbiene	3
Raps	1	*Andrena lagopus*	Zweizellige Sandbiene	*
Raps	1	*Andrena niveata*	Weißbindige Zwergsandbiene	3
Raps	1	*Andrena suerinensis*	Schweriner Sandbiene	2
Raps	1	*Osmia brevicornis*	Schöterich-Mauerbiene	G
Raps	1	*Andrena alfkenella*	Alfkens Zwergsandbiene	V
Raps	1	*Andrena angustior*	Westliche Zangensandbiene	*
Raps	1	*Andrena argentata*	Silber-Sandbiene	3
Raps	1	*Andrena barbilabris*	Bärtige Sandbiene	V
Raps	1	*Andrena bicolor*	Zweifarbige Sandbiene	*
Raps	1	*Andrena bimaculata*	Schwarzbeinige Rippensandbiene	V
Raps	1	*Andrena chrysosceles*	Gelbbeinige Kielsandbiene	*
Raps	1	*Andrena combinata*	Dichtpunktierte Körbchensandbiene	3
Raps	1	*Andrena congruens*	Wiesen-Körbchensandbiene	2
Raps	1	*Andrena dorsata*	Rotbeinige Körbchensandbiene	*
Raps	1	*Andrena floricola*	Senf-Zwergsandbiene	2
Raps	1	*Andrena fucata*	Wald-Lockensandbiene	*
Raps	1	*Andrena fulva*	Fuchsrote Lockensandbiene	*
Raps	1	*Andrena fulvida*	Waldrand-Sandbiene	3
Raps	1	*Andrena hypopolia*	Kressen-Sandbiene	2
Raps	1	*Andrena labiata*	Rote Ehrenpreis-Sandbiene	*
Raps	1	*Andrena limata*	Schwarzhaarige Düstersandbiene	2
Raps	1	*Andrena minutula*	Gewöhnliche Zwergsandbiene	*
Raps	1	*Andrena minutuloides*	Glanzrücken-Zwergsandbiene	*
Raps	1	*Andrena nana*	Punktierte Zwergsandbiene	3
Raps	1	*Andrena pilipes*	Schwarze Köhlersandbiene	3
Raps	1	*Andrena schencki*	Schencks Sandbiene	2
Raps	1	*Andrena scotica*	Schottische Erdbiene	*
Raps	1	*Andrena synadelpha*	Breitrandige Lockensandbiene	*
Raps	1	*Andrena tibialis*	Rotbeinige Rippensandbiene	*
Raps	1	*Andrena varians*	Veränderliche Lockensandbiene	*
Raps	1	*Halictus confusus*	Verkannte Goldfurchenbiene	*
Raps	1	*Halictus leucaheneus*	Sand-Goldfurchenbiene	3

Nutzpflanze	#	Wiss. Name	Deutscher Name	RL
Raps	1	*Halictus maculatus*	Dickkopf-Furchenbiene	*
Raps	1	*Halictus rubicundus*	Rotbeinige Furchenbiene	*
Raps	1	*Halictus tumulorum*	Gewöhnliche Goldfurchenbiene	*
Raps	1	*Lasioglossum fulvicorne*	Braunfühler-Schmalbiene	*
Raps	1	*Lasioglossum interruptum*	Schwarzrote Schmalbiene	3
Raps	1	*Lasioglossum laevigatum*	Bezahnte Schmalbiene	3
Raps	1	*Lasioglossum laticeps*	Breitkopf-Schmalbiene	*
Raps	1	*Lasioglossum lineare*	Schornstein-Schmalbiene	3
Raps	1	*Lasioglossum lucidulum*	Leuchtende Schmalbiene	*
Raps	1	*Lasioglossum morio*	Dunkelgrüne Schmalbiene	*
Raps	1	*Lasioglossum nigripes*	Schwarzbeinige Schmalbiene	2
Raps	1	*Lasioglossum nitidiusculum*	Glänzende Schmalbiene	V
Raps	1	*Lasioglossum nitidulum*	Grünglanz-Schmalbiene	*
Raps	1	*Lasioglossum pauxillum*	Acker-Schmalbiene	*
Raps	1	*Lasioglossum politum*	Polierte Schmalbiene	*
Raps	1	*Lasioglossum subfasciatum*	Blauschimmernde Schmalbiene	1
Raps	1	*Lasioglossum zonulum*	Breitbindige Schmalbiene	*
Raps	1	*Osmia bicolor*	Zweifarbige Schneckenhausbiene	*
Rote Johannisbeere	2	*Andrena fulva*	Fuchsrote Lockensandbiene	*
Rote Johannisbeere	1	*Andrena haemorrhoa*	Rotschopfige Sandbiene	*
Rote Johannisbeere	1	*Andrena helvola*	Schlehen-Lockensandbiene	*
Rote Johannisbeere	1	*Andrena varians*	Veränderliche Lockensandbiene	*
Schwarze Johannisbeere	4	*Apis mellifera*	Europäische Honigbiene	*
Schwarze Johannisbeere	4	*Bombus lapidarius*	Steinhummel	*
Schwarze Johannisbeere	4	*Bombus lucorum*	Helle Erdhummel	*
Schwarze Johannisbeere	4	*Bombus terrestris*	Dunkle Erdhummel	*
Schwarze Johannisbeere	4	*Bombus pratorum*	Wiesenhummel	*
Schwarze Johannisbeere	4	*Bombus hypnorum*	Baumhummel	*
Schwarze Johannisbeere	1	*Andrena nitida*	Glänzende Düstersandbiene	*
Schwarze Johannisbeere	1	*Andrena varians*	Veränderliche Lockensandbiene	*
Sojabohne	1	*Apis mellifera*	Europäische Honigbiene	*
Sojabohne	1	*Megachile rotundata*	Luzerne-Blattschneiderbiene	*
Sonnenblume	29	*Apis mellifera*	Europäische Honigbiene	*
Sonnenblume	2	*Bombus hortorum*	Gartenhummel	*

Nutzpflanze	#	Wiss. Name	Deutscher Name	RL
Sonnenblume	2	*Bombus terrestris*	Dunkle Erdhummel	*
Sonnenblume	1	*Andrena flavipes*	Gewöhnliche Bindensandbiene	*
Sonnenblume	1	*Bombus lapidarius*	Steinhummel	*
Sonnenblume	1	*Bombus pascuorum*	Ackerhummel	*
Sonnenblume	1	*Bombus pratorum*	Wiesenhummel	*
Sonnenblume	1	*Bombus sylvarum*	Bunte Hummel	V
Sonnenblume	1	*Megachile apicalis*	Flockenblumen-Blattschneiderbiene	2
Sonnenblume	1	*Megachile pilidens*	Filzzahn-Blattschneiderbiene	3
Tomate	5	*Apis mellifera*	Europäische Honigbiene	*
Tomate	2	*Bombus terrestris*	Dunkle Erdhummel	*
Tomate	1	*Bombus pascuorum*	Ackerhummel	*
Tomate	1	*Bombus lapidarius*	Steinhummel	*
Tomate	1	*Bombus sylvarum*	Bunte Hummel	V
Tomate	1	*Megachile willughbiella*	Garten-Blattschneiderbiene	*
Tomate	1	*Hylaeus gibbus*	Buckel-Maskenbiene	*
Tomate	1	*Lasioglossum morio*	Dunkelgrüne Schmalbiene	*
Tomate	1	*Lasioglossum politum*	Polierte Schmalbiene	*
Tomate	1	*Lasioglossum zonulum*	Breitbindige Schmalbiene	*
Tomate	1	*Lasioglossum laticeps*	Breitkopf-Schmalbiene	*
Tomate	1	*Lasioglossum nitidulum*	Grünglanz-Schmalbiene	*
Zucchini	4	*Apis mellifera*	Europäische Honigbiene	*
Zucchini	1	*Bombus terrestris*	Dunkle Erdhummel	*
Zwetschge/Pflaume	1	*Apis mellifera*	Europäische Honigbiene	*
Zwetschge/Pflaume	1	*Andrena bicolor*	Zweifarbige Sandbiene	*
Zwetschge/Pflaume	2	*Andrena fulva*	Fuchsrote Lockensandbiene	*
Zwetschge/Pflaume	1	*Andrena haemorrhoa*	Rotschopfige Sandbiene	*
Zwetschge/Pflaume	1	*Andrena nitida*	Glänzende Düstersandbiene	*
Zwetschge/Pflaume	1	*Andrena scotica*	Schottische Erdbiene	*
Zwetschge/Pflaume	1	*Andrena varians*	Veränderliche Lockensandbiene	*
Zwetschge/Pflaume	1	*Anthophora plumipes*	Frühlings-Pelzbiene	*
Zwetschge/Pflaume	1	*Colletes cunicularius*	Frühlings-Seidenbiene	*

Wissenschaftliche Literatur

Einleitung

Benedek P, Szabó T, Nyéki J (2001) New results on the bee pollination of quince (*Cydonia oblonga* Mill.). Acta Horticulturae 561:243–248

Bienenweidekatalog: Verbesserung der Bienenweide und des Artenreichtums. Ministerium für Ländlichen Raum und Verbraucherschutz Baden-Württemberg, 6. aktualisierter Nachdruck, Stuttgart, Oktober 2019. Verfügbar unter https://mlr.baden-wuerttemberg.de/fileadmin/redaktion/m-mlr/intern/dateien/publikationen/Bienenweide-Katalog.pdf, abgerufen am 16.08.2024

Brittain C, Kremen C, Garber A, Klein AM (2014) Pollination and plant resources change the nutritional quality of almonds for human health. PLOS ONE 9:e90082

Brittain C, Williams N, Kremen C, Klein AM (2013) Synergistic effects of non-*Apis* bees and honey bees for pollination services. Proceedings of the Royal Society B – Biological Sciences 280:20122767

Datenbank BiolFlor. Verfügbar unter www.ufz.de/biolflor/index.jsp, abgerufen am 19.08.2024

Durka W (2002) Blüten- und Reproduktionsbiologie. In: BiolFlor - Eine Datenbank mit biologisch-ökologischen Merkmalen zur Flora von Deutschland. BfN-Schriftenvertrieb im Landwirtschaftsverlag, Münster-Hiltrup, Deutschland

Ellis CR, Feltham H, Park K, et al (2017) Seasonal complementary in pollinators of soft-fruit crops. Basic and Applied Ecology 19:45–55

Garibaldi LA, Steffan-Dewenter I, Winfree R, et al (2013) Wild pollinators enhance fruit set of crops regardless of honey bee abundance. Science 339:1608–1611

Garratt MPD (2021) Opportunities to reduce pollination deficits and production shortfalls in a globally important crop. Ecological Applications 31:e02445

Habel JC, Samways MJ, Schmitt T (2019) Mitigating the precipitous decline of terrestrial European insects: Requirements for a new strategy. Biodiversity and Conservation 28:1343–1360

Hallmann CA, Sorg M, Jongejans E, et al (2017) More than 75 percent decline over 27 years in total flying insect biomass in protected areas. PLOS ONE 12:e0185809

IPBES (2016) The assessment report of the Intergovernmental Science-Policy Platform on Biodiversity and Ecosystem Services on pollinators, pollination and food production. Potts SG, Imperatriz-Fonseca VL, Ngo HT (eds). Secretariat of the Intergovernmental Science-Policy Platform on Biodiversity and Ecosystem Services, Bonn, Deutschland

IPBES (2019) Global assessment report on biodiversity and ecosystem services of the Intergovernmental Science-Policy Platform on Biodiversity and Ecosystem Services. Brondizio ES, Settele J, Díaz S, Ngo HT (eds). Secretariat of the Intergovernmental Science-Policy Platform on Biodiversity and Ecosystem Services, Bonn, Deutschland

Klatt BK, Holzschuh A, Westphal C, et al (2014) Bee pollination improves crop quality, shelf life and commercial value. Proceedings of the Royal Society B – Biological Sciences 281:20132440

Kleijn D, Biesmeijer K, Dupont YL, et al (2018) Bee conservation: Inclusive solutions. Science 360:389–390

Kleijn D, Winfree R, Bartomeus I, et al (2015) Delivery of crop pollination services is an insufficient argument for wild pollinator conservation. Nature Communications 6:7414

Klein AM, Boreux V, Fornoff F, et al (2018) Relevance of wild and managed bees for human well-being. Current Opinion in Insect Science 26:82–88

Klein AM, Vaissière BE, Cane JH, et al (2007) Importance of pollinators in changing landscapes for world crops. Proceedings of the Royal Society B – Biological Sciences 274:303–313

Klotz S, Kühn I, Durka W (2002) BiolFlor - Eine Datenbank mit biologisch-ökologischen Merkmalen zur Flora von Deutschland. BfN-Schriftenvertrieb im Landwirtschaftsverlag, Münster-Hiltrup, Deutschland

Leonhardt SD, Gallai N, Garibaldi LA, et al (2013) Economic gain, stability of pollination and bee diversity decrease from southern to northern Europe. Basic and Applied Ecology 14:461–471

MacInnis G, Forrest JRK (2019) Pollination by wild bees yields larger strawberries than pollination by honey bees. Journal of Applied Ecology 56:824–832

Michener CD (2000) The Bees of the World. JHU Press, Baltimore and London, England

Nagy-Déri H, Orosz-Kovács Z, Farkas Á (2013) Comparative studies on nectar from two self-fertile and two self-sterile cultivars of quince (*Cydonia oblonga* Mill.) and their attractiveness to honeybees. Journal of Horticultural Science and Biotechnology 88:776–782

Ollerton J, Winfree R, Tarrant S (2011) How many flowering plants are pollinated by animals? Oikos 120:321–326

Potts SG, Biesmeijer JC, Kremen C, et al (2010) Global pollinator declines: trends, impacts and drivers. Trends in Ecology & Evolution 25:345–353

Potts SG, Imperatriz-Fonseca V, Ngo HT, et al (2016) Safeguarding pollinators and their values to human well-being. Nature 540:220–229

Rader R, Bartomeus I, Garibaldi LA, et al (2016) Non-bee insects are important contributors to global crop pollination. Proceedings of the National Academy of Sciences 113:146–151

Seibold S, Gossner MM, Simons NK, et al (2019) Arthropod decline in grasslands and forests is associated with landscape-level drivers. Nature 574:671–674

SWR Doku «Der stumme Sommer - Warum sterben die Insekten», Erstausstrahlung am 24.07.2019, verfügbar unter https://www.youtube.com/watch?v=QlaP3cLiu2s, abgerufen am 16.08.2024
Westrich P (1989) Die Wildbienen Baden-Württembergs. Ulmer Verlag, Stuttgart, Deutschland
Westrich P (1996) Habitat requirements of central European bees and the problems of partial habitats. In: Matheson S, Buchmann SL, O'Toole C, Westrich P, Williams I.H. (eds) The Conservation of Bees. Linnean Society Symposium Series 18, Academic Press, London, pp 1–16
Westrich P (2019) Die Wildbienen Deutschlands, 2. Aufl. Ulmer Verlag, Stuttgart, Deutschland
Winfree R, Williams NM, Dushoff J, Kremen C (2007) Native bees provide insurance against ongoing honey bee losses. Ecology Letters 10:1105–1113
Zurbuchen A, Landert L, Klaiber J, et al (2010) Maximum foraging ranges in solitary bees: Only few individuals have the capability to cover long foraging distances. Biological Conservation 143:669–676
Wildbienen-Kataster. Verfügbar unter https://www.wildbienen-kataster.de/, abgerufen am 16.08.2024

Kulturpflanzen

Obst

Apfel

Blitzer EJ, Gibbs J, Park MG, Danforth BN (2016) Pollination services for apple are dependent on diverse wild bee communities. Agriculture, Ecosystems & Environment 221:1–7
Boyle RMD, Philogène BJR (1983) The native pollinators of an apple orchard: variations and significance. Journal of Horticultural Science 58:355–363
Campbell AJ, Wilby A, Sutton P, Wäckers FL (2017) Do sown flower strips boost wild pollinator abundance and pollination services in a spring-flowering crop? A case study from UK cider apple orchards. Agriculture, Ecosystems and Environment 239:20–29
Coart E, Glabeke SV, Loose MD, et al (2006) Chloroplast diversity in the genus *Malus*: new insights into the relationship between the European wild apple (*Malus sylvestris* (L.) Mill.) and the domesticated apple (*Malus domestica* Borkh.). Molecular Ecology 15:2171–2182
De Witte K, Vercammen J, Van Daele G, Keulemans J (1996) Fruit set, seed set and fruit weight in apple as influenced by emasculation, self-pollination and cross-pollination. Acta Horticulturae 423:177–183
Douglas Garratt MP, Truslove L, Coston D, et al (2014) Pollination deficits in UK apple orchards. Journal of Pollination Ecology 12:9–14
Földesi R, Kovács-Hostyánszki A, Korösi Á, et al (2016) Relationships between wild bees, hoverflies and pollination success in apple orchards with different landscape contexts. Agricultural and Forest Entomology 18:68–75
Free JB (1964) Comparison of the importance of insect and wind pollination of apple trees. Nature 201:726–727
Free JB, Smith BD, Stott KG, Williams IH (1974) The pollination of self-fertile apple trees. Journal of Horticultural Science 49:301–304
Garratt MPD, de Groot GA, Albrecht M, et al (2021) Opportunities to reduce pollination deficits and address production shortfalls in an important insect-pollinated crop. Ecological Applications 31:e02445
Garratt MPD, Breeze TD, Boreux V, et al (2016) Apple Pollination: Demand depends on variety and supply depends on pollinator identity. PLOS ONE 11:e0153889
Goldway M, Shai O, Yehuda H, et al (1999) «Jonathan» apple is a lower-potency pollenizer of «Topred» than «Golden Delicious» due to partial S-allele incompatibility. Journal of Horticultural Science and Biotechnology 74:381–385
Goldwin GK (1984) Factors affecting hormone-assisted setting of cox's apple. Acta Horticulturae 161–172
Goodell K, Thomson JD (1997) Comparisons of pollen removal and deposition by honey bees and bumblebees visiting apple. Acta Horticulturae 437:103–107
Gruber B, Eckel K, Everaars J, Dormann CF (2011) On managing the red mason bee (*Osmia bicornis*) in apple orchards. Apidologie 42:564–576
Lewis T, Smith BD (1969) The insect faunas of pear and apple orchards and the effect of windbreaks on their distribution. Annals of Applied Biology 64:11–20
Osterman J, Theodorou P, Radzevičiūtė R, et al (2021) Apple pollination is ensured by wild bees when honey bees are drawn away from orchards by a mass co-flowering crop, oilseed rape. Agriculture, Ecosystems & Environment 315:107383
Quinet M, Warzée M, Vanderplanck M, et al (2016) Do floral resources influence pollination rates and subsequent fruit set in pear (*Pyrus communis* L.) and apple (*Malus* x *domestica* Borkh) cultivars? European Journal of Agronomy 77:59–69
Reemer M, Kleijn D (2012) Wilde bestuivers in appel- en perenboomgaarden in de Betuwe in 2010 en 2011. Verfügbar unter https://www.bestuivers.nl/Portals/5/Publicaties/Artikelen/Reemer_Kleijn-Bestuivers_boomgaarden_2010_2011_EIS2012-01.pdf, abgerufen am 16.08.2024
Sapir G, Baras Z, Azmon G, et al (2017) Synergistic effects between bumblebees and honey bees in apple orchards increase cross pollination, seed number and fruit size. Scientia Horticulturae 219:107–117
Schneider D, Stern RA, Eisikowitch D, Goldway M (2002) The relationship between floral structure and honeybee pollination eficiency in 'Jonathan' and 'Topred' apple cultivars. The Journal of Horticultural Science and Biotechnology 77:48–51
Shaheen (2017) Role of honey bees (*Apis mellifera* L.) foraging activities in increased fruit setting and production of apples (*Malus domestica*). Pakistan Journal of Agricultural Research 30:29–34

Sheffield CS (2014) Pollination, seed set and fruit quality in apple: studies with *Osmia lignaria* (Hymenoptera: Megachilidae) in the Annapolis valley, Nova Scotia, Canada. Journal of Pollination Ecology 12:120–128

Sheffield CS, Kevan PG, Westby SM, Smith RF (2008) Diversity of cavity-nesting bees (Hymenoptera: Apoidea) within apple orchards and wild habitats in the Annapolis Valley, Nova Scotia, Canada. Canadian Entomologist 140:235–249

Stott KG (1972) Pollen germination and pollen-tube characteristics in a range of apple cultivars. Journal of Horticultural Science 47:191–198

Velasco R, Zharkikh A, Affourtit J, et al (2010) The genome of the domesticated apple (*Malus* × *domestica* Borkh.). Nature Genetics 42:833–839

Vicens N, Bosch J (2000) Weather-dependent pollinator activity in an apple orchard, with special reference to *Osmia cornuta* and *Apis mellifera* (Hymenoptera: Megachilidae and Apidae). Environmental Entomology 29:413–420

Visser T (1981) Pollen and pollination experiments. IV. «Mentor pollen» and «pioneer pollen» techniques regarding incompatibility and incongruity in apple and pear. Euphytica 30:363–369

Aprikose

Austin PT, Hewett EW, Noiton DA, Plummer JA (1996) Cross pollination of 'Sundrop' apricot (*Prunus armeniaca* L.) by honeybees. New Zealand Journal of Crop and Horticultural Science 24:287–294

Egea J, Efigenio García J, Egea L, Berenguer T (1991) Self-incompatibility in apricot cultivars. Acta Horticulturae 293:285–294

Gallotta A, Palasciano M, Mazzeo A, Ferrara G (2014) Pollen production and flower anomalies in apricot (*Prunus armeniaca* L.) cultivars. Scientia Horticulturae 172:199–205

Herrera S, Lora J, Hormaza JI, Rodrigo J (2021) Pollination management in stone fruit crops. In: Mir MM, Iqbal U, Mir SA (eds) Production Technology of Stone Fruits. Springer, Singapore, pp 75–102

Kozma P, Nyéki J, Soltész M, Szabó Z (2003) Floral biology, pollination and fertilisation in temperate zone fruit species and grape. Akademiai Kiado, Budapest, Ungarn

McLaren GF, Fraser JA, Grant JE (1995) Pollination compatibility of apricots grown in Central Otago, New Zealand. Acta Horticulturae 385–390

Vaissière BE, Morison N, Subirana M (2006) Ineffectiveness of pollen dispensers to improve apricot pollination. Acta Horticulturae 701:637–642

Birne

Benedek P, Molnár GK, Nyéki J (2000) Nectar production of pear (*Pyrus communis* L.) cultivars. International Journal of Horticultural Science 6:67-75

Calzoni GL, Speranza, A (1996) Pear and plum pollination: Honey bees, bumble bees or both? Acta Horticulturae 423:83–90

Delaplane KS, Mayer DR, Mayer DF (2000) Crop pollination by bees. Cabi Publishing, Wallingford, England

Fountain MT, Mateos-Fierro Z, Shaw B, et al (2019) Insect pollinators of conference pear (*Pyrus communis* L.) and their contribution to fruit quality. Journal of Pollination Ecology 25:103–114

Jacquemart AL, Michotte-Van Der AA, Raspé O (2006) Compatibility and pollinator efficiency tests on *Pyrus communis* L. cv. «Conference». Journal of Horticultural Science and Biotechnology 81:827–830

Maccagnani B, Burgio G, Stanisavljević LŽ, Maini S (2007) *Osmia cornuta* management in pear orchards. Bulletin of Insectology 60:77–82

Mayer DF, Lunden JD (1997) A comparison of commercially managed bumblebees and honey bees (Hymenoptera: Apidae) for pollination of pears. Acta Horticulturae 437:283–287

Webster AD (2002) Factors influencing the flowering, fruit set and fruit growth of European pears. Acta Horticulturae 596:699–709

Blaubeere

Benjamin FE, Winfree R (2014) Lack of pollinators limits fruit production in commercial blueberry (*Vaccinium corymbosum*). Environmental Entomology 43:1574–1583.

Boecking O, Kubersky U (2010) Förderung von Wildbienen in Heidelbeerkulturanlagen. Natur in NRW 3:16–20

Brewer JW, Dobson RC, Nelson JW (1969) Effects of increased pollinator levels on production of the highbush blueberry, *Vaccinium corymbosum*. Journal of Economic Entomology 62:815–818

Chavez DJ, Lyrene PM (2009) Effects of self-pollination and cross-pollination of *Vaccinium darrowii* (Ericaceae) and other low-chill blueberries. HortScience 44:1538–1541

Courcelles DMM, Button L, Elle E (2013) Bee visit rates vary with floral morphology among highbush blueberry cultivars (*Vaccinium corymbosum* L.). Journal of Applied Entomology 137:693–701

Delaplane KS, Mayer DR, Mayer DF (2000) Crop pollination by bees. Cabi Publishing, Wallingford, England

Eckerter T, Buse J, Bauhus J, et al (2021) Wild bees benefit from structural complexity enhancement in a forest restoration experiment. Forest Ecology and Management 496:119412

Gibbs J, Elle E, Bobiwash K, et al (2016) Contrasting pollinators and pollination in native and non-native regions of highbush blueberry production. PLOS ONE 11:e0158937

Isaacs R, Kirk AK (2010) Pollination services provided to small and large highbush blueberry fields by wild and managed bees. Journal of Applied Ecology 47:841–849

Javorek SK, Mackenzie KE, Kloet SPV (2002) Comparative pollination effectiveness among bees (Hymenoptera: Apoidea) on lowbush blueberry (Ericaceae: *Vaccinium angustifolium*). Annals of the Entomological Society of America 95:345–351

Tuell JK, Isaacs R (2010) Weather during bloom affects pollination and yield of highbush blueberry. Journal of Economic Entomology 103:557–562

Brombeere

Fowler RE, Rotheray EL, Goulson D (2016) Floral abundance and resource quality influence pollinator choice. Insect Conservation and Diversity 9:481–494

Gyan KY, Woodell SRJ (1987a) Analysis of insect pollen loads and pollination efficiency of some common insect visitors of four species of woody Rosaceae. Functional Ecology 1:269–274

Gyan KY, Woodell SRJ (1987b) Flowering phenology, flower colour and mode of reproduction of *Prunus spinosa* L. (Blackthorn); *Crataegus monogyna* Jacq. (Hawthorn); *Rosa canina* L. (Dog Rose); and *Rubus fruticosus* L. (Bramble) in Oxfordshire, England. Functional Ecology 1:261–268

Jacobs JH, Clark SJ, Denholm I, et al (2009) Pollination biology of fruit-bearing hedgerow plants and the role of flower-visiting insects in fruit-set. Annals of Botany 104:1397–1404

Percival MS (1946) Observations on the flowering and nectar secretion of *Rubus fruticosus* (Ago.). New Phytologist 45:111–123

Pinzauti M, Lazzarini D, Felicioli A (1997) Experimental investigation of *Osmia cornuta* Latr. (Hymenoptera, Megachilidae) as potential pollinator for blackberry (*Rubus fruticosus* L.) under confined environment. Acta Horticulturae 437:329–334

Schmidt K, Filep R, Orosz-Kovács Z, Farkas Á (2015) Patterns of nectar and pollen presentation influence the attractiveness of four raspberry and blackberry cultivars to pollinators. The Journal of Horticultural Science and Biotechnology 90:47–56

Erdbeere

Bänsch S, Tscharntke T, Gabriel D, Westphal C (2021) Crop pollination services: Complementary resource use by social vs solitary bees facing crops with contrasting flower supply. Journal of Applied Ecology 58:476–485

Castle D, Grass I, Westphal C (2019) Fruit quantity and quality of strawberries benefit from enhanced pollinator abundance at hedgerows in agricultural landscapes. Agriculture, Ecosystems & Environment 275:14–22

Chagnon M, Gingras J, DeOliveira D (1993) Complementary aspects of strawberry pollination by honey and indigenous bees (Hymenoptera). Journal of Economic Entomology 86:416–420

Ganser D, Mayr B, Albrecht M, Knop E (2018) Wildflower strips enhance pollination in adjacent strawberry crops at the small scale. Ecology and Evolution 8:11775–11784

Hodgkiss D, Brown MJF, Fountain MT (2019) The effect of within-crop floral resources on pollination, aphid control and fruit quality in commercial strawberry. Agriculture, Ecosystems & Environment 275:112–122

Klatt BK, Holzschuh A, Westphal C, et al (2013) Bee pollination improves crop quality, shelf life and commercial value. Proceedings of the Royal Society B – Biological Sciences 281:20132440

MacInnis G, Forrest JRK (2019) Pollination by wild bees yields larger strawberries than pollination by honey bees. Journal of Applied Ecology 56:824–832

MacInnis G, Forrest JRK (2020) Field design can affect cross-pollination and crop yield in strawberry (*Fragaria* x *ananassa* D.). Agriculture, Ecosystems & Environment 289:106738

Hagebutte

Gyan KY, Woodell SRJ (1987) Flowering phenology, flower colour and mode of reproduction of *Prunus spinosa* L. (Blackthorn); *Crataegus monogyna* Jacq. (Hawthorn); *Rosa canina* L. (Dog Rose); and *Rubus fruticosus* L. (Bramble) in Oxfordshire, England. Functional Ecology 1:261–268

Jacobs JH, Clark SJ, Denholm I, et al (2009) Pollination biology of fruit-bearing hedgerow plants and the role of flower-visiting insects in fruit-set. Annals of Botany 104:1397–1404

Wissemann V, Hellwig FH (1997) Reproduction and hybridisation in the genus *Rosa*, section Caninae (Ser.) Rehd. Botanica Acta 110:251–256

Himbeere

Chagnon M, Gingras J, De Oliveira D (1991) Honey bee (Hymenoptera: Apidae) foraging behavior and raspberry pollination. Journal of Economic Entomology 84:457–460

Colbert S, De Oliveira D (1990) Influence of pollen variety on raspberry (*Rubus idaeus* L.) development. Journal of Heredity 81:434–437

Jennings DL (1967) Observations on some instances of partial sterility in red raspberry cultivars. Horticultural Research 7:116–122

Lye GC, Jennings SN, Osborne JL, Goulson D (2011) Impacts of the use of nonnative commercial bumble bees for pollinator supplementation in raspberry. Journal of Economic Entomology 104:107–114

Rinvoll AW (2016) Pollinator activity under climate change. Master of Science Thesis, University of Oslo, https://www.duo.uio.no/bitstream/handle/10852/52498/Pollinator-Activity-under-Climate-Change.pdf?sequence=1&isAllowed=y, abgerufen am 20.02.2025

Willmer PG, Bataw AAM, Hughes JP (1994) The superiority of bumblebees to honeybees as pollinators: insect visits to raspberry flowers. Ecological Entomology 19:271–284

Holunder (Schwarz)

Atkinson MD, Atkinson E (2002) *Sambucus nigra* L. Journal of Ecology 90:895–923

Bolli R (1994) Revision of the genus *Sambucus*. Dissertationes Botanicae, Band 223, Schweizerbart Science Publishers, Stuttgart, Deutschland

Guilmette M, Richer C, Rioux JA, Charlebois D (2007) Impact d'un apport supplémentaire de pollen sur la mise à fruit de *Sambucus nigra* subsp. *canadensis* (L.) R. Bolli. Canadian Journal of Plant Science 87:531–536

Scott-Brown AS, Arnold SEJ, Kite GC, et al (2019) Mechanisms in mutualisms: a chemically mediated thrips pollination strategy in common elder. Planta 250:367–379

Johannisbeere – Rote

Blasse W, Hofmann S (1988) Studies on the biology of fertilization in varieties of *Ribes rubrum* L. and *Ribes nigrum* L. Archiv für Gartenbau 36:437–448

Klotz S, Kühn I, Durka W (2002) BiolFlor - Eine Datenbank mit biologisch-ökologischen Merkmalen zur Flora von Deutschland. BfN-Schriftenvertrieb im Landwirtschaftsverlag, Münster-Hiltrup, Deutschland

Wilson GF (1929) Pollination of hardy fruits: Insect visitors to fruit blossoms. Annals of Applied Biology 16:602–629

Johannisbeere – Schwarze

Blasse W, Hofmann S (1988) Studies on the biology of fertilization in varieties of *Ribes rubrum* L. and *Ribes nigrum* L. Archiv für Gartenbau 36:437–448

Clinch PG, Faulke J (1976) Observations on the role of the honey bee in the pollination of blackcurrants variety 'magnus'. New Zealand Journal of Experimental Agriculture 4:399–402

Denisow B (2004) The influence of artificial wind blow on the pollination and fructification of blackcurrant (*Ribes nigrum* L.). Acta Scientarium Polonorum Hortorum Cultus 3:89–96

Denisow B (2005) The variability of yield structure of black currant cultivars (*Ribes nigrum* L.) in different pollination conditions. Standing Commission of Pollination and Bee Flora. Verfügbar unter https://www.researchgate.net/publication/269278030_Denisow_B_2005_The_variability_of_yield_structure_of_black_currant_cultivars_Ribes_nigrum_L_in_different_pollination_conditions_Apiacta_wwwapimondiaorgapiactaslovenia, abgerufen am 06.03.2025

Fliszkiewicz M, Giejdasz K, Wilkaniec Z (2011) The importance of male red mason bee (*Osmia rufa* L.) and male bufftailed bumblebee (*Bombus terrestris* L.) pollination in blackcurrant (*Ribes nigrum* L.). Journal of Horticultural Science and Biotechnology 86:457–460

Free JB (1968) The pollination of black currants. Journal of Horticultural Science 43:69–73

Klotz S, Kühn I, Durka W (2002) BiolFlor - Eine Datenbank mit biologisch-ökologischen Merkmalen zur Flora von Deutschland. BfN-Schriftenvertrieb im Landwirtschaftsverlag GmbH, Münster-Hiltrup, Deutschland

Koltowski Z, Pluta S, Jablonski B, Szklanowska K (1999) Pollination requirements of eight cultivars of black currant (*Ribes nigrum* L.). Journal of Horticultural Science and Biotechnology 74:472–474

Kirsche, Süß-/Sauer-

Benedek P, Nyéki J, Szabó Z, Szabó T (2005) Both self-sterile and self-fertile sour cherries need insect (bee) pollination. Acta Horticulturae 667:399–402

Eeraerts M, Meeus I, Van Den Berge S, Smagghe G (2017) Landscapes with high intensive fruit cultivation reduce wild pollinator services to sweet cherry. Agriculture, Ecosystems and Environment 239:342–348

Hansted L, Grout BWW, Eilenberg J, et al (2012) The importance of bee pollination of the sour cherry (*Prunus cerasus*) cultivar 'Stevnsbaer' in Denmark. Journal of Pollination Ecology 10:124–129

Hansted L, Grout BWW, Toldam-Andersen TB, Eilenberg J (2015) Effectiveness of managed populations of wild and honey bees as supplemental pollinators of sour cherry (*Prunus cerasus* L.) under different climatic conditions. Acta Agriculturae Scandinavica Section B: Soil and Plant Science 65:109–117

Hansted L, Grout BWW, Toldam-Andersen TB, Eilenberg J (2014) An assessment of *Osmia rufa* (syn. *bicornis*) as a pollinator of the sour cherry (*Prunus cerasus*) cv. Stevnsbaer in eastern Denmark. Journal of Apicultural Research 53:177–182

Herrera S, Lora J, Hormaza JI, Rodrigo J (2021) Pollination management in stone fruit crops. In: Mir MM, Iqbal U, Mir SA (eds) Production Technology of Stone Fruits. Springer, Singapore, pp 75–102

Holzschuh A, Dudenhöffer JH, Tscharntke T (2012) Landscapes with wild bee habitats enhance pollination, fruit set and yield of sweet cherry. Biological Conservation 153:101–107

Oliveira DD, Gomes A, Ilharco FA, et al (2001) Pollen carriers in the sweet cherry, *Prunus avium*, in Portugal. Acta Horticulturae 561:253–256

Ren KC (2005) Bestøvning i surkirsebærsorten „Stevnsbaer". Speciale i Frugt og Bær Den Kongelige Veterinær-og landbohøjskole, Frederiksberg, Dänemark

Kiwi

Costa G, Testolin R, Vizzotto G (1993) Kiwifruit pollination: An unbiased estimate of wind and bee contribution. New Zealand Journal of Crop and Horticultural Science 21:189–195

Donovan BJ, Read PEC (1991) Efficacy of honey bees as pollinators of kiwifruit. Acta Horticulturae 288:220–224.

González MV, Coque M, Herrero M (1998) Influence of pollination systems on fruit set and fruit quality in kiwifruit (*Actinidia deliciosa*). Annals of Applied Biology 132:349–355.
Goodwin RM (2000) Zespri Innovation kiwifruit pollination manual. Zespri Innovation Company Limited & The Horticulture and Food Research Institute of New Zealand Limited
Howpage D, Spooner-Hart RN, Vithanage V (2001) Influence of honey bee (*Apis mellifera*) on kiwifruit pollination and fruit quality under Australian conditions. New Zealand Journal of Crop and Horticultural Science 29:51–59
King MJ, Buchmann SL (2003) Floral sonication by bees: Mesosomal vibration by *Bombus* and *Xylocopa*, but not *Apis* (Hymenoptera: Apidae), ejects pollen from poricidal anthers. Journal of the Kansas Entomological Society 76:295–305
Miñarro M, Twizell KW (2015) Pollination services provided by wild insects to kiwifruit (*Actinidia deliciosa*). Apidologie 46:276–285
Pomeroy N, Fisher R (2000) Pollination of kiwifruit by bumble bees. Kiwifruit: New Zealand Kiwifruit Journal 141:19–21
Testolin R, Vizzotto G, Costa G (1991) Kiwifruit pollination by wind and insects in Italy. New Zealand Journal of Crop and Horticultural Science 19:381–384
Vaissière BE, Rodet G, Cousin M, et al (1996) Pollination effectiveness of honey bees (Hymenoptera: Apidae) in a kiwifruit orchard. Journal of Economic Entomology 89:453–461
Westerkamp C, Gottsberger G (2000) Diversity pays in crop pollination. Crop Science 40:1209–1222

Melonen

Bohn GW, Davis GN (1964) Insect pollination is necessary for the production of muskmelons (*Cucumis melo* v. *reticulatus*). Journal of Apicultural Research 3:61–63
Gómez S, Ornosa C, Selfa J, et al (2016) Small sweat bees (Hymenoptera: Halictidae) as potential major pollinators of melon (*Cucumis melo*) in the Mediterranean. Entomological Science 19:55–66
McGregor SE, Todd FE (1952) No bees, no melons. Progressive Agriculture in Arizona 4:3–3
Rosa JT (1924) Fruiting habit and pollination of cantaloupe. Proceedings of the American Society for Horticultural Science 21:51–57

Pfirsich/Nektarine

Benedek P, Nyéki J (1996) Studies on the bee pollination of peach and nectarine. Acta Horticulturae 374:169–176
Delaplane KS, Mayer DR, Mayer DF (2000) Crop pollination by bees. Cabi Publishing, Wallingford/England
El-Sayed AM, Sporle A, Colhoun K, et al (2018) Scents in orchards: floral volatiles of four stone fruit crops and their attractiveness to pollinators. Chemoecology 28:39–49
Nyéki J, Szabó Z, Benedek P, Szalay L (2000) Nectar production and pollination in peach. International Journal of Horticultural Science 6:123–126
Weinbaum SA, Erez A (1983) Autogamy among selected peach and nectarine cultivars. Fruit Varieties Journal 37:113–114

Pflaume/Mirabelle

Calzoni GL, Speranza, A (1996) Pear and plum pollination: Honey bees, bumble bees or both? Acta Horticulturae 423:83–90
Đorđević M, Cerović R, Radičević S, et al (2016) Influence of pollination mode on fruit set in plum (*Prunus domestica*). Acta Horticulturae 347–352
Free JB (1962) The effect of distance from pollinizer varieties on the fruit set on trees in plum and apple orchards. Journal of Horticultural Science 37:262–271
Frève A, Oliveira DD, Gingras J (2001) Insect pollination and production in two old varieties of damas plums (*Prunus domestica* L.). Acta Horticulturae 561:249–251

Quitte

Benedek P, Szabó T, Nyéki J (2001) New results on the bee pollination of quince (*Cydonia oblonga* Mill.). Acta Horticulturae 561:243–248
Duron M, Decourtye L, Druart Ph (1989) Quince (*Cydonia oblonga* Mill.). In: Bajaj YPS (ed) Trees II. Springer, Berlin, Heidelberg, pp 42–58
Nagy-Déri H, Orosz-Kovács Z, Farkas Á (2013) Comparative studies on nectar from two self-fertile and two self-sterile cultivars of quince (*Cydonia oblonga* Mill.) and their attractiveness to honeybees. Journal of Horticultural Science and Biotechnology 88:776–782
Tatari M, Abdollahi H, Mousavi A (2018) Effect of pollination on dropping of flowers and fruits in new quince (*Cydonia oblonga* Mill.) cultivar and promising genotypes. Scientia Horticulturae 231:126–132
Zhang M, Wang Z, Mao Y, et al (2019) Effects of quince pollen pollination on fruit qualities and phenolic substance contents of apples. Scientia Horticulturae 256:108628

Gemüse und Ölsaaten

Ackerbohne

Bailes EJ, Pattrick JG, Glover BJ (2018) An analysis of the energetic reward offered by field bean (*Vicia≈faba*) flowers: Nectar, pollen, and operative force. Ecology and Evolution 8:3161–3171
Beyer N, Gabriel D, Kirsch F, et al (2020) Functional groups of wild bees respond differently to faba bean *Vicia faba* L. cultivation at landscape scale. Journal of Applied Ecology 57:2499–2508

Bishop J, Nakagawa S (2021) Quantifying crop pollinator dependence and its heterogeneity using multi-level meta-analysis. Journal of Applied Ecology 58:1030–1042

Smith-Ramirez C, Rendón-Funes A, Barahona-Segovia R, Moya W (2021) Consequences of the high abundance of *Bombus terrestris* on the pollination of *Vicia faba*. Journal of Pollination Ecology 29:258–272

Stoddard FL, Bond DA (1987) The pollination requirements of the faba bean. Bee World 68:144–152

Aubergine

Abak K, Özdoğan AO, Daşgan HY, et al (2000) Effectiveness of bumble bees as pollinators for eggplants grown in unheated greenhouses. Acta Horticulturae 514:197–203

Abak K, Sari N, Paksoy M, et al (1995) Efficiency of bumble bees on the yield and quality of eggplant and tomato grown in unheated glasshouses. Acta Horticulturae 412:268–274

Jayasinghe UJMSR, Silva THSE, Karunaratne WAIP (2017) Buzzing wild bee visits enhance seed set in eggplant, *Solanum melongena*. Psyche: A Journal of Entomology 2017:624062

Kowalska G (2006) Eggplant (*Solanum melongena* L.) flowering and fruiting dynamics depending on pistil type as well as way of pollination and flower hormonization. Folia Horticulturae 18:17–29

Lowenstein DM, Minor ES (2015) Effect of number of *Bombus impatiens* (Hymenoptera: Apidae) visits on eggplant yield. Journal of Economic Entomology 108:1456–1459

van den Eijnde J (1994) Die Bestäubung von Auberginen (*Solanum melogena* L.) in Gewächshäusern mit Honigbienen (*Apis mellifera* L.) und Hummeln (*Bombus terrestris* L.). Apidologie 25:450–452

Augenbohne

Auguste PM, Douka C, Dounia CEE, Fohouo FN (2019) Pollination efficiency of *Apis mellifera* L. (Hymenoptera: Apidae) on flowers of *Vigna unguiculata* (L.) Walp. (Fabaceae) at Bilone (Obala, Cameroon). International Journal of Biosciences 14:1–11

Dingha BN, Jackai LE, Amoah BA, Akotsen-Mensah C (2021) Pollinators on cowpea *Vigna unguiculata*: Implications for intercropping to enhance biodiversity. Insects 12:54

Ehlers JD, Hall AE (1997) Cowpea (*Vigna unguiculata* L. Walp.). Field Crops Research 53:187–204

Fohouo FN, Ngakou A, Kengni BS (2009) Pollination and yield responses of cowpea (*Vigna unguiculata* L. Walp.) to the foraging activity of *Apis mellifera adansonii* (Hymenoptera: Apidae) at Ngaoundéré (Cameroon). African Journal of Biotechnology 8:1988–1996

Leleji OI (1973) Apparent preference by bees for different flower colours in cowpeas (*Vigna sinensis* (L.) Savi ex Hassk.). Euphytica 22:150–153

Lush WM (1979) Floral morphology of wild and cultivated cowpeas. Economic Botany 33:442–447

Musa AK, Liadi MT, Adegbite OR (2013) Impact of honeybees (*Apis mellifera adansonii*) (Hymenoptera: Apidae) pollination on pod and seed set of cowpea (*Vigna unguiculata* L. Walp.) in Ilorin, Southern Guinea Savanna of Nigeria. WebPub Journal of Agricultural Research 1:83–87

Wousla EN, Andargie M, Pasquet RS, et al (2020) Is bigger better? Apidae (Xylocopinae), Megachilidae and cowpea (*Vigna unguiculata*) pollination. Plant Breeding 139:156–166

Gartenbohne

Elisante F, Ndakidemi P, Arnold SEJ, et al (2020) Insect pollination is important in a smallholder bean farming system. PeerJ 8:e10102

Free JB (1966) The pollination of the beans *Phaseolus multiflorus* and *Phaseolus vulgaris* by honeybees. Journal of Apicultural Research 5:87–91

Ibarra-Perez FJ, Barnhart D, Ehdaie B, et al (1999) Effects of insect tripping on seed yield of common bean. Crop Science 39:428–433

Kendall DA, Smith BD (1976) The pollinating efficiency of honeybee and bumblebee visits to flowers of the runner bean *Phaseolus coccineus* L. The Journal of Applied Ecology 13:749–749

Masiga R, Kasina M, Mbugi J, et al (2014) Do french beans (*Phaesolus vulgaris*) grown in proximity to Mt Kenya forest in Kenya experience pollination deficit? Journal of Pollination Ecology 14:255–260

Mireille B, Kingha T, Fohouo FN, et al (2012) Foraging and pollination activities of *Xylocopa olivacea* (Hymenoptera, Apidae) on *Phaseolus vulgaris* (Fabaceae) flowers at Dang (Ngaoundere-Cameroon). Journal of Agricultural Extension and Rural Development 4:330–339

Wróblewska A (1991) Attractiveness of *Phaseolus* L. flowers for pollinating insects. Acta Horticulturae 288:321–325

Gurke

Benachour K, Louadi K (2011) Comportement de butinage des abeilles (Hymenoptera: Apoidea). Annales de la Société Entomologique de France 47:63–70

Collison CH, Martin EC (1979) Behaviour of honeybees foraging on male and female flowers of *Cucumis sativus*. Journal of Apicultural Research 18:184–190

Connor L, Martin EC (1970) The effect of delayed pollination on yield of cucumbers grown for machine harvests. Journal of American Horticultural Science 95:456–458

Gajc-Wolska J, Kowalczyk K, Mikas J, Drajski R (2011) Efficiency of cucumber (*Cucumis sativus* L.) pollination by bumblebees (*Bombus terrestris*). Acta Scientiarum Polonorum, Hortorum Cultus 10:159–169

Jenkins JM (1942) Natural self-pollination in cucumbers. Proceedings of the American Society for Horticultural Science 40:411–412

Motzke I, Klein AM, Saleh S, et al (2016) Habitat management on multiple spatial scales can enhance bee pollination and crop yield in tropical homegardens. Agriculture, Ecosystems & Environment 223:144–151

Stanghellini MS, Ambrose JT, Schultheis JR (1997) The effects of honey bee and bumble bee pollination on fruit set and abortion of cucumber and watermelon. American Bee Journal 137:386–391

Kürbis

Hoehn P, Tscharntke T, Tylianakis JM, Steffan-Dewenter I (2008) Functional group diversity of bee pollinators increases crop yield. Proceedings of the Royal Society B – Biological Sciences 275:2283–2291

Nicodemo D, Couto RHN, Malheiros EB, de Jong D (2009) Honey bee as an effective pollinating agent of pumpkin. Scientia Agricola 66:476–480

Pfister SC, Eckerter PW, Krebs J, et al (2018) Dominance of cropland reduces the pollen deposition from bumble bees. Scientific Reports 8:13873

Pfister SC, Eckerter PW, Schirmel J, et al Sensitivity of commercial pumpkin yield to potential decline among different groups of pollinating bees. Royal Society Open Science 4:170102

Shuler RE, Roulston TH, Farris GE (2005) Farming practices influence wild pollinator populations on squash and pumpkin. Journal of Economic Entomology 98:790–795

Walters SA, Taylor BH (2006) Effects of honey bee pollination on pumpkin fruit and seed yield. Horticultural Science 41:370–373

Paprika

Dag A, Kammer Y (2001) Comparison between the effectiveness of honey bee (*Apis mellifera*) and bumble bee (*Bombus terrestris*) as pollinators of greenhouse sweet pepper (*Capsicum annuum*). American Bee Journal 141:447–448

De Oliveira Cruz D, Freitas BM, Da Silva LA, et al (2005) Pollination efficiency of the stingless bee *Melipona subnitida* on greenhouse sweet pepper. Pesquisa Agropecuaria Brasileira 40:1197–1201

El-Kazafy TA, Reda TA, AL-Kahtani SN (2019) Nectar and pollen sources for honeybees in Kafrelsheikh province of northern Egypt. Saudi Journal of Biological Sciences 26:890–896

Heuvelink E, Körner O (2001) Parthenocarpic fruit growth reduces yield fluctuation and blossom-end rot in sweet pepper. Annals of Botany 88:69–74

Jarlan A, De Oliveira D, Gingras J (1997) Pollination of sweet pepper (*Capsicum annuum* L.) in green-house by the syrphid fly *Eristalis tenax* (L.). Acta Horticulturae 437:335–339

Jarlan A, De Oliveira D, Gingras J (1997) Pollination by *Eristalis tenax* (Diptera: Syrphidae) and seed set of greenhouse sweet pepper. Journal of Economic Entomology 90:1646–1649

Kalev H, Dag A, Shafir S (2002) Feeding pollen supplements to honey bee colonies during pollination of sweet pepper in enclosures. American Bee Journal 142:675–679

Pekas A, De Craecker I, Boonen S, et al (2020) One stone; two birds: Concurrent pest control and pollination services provided by aphidophagous hoverflies. Biological Control 149:104328

Pressman E, Moshkovitch H, Rosenfeld K, et al (1998) Influence of low night temperatures on sweet pepper flower quality and the effect of repeated pollinations, with viable pollen, on fruit setting. Journal of Horticultural Science and Biotechnology 73:131–136

Raps

Bommarco R, Marini L, Vaissière BE (2012) Insect pollination enhances seed yield, quality, and market value in oilseed rape. Oecologia 169:1025–1032

Bürger C (2004) Die Bedeutung der Landschaftsstruktur für die Bienendiversität und Bestäubung auf unterschiedlichen räumlichen Skalen. Dissertation an der Georg-August-Universität Göttingen. Verfügbar unter https://ediss.uni-goettingen.de/handle/11858/00-1735-0000-0006-B019-0, abgerufen am 06.03.2025

Cresswell JE (1999) The influence of nectar and pollen availability on pollen transfer by individual flowers of oil-seed rape (*Brassica napus*) when pollinated by bumblebees (*Bombus lapidarius*). Journal of Ecology 87:670–677

Cresswell JE, Davies TW, Patrick MA, et al (2004) Aerodynamics of wind pollination in a zoophilous flower, *Brassica napus*. Functional Ecology 18:861–866

Free J, Muttal P (1968) The pollination of oilseedrape (*Brassica napus*) and the behaviour of bees on the crop. Journal of Agricultural Science 71:91–94

Gowers S (1981) Self-pollination in swedes (*Brassica napus* ssp *rapifera*) and its implications for cultivar production. Euphytica 30:813–817

Hudewenz A, Pufal G, Bögeholz AL, Klein AM (2014) Cross-pollination benefits differ among oilseed rape varieties. Journal of Agricultural Science 152:770–778

Kevan PG, Eisikowitch D (1990) The effects of insect pollination on canola (*Brassica napus* L. cv. O.A.C. Triton) seed germination. Euphytica 45:39–41

Kirk W (1996) Oilseed rape (swede rape). Bee World 77:138–140

Kołtowski Z (2005) The effect of pollinating insects on the yield of winter rapeseed (*Brassica napus* L. var. napus f. biennis) cultivars. Journal of Apicultural Science 49:29–41

Manning R, Wallis IR (2005) Seed yields in canola (*Brassica napus* cv. Karoo) depend on the distance of plants from honeybee apiaries. Australian Journal of Experimental Agriculture 45:1307–1313

McCartney HA, Lacey ME (1991) Wind dispersal of pollen from crops of oilseed rape (*Brassica napus* L.). Journal of Aerosol Science 22:467–477

Mesquida J, Renard M, Pierre JS (1988) Rapeseed (*Brassica napus* L.) productivity: The effect of honeybees (*Apis mellifera* L.) and different pollination conditions in cage and field tests. Apidologie 19:51–72

Morandin LA, Winston ML (2005) Wild bee abundance and seed production in conventional, organic, and genetically modified canola. Ecological Applications 15:871–881

Sabbahi R, De Oliveira D, Marceau J (2006) Does the honeybee (Hymenoptera: Apidae) reduce the blooming period of canola? Journal of Agronomy and Crop Science 192:233–237

Stanley DA, Gunning D, Stout JC (2013) Pollinators and pollination of oilseed rape crops (*Brassica napus* L.) in Ireland: Ecological and economic incentives for pollinator conservation. Journal of Insect Conservation 17:1181–1189

Westphal C, Steffan-Dewenter I, Tscharntke T (2003) Mass flowering crops enhance pollinator densities at a landscape scale. Ecology Letters 6:961–965

Williams IH (1985) The pollination of swede rape (*Brassica napus* L.). Bee World 66:16–22

Senf

Corbet SA (1978) Bee visits and the nectar of *Echium vulgare* L. and *Sinapis alba* L. Ecological Entomology 3:25–37

Masierowska M, Pietka T (2014) Variability in nectar and pollen production in flowers of double-low lines of white mustard (*Sinapis alba* L.) and their attractiveness to honey bees. Acta Scientiarum Polonorum Hortorum Cultus 13:197–209

McGregor SE (1976) Insect pollination of cultivated crop plants. Cabi Publishing, Wallingford/England

Olsson G (1960) Self-incompatibility and outcrossing in rape and white mustard. Hereditas 46:241–252

Sojabohne

Abrams R, Edwards C, Harris T (1978) Yields and cross-pollination of soybeans as affected by honey bees and alfalfa leafcutting bees. American Bee Journal 555–556

Chiari WC, Toledo V de AA de, Ruvolo-Takasusuki MCC, et al (2005) Pollination of soybean (*Glycine max* L. Merril) by honeybees (*Apis mellifera* L.). Brazilian Archives of Biology and Technology 48:31–36

Erickson EH, Berger GA, Shannon JG, Robins JM (1978) Honey bee pollination increases soybean yields in the Mississippi Delta region of Arkansas and Missouri. Journal of Economic Entomology 71:601–603

Gill KA, O'Neal ME (2015) Survey of soybean insect pollinators: Community identification and sampling method analysis. Environmental Entomology 44:488–498

Milfont M de O, Rocha EEM, Lima AON, Freitas BM (2013) Higher soybean production using honeybee and wild pollinators, a sustainable alternative to pesticides and autopollination. Environmental Chemistry Letters 11:335–341

Palmer RG, Perez PT, Ortiz-Perez E, et al (2009) The role of crop-pollinator relationships in breeding for pollinator-friendly legumes: From a breeding perspective. Euphytica 170:35–52

Rust RW, Mason CE, Erickson EH (1980) Wild bees on soybeans, *Glycine max*. Environmental Entomology 9:230–232

Sonnenblume

Astiz V, Iriarte LA, Flemmer A, Hernández LF (2011) Self-compatibility in modern hybrids of sunflower (*Helianthus annuus* L.). Fruit set in open and self-pollinated (bag isolated) plants grown in two different locations. Helia 34:129–138

Burgstaller H (1990) Die Bedeutung der Honigbiene für den Kernertrag bei der Sonnenblume. Schweizerische BienenZeitung 113:510–515

Carvalheiro LG, Veldtman R, Shenkute AG, et al (2011) Natural and within-farmland biodiversity enhances crop productivity. Ecology Letters 14:251–259

Delaude A, Tasei JN, Rollier M (1979) Pollinator insects of sunflower (*Helianthus annus* L.) in France. In: Proceedings, IVth International Symposium on Pollination. Maryland Agricultural Experiment Station. College Park, Maryland, pp 29–40

Free JB (1964) The behaviour of honeybees on sunflowers (*Helianthus annuus* L.). Journal of Applied Ecology 1:19–27

Greenleaf SS, Kremen C (2006) Wild bees enhance honey bees' pollination of hybrid sunflower. Proceedings of the National Academy of Sciences 103:13890–13895

Parker FD (1981) Sunflower pollination: Abundance, diversity and seasonality of bees and their effect on seed yields. Journal of Apicultural Research 20:49–61

Pisanty G, Klein AM, Mandelik Y (2014) Do wild bees complement honeybee pollination of confection sunflowers in Israel? Apidologie 45:235–247

Pisanty G, Mandelik Y (2015) Profiling crop pollinators: Life history traits predict habitat use and crop visitation by Mediterranean wild bees. Ecological Applications 25:742–752

Putt ED (1940) Observations on morphological characters and flowering processes in the sunflower (*Helianthus annuus* L.). Scientific Agriculture 21:167–179

Ramya M, Muthuraman M, Saravanan PA (2014) Yield enhancement in self-fertile sunflower (*Helianthus annuus* L.) by honeybees. Madras Agricultural Journal 101:269–272

Said F, Inayatullah M, Ali H (2017) Studies on visitation pattern of honeybee (Hymenoptera: Apidae) and its impact on the yield and oil contents of sunflower (*Helianthus annuus* L.) seed in Peshawar valley, Pakistan. Pakistan Journal of Zoology 49:943–949

Schneiter AA, Miller JF (1981) Description of sunflower growth stages. Crop Science 21:901–903

Tomate

Abak K, Sari N, Paksoy M, et al (1995) Efficiency of bumble bees on the yield and quality of eggplant and tomato grown in unheated glasshouses. Acta Horticulturae 412:268–274

Banda HJ, Paxton RJ (1991) Pollination of greenhouse tomatoes by bees. Acta Horticulturae 194–198

Greenleaf S, Kremen C (2006) Wild bee species increase tomato production and respond differently to surrounding land use in Northern California. Biological Conservation 133:81-87

Heemert C van, Ruijter A de, Eijnde J van den, Steen J van der (1990) Year-round production of bumble bee colonies for crop pollination. Bee World 71:54–56

Hogendoorn K, Steen Z, Schwarz MP (2000) Native Australian carpenter bees as a potential alternative to introducing bumble bees for tomato pollination in greenhouses. Journal of Apicultural Research 39:67–74

Ilbi H, Boztok K (1994) The effects of different truss-vibration durations on pollination and fruit set of greenhouse grown tomatoes. Acta Horticulturae 366:73–78

Kati V, Karamaouna F, Economou L, et al (2021) Sown wildflowers enhance habitats of pollinators and beneficial arthropods in a tomato field margin. Plants 10:1003

Morandin LA, Laverty TM, Kevan PG (2001) Effect of bumble bee (Hymenoptera: Apidae) pollination intensity on the quality of greenhouse tomatoes. Journal of Economic Entomology 94:172–179

Teppner H (2005) Pollinators of tomato, *Solanum lycopersicum* (Solanaceae), in Central Europe. Phyton (Horn, Austria) 45:217–235

van Ravestijn W, van der Sande J (1991) Use of bumblebees for the pollination of glasshouse tomatoes. Acta Horticulturae 288:204–212

Vicidomini S (1998) Biologia di *Xylocopa* (*Xylocopa*) *violacea* (Linnè, 1758) (Hymenoptera: Apidae): Foraggiamento su *Wisteria sinensis* (Papilionaceae). Bollettino del Museo Civico di Storia Naturale di Verona 22:199–209

Westerkamp C, Gottsberger G (2000) Diversity pays in crop pollination. Crop Science 40:1209–1222

Zucchini/Gartenkürbis

Artz DR, Nault BA (2011) Performance of *Apis mellifera*, *Bombus impatiens*, and *Peponapis pruinosa* (Hymenoptera: Apidae) as pollinators of pumpkin. Journal of Economic Entomology 104:1153–1161

Delaplane KS, Mayer DR, Mayer DF (2000) Crop pollination by bees. Cabi Publishing, Wallingford, England

Edge AA, Van Nest BN, Johnson JN, et al (2012) Diel nectar secretion rhythm in squash (*Cucurbita pepo*) and its relation with pollinator activity. Apidologie 43:1–16

Knapp JL, Shaw RF, Osborne JL (2019) Pollinator visitation to mass-flowering courgette and co-flowering wild flowers: Implications for pollination and bee conservation on farms. Basic and Applied Ecology 34:85–94

Robinson RW, Reiners S (1999) Parthenocarpy in summer squash. HortScience 34:715–717

Vidal MDG, De Jong D, Wien HC, Morse RA (2006) Nectar and pollen production in pumpkin (*Cucurbita pepo* L.). Revista Brasileira de Botanica 29:267–273

Walters SA, Taylor BH (2006) Effects of honey bee pollination on pumpkin fruit and seed yield. HortScience 41:370–373

Westrich P (2018) Die Wildbienen Deutschlands. Ulmer Verlag, Stuttgart, Deutschland

Exoten

Mandel

Brittain C, Kremen C, Garber A, Klein AM (2014) Pollination and plant resources change the nutritional quality of almonds for human health. PLOS ONE 9:e90082

Henselek Y, Eilers EJ, Kremen C, et al (2018) Pollination requirements of almond (*Prunus dulcis*): Combining laboratory and field experiments. Journal of Economic Entomology 111:1006–1013

Kevan, PG, Ebert, T (2005) Can almond nectar and pollen poison honey bees? American Bee Journal 145:507-509

Klein AM, Hendrix SD, Clough Y, et al (2015) Interacting effects of pollination, water and nutrients on fruit tree performance. Plant Biology 17:201–208

Kaki

Chauhan N, Thakur BS, Sharma G, et al (2017) Pollination studies in relation to fruit drop in persimmon (*Diospyros kaki* L.) cv. Hachiya. International Journal of Current Microbiology and Applied Sciences 6:673–680

Nakamura S, Yamamoto S, Sawamura N, et al (2020) Pollination effectiveness of European honeybee, *Apis mellifera* (Hymenoptera: Apidae), in an Oriental persimmon, *Diospyros kaki* (Ericales: Ebenaceae), orchard. Applied Entomology and Zoology 55:405–412

Nikkeshi A, Inoue H, Arai T, et al (2019) The bumblebee *Bombus ardens ardens* (Hymenoptera: Apidae) is the most important pollinator of Oriental persimmon, *Diospyros kaki* (Ericales: Ebenaceae), in Hiroshima, Japan. Applied Entomology and Zoology 54:409–419

Pawpaw

Kral R (1960) A revision of *Asimina* and *Deeringothamnus* (Annonaceae). Brittonia 12:233–278

Willson MF, Schemske DW (1980) Pollinator limitation, fruit production, and floral display in pawpaw (*Asimina triloba*). Bulletin of the Torrey Botanical Club 107:401–408

Physalis

Chautá-Mellizo A, Campbell SA, Bonilla MA, et al (2012) Effects of natural and artificial pollination on fruit and offspring quality. Basic and Applied Ecology 13:524–532

Lagos TC, Vallejo FA, Criollo H, Muñoz JE (2008) Biología reproductiva de la uchuva. Acta Agronómica 57:81–87

Puente LA, Pinto-Muñoz CA, Castro ES, Cortés M (2011) *Physalis peruviana* Linnaeus, the multiple properties of a highly functional fruit: A review. Food Research International 44:1733–1740

Bienen und Bienensteckbriefe

Adamson NL, Roulston TH, Fell RD, Mullins DE (2012) From April to August—wild bees pollinating crops through the growing season in Virginia, USA. Environmental Entomology 41:813–821

Bailey S, Requier F, Nusillard B, et al (2014) Distance from forest edge affects bee pollinators in oilseed rape fields. Ecology and Evolution 4:370–380

Bienen-Imker-Dating Plattform. Verfügbar unter https://www.bienenwanderung.de/, abgerufen am 16.08.2024

Dainese M, Martin EA, Aizen MA, et al (2019) A global synthesis reveals biodiversity-mediated benefits for crop production. Science Advances 5:eaax0121

Danforth BN, Minckley RL, Neff JL (2019) The Solitary Bees. Biology, Evolution, Conservation. Princeton University Press, Princeton, USA and Oxford, England

Dar SA, Lone GM, Parey SH, et al (2017) Insect pollinators and their conservation. Journal of Entomology and Zoology Studies 5:1121–1131

Dar SA, Sofi MA, El-Sharnouby M, et al (2021) Nesting behaviour and foraging characteristics of *Andrena cineraria* (Hymenoptera: Andrenidae). Saudi Journal of Biological Sciences 28:4147–4154

Deutscher Imkerbund (2021) Deutscher Imkerbund: Imkerei in Deutschland. Verfügbar unter https://deutscherimkerbund.de/161-Imkerei_in_Deutschland_Zahlen_Daten_Fakten, abgerufen am 19.08.2024

Elbgami T, Kunin WE, Hughes WO, Biesmeijer JC (2014) The effect of proximity to a honeybee apiary on bumblebee colony fitness, development, and performance. Apidologie 45:504–513

Flügel HJ (2011) Die Honigbiene, Arten, Unterarten, Ökotypen, Linien und Rassen. Lebbimuk 8:50–66

Güler Y, Sorkun K (2010) Analysis of pollen collected by *Andrena flavipes* Panzer (Hymenoptera: Andrenidae) in sweet cherry orchards, Afyonkarahisar province of Turkey. Psyche: A Journal of Entomology 2010:e160789

Horn H, Lüllmann C (2006) Das Große Honigbuch: Entstehung, Gesundheit, Gewinnung und Vermarktung. 3. Auflage, Franckh-Kosmos Verlag, Stuttgart, Deutschland

Hudewenz A, Klein AM (2015) Red mason bees cannot compete with honey bees for floral resources in a cage experiment. Ecology and Evolution 5:5049–5056

Hudewenz A, Klein AM (2013) Competition between honey bees and wild bees and the role of nesting resources in a nature reserve. Journal of Insect Conservation 17:1275–1283

Klein AM (2016) Fliegen, Motten, Wanzen - Honig- und Wildbienen haben viele Helfer, doch ersetzbar sind sie nicht. ADIZ - Die Biene – Imkerfreund April 2016:34–35

Klein AM, Hendrix SD, Clough Y, et al (2015) Interacting effects of pollination, water and nutrients on fruit tree performance. Plant Biology 17:201–208

Kozma P, Nyéki J, Soltész M, Szabó Z. (2003) Floral biology, pollination and fertilisation in temperate zone fruit species and grape. Akadémiai Kiadó, Budapest, Umgarn

Kwakman PHS, Zaat SAJ (2012) Antibacterial components of honey. IUBMB Life 64:48–55

Lichtenberg EM, Kennedy CM, Kremen C, et al (2017) A global synthesis of the effects of diversified farming systems on arthropod diversity within fields and across agricultural landscapes. Global Change Biology 23:4946–4957

Mallinger RE, Gaines-Day HR, Gratton C (2017) Do managed bees have negative effects on wild bees?: A systematic review of the literature. PLOS ONE 12:e0189268

Michener CD (2007) The Bees of the World. Johns Hopkins University Press, Baltimore, USA

Nolan VC, Harrison J, Cox JAG (2019) Dissecting the antimicrobial composition of honey. Antibiotics 8:251

Ostaff DP, Mosseler A, Johns RC, et al (2015) Willows (*Salix* spp.) as pollen and nectar sources for sustaining fruit and berry pollinating insects. Canadian Journal of Plant Science 95:505–516

Pankiw T (2004) Brood pheromone regulates foraging activity of honey bees (Hymenoptera: Apidae). Journal of Economic Entomology 97:748–751

Park MG, Raguso RA, Losey JE, Danforth BN (2016) Per-visit pollinator performance and regional importance of wild *Bombus* and *Andrena* (Melandrena) compared to the managed honey bee in New York apple orchards. Apidologie 47:145–160

Proctor M, Yeo P, Lack A (1996) The natural history of pollination. Collins, London, England

Reeth CV, Caro G, Bockstaller C, Michel N (2018) Current and previous spatial distributions of oilseed rape fields influence the abundance and the body size of a solitary wild bee, *Andrena cineraria*, in permanent grasslands. PLOS ONE 13:e0197684

Rollin O, Garibaldi LA (2019) Impacts of honeybee density on crop yield: A meta-analysis. Journal of Applied Ecology 56:1152–1163
Simone-Finstrom M, Borba RS, Wilson M, Spivak M (2017) Propolis counteracts some threats to honey bee health. Insects 8:46
Tang J, Quan Q-M, Chen J-Z, et al (2019) Pollinator effectiveness and importance between female and male mining bee (*Andrena*). Biology Letters 15:20190479
Trillo A, Herrera JM, Vilà M (2018) Managed bumble bees increase flower visitation but not fruit weight in polytunnel strawberry crops. Basic and Applied Ecology 30:32–40
Vicidomini S (1998) Biology of *Xylocopa* (*Xylocopa*) *violacea* (Linnaeus, 1758) (Hymenoptera: Apidae): Interesting observations and records in the Emerald Coast and neighbouring areas Sassari, Sardinia. Giornale Italiano di Entomologia 31:155–158
von Hagen E, Aichhorn A (2003) Hummeln - bestimmen, ansiedeln, vermehren, schützen, 5. Aufl. Fauna Verlag, Deutschland
Westrich P (2019) Die Wildbienen Deutschlands, 2. Aufl. Ulmer Verlag, Stuttgart, Deutschland
Wojcik VA, Morandin LA, Davies Adams L, Rourke KE (2018) Floral resource competition between honey bees and wild bees: Is there clear evidence and can we guide management and conservation? Environmental Entomology 47:822–833

Maßnahmen

Fornoff F, Halla W, Geiger S et al (2023) DNA barcoding resolves quantitative multi-trophic interactions networks and reveals pest species in trap nests. Insect Conservation and Diversity 16:725-731.
Gilpin AM, Brettell LE, Cook JM, Power SA (2022). The use of trap-nests to support crop pollinators in agricultural areas. Ecological Research 37:768-779.
Gottwald F, Stein-Bachinger F (2016) Landwirtschaft für Artenvielfalt. Ein Naturschutzstandard für ökologisch bewirtschaftete Betriebe, 3. Auflage (unveränderter Nachdruck der 2. überarbeiteten Auflage). Verfügbar unter https://www.wwf.de/fileadmin/user_upload/Bilder_und_Videos/Landwirtschaft/Handbuch-Landwirtschaft-fuer-Artenvielfalt.pdf, abgerufen am 21.08.2024
Humbert J-Y, Ghazoul J, Sauter GJ, Walter T (2010) Impact of different meadow mowing techniques on field invertebrates. Journal of Applied Entomology 134:592–599
Kemmeter F (2023) Reiche Ernte durch professionelle Bestäubung. Praxisbuch für Imker, Landwirte und Gärtner. Mit Honigbienen, Hummeln und Wildbienen Erträge optimieren. Ulmer Verlag, Stuttgart, Deutschland
Lentini PE, Martin TG, Gibbons P et al (2012) Supporting wild pollinators in a temperate agricultural landscape: maintaining mosaics of natural features and production. Biological Conservation 149:84-92
Mader E, Shepherd M, Vaughan M et al (2011) Attracting native pollinators. The Xerces Society Guide. Storey Publishing, USA
Nitsch H, Fornoff F, Bauer C, et al (2019) Ad hoc-Studie zur faunistischen Bewertung von FAKT-Blühmischungen. Institut für ländliche Strukturforschung, Frankfurt, Deutschland
Schwarz C, Fumy F, Drung M, Fartmann T (2023) Insect-friendly harvest in hay meadows – Uncut refuges are of vital importance for conservation management. Global Ecology and Conservation 48:e02731
Tschanz P, Walter A, Keller T, Albrecht M (2024) A review of soil tillage impacts on ground-nesting wild bees – mechanisms, implications, and future research perspectives. Agriculture, Ecosystems & Environment 375:109224
Van De Poel D, Zehm A (2015) Die Wirkung des Mähens auf die Fauna der Wiesen - Eine Literaturauswertung für den Naturschutz. In: Hampicke U, Böcker R, Konold W (eds) Handbuch Naturschutz und Landschaftspflege. Wiley-VCH Verlag, Weinheim, Deutschland, pp 1–19
von Königslöw V, Fornoff F, Klein AM (2022) Pollinator enhancement in agriculture: Comparing sown flower strips, hedges and sown hedge herb layers in apple orchards. Biodiversity and Conservation 31:433–451
Wintermantel D, Pereira-Peixoto M-H, Warth N, et al (2022) Flowering resources modulate the sensitivity of bumblebees to a common fungicide. Science of The Total Environment 829:154450
Westrich P (2019) Die Wildbienen Deutschlands, 2. Aufl. Ulmer Verlag, Stuttgart, Deutschland

Index Bienen

Index Wildpflanzen

Bildnachweis

Fotos und Abbildungen stammen von Felix Fornoff oder wurden von ihm modifiziert, ergänzt durch Beiträge von Alexandra-Maria Klein (S. 93 unten rechts, S. 97 oben rechts, 179 unten links), Vivien von Königslöw (S. 181 unten links), Johannes Steidle, Universität Hohenheim (S. 189 unten links) und Hannah Burger, BienABest Projekt, Universität Ulm (S. 200 unten links). Wir bedanken uns herzlich bei allen, die mit ihren Bildern zum Buch beigetragen haben.

Die Stiftung Naturschutzfonds Baden-Württemberg stellt sich vor

Seit über 40 Jahren setzt sich die Stiftung Naturschutzfonds Baden-Württemberg für den Erhalt der natürlichen Umwelt und der natürlichen Lebensgrundlagen in Baden-Württemberg ein. Sie schafft Perspektiven für Natur und Mensch. Unter dem Motto «Wir fördern Vielfalt» unterstützt die Stiftung Projekte mit dem Ziel, positive Entwicklungen und Veränderungen im Naturschutz anzustoßen und neue Wege im Naturschutz zu ebnen. Im Vordergrund steht die Förderung von Projekten mit Pilotfunktion oder Modellcharakter, der Bildung für nachhaltige Entwicklung mit besonderem Bezug zur biologischen Vielfalt, zur Sensibilisierung der Öffentlichkeit und Förderung des bürgerschaftlichen Engagements sowie zur Aufwertung von Natur und Landschaft.

Im Förderprojekt «Wildbienen als Kulturpflanzenbestäuber identifizieren und schützen» haben Wissenschaftler:innen der Albert-Ludwigs-Universität Freiburg, Professur für Naturschutz und Landschaftsökologie, dieses Praxishandbuch zur Nutzpflanzenbestäubung konzipiert und realisiert. Die Bedeutung der Wildbienen kann gar nicht überschätzt werden, denn viele Wildbienenarten spielen als Bestäuber eine wichtige Rolle in unseren Gärten und in den Agrarsystemen. So sind 62 Prozent unserer Kulturpflanzen von der Ökosystemdienstleistung Bestäubung abhängig. Doch über 30 Prozent der Wildbienen stehen auf der Roten Liste Deutschlands und sind als mindestens gefährdet eingestuft. Der starke Rückgang der Insekten in Deutschland wird mit der Intensivierung der Landwirtschaft und dem Verlust an natürlichen Lebensräumen in Verbindung gebracht. Das Handbuch zeigt auf, welche praktischen Maßnahmen zum Schutz und zur Förderung von Wildbienenarten beitragen, um die Erträge von Früchten zu steigern, und welche Maßnahmen nötig sind oder was es unbedingt zu erhalten gilt, um Lebensräume den Wildbienen zu bieten. Die wissenschaftlich fundierten Empfehlungen bereiten einer ertragreichen Land- und Gartennutzung den Weg und leisten zugleich einen wichtigen Beitrag zur Biodiversität, ganz im Sinne des Stiftungsgedankens.

www.stiftung-naturschutz-bw.de

Mit Unterstützung der Stiftung Naturschutzfonds Baden-Württemberg, gefördert aus zweckgebundenen Erträgen der Glücksspirale.

Stiftung Naturschutzfonds Baden-Württemberg

GlücksSpirale von LOTTO

Impressum

1. Auflage: 2025

ISBN 978-3-258-08426-8

Umschlag, Gestaltung und Satz: Roman Bold & Black, D-Köln

Wir drucken mit mineralölfreien Farben und verwenden FSC®-zertifiziertes Papier. FSC® sichert die Nutzung der Wälder gemäß sozialen, ökonomischen und ökologischen Kriterien.
Gedruckt in der Tschechischen Republik

FSC www.fsc.org MIX Papier | Fördert gute Waldnutzung FSC® C010798

Diese Publikation ist in der Deutschen Nationalbibliografie verzeichnet.
Mehr Informationen dazu finden Sie unter http://dnb.dnb.de.

Diese Publikation wurde ermöglicht mit der Unterstützung der Stiftung Naturschutzfonds Baden-Württemberg.

Stiftung Naturschutzfonds Baden-Württemberg · GlücksSpirale von Lotto

Der Haupt Verlag wird vom Bundesamt für Kultur für die Jahre 2021–2025 unterstützt.

Wir verlegen mit Freude und großem Engagement unsere Bücher. Daher freuen wir uns immer über Anregungen zum Programm und schätzen Hinweise auf Fehler im Buch, sollten uns welche unterlaufen sein. Falls Sie regelmäßig Informationen über die aktuellen Titel im Bereich Natur & Garten erhalten möchten, folgen Sie uns über Social Media oder bleiben Sie via Newsletter auf dem neuesten Stand.

Haupt Verlag AG
Falkenplatz 14
3012 Bern
SCHWEIZ
herstellung@haupt.ch

Verantwortlich in der EU (GPSR):
Brockhaus Kommissionsgeschäft GmbH
Kreidlerstr. 9
70806 Kornwestheim
DEUTSCHLAND
haupt@brocom.de

www.haupt.ch